零基础

快速入行入职

软件测试工程师（第2版）

江楚◎编著

人民邮电出版社
北京

图书在版编目（CIP）数据

零基础快速入行入职软件测试工程师 / 江楚编著.
2 版. -- 北京 : 人民邮电出版社, 2024. 10. -- ISBN
978-7-115-64610-1

Ⅰ. TP311.55

中国国家版本馆 CIP 数据核字第 2024BE6685 号

内 容 提 要

本书为软件测试初学者量身打造，从零开始，覆盖软件公司招聘的基本要求。全书分为16章，涵盖了软件测试的核心概念、功能测试方法、Linux基础知识、MySQL数据库管理、Web自动化测试框架、HTTP接口测试、Charles抓包工具的使用、Python接口自动化测试、AI赋能软件测试，以及如何制作求职简历等内容。此外，本书还提供精选面试题及参考答案，助力读者通过面试。全书知识体系循序渐进，紧跟读者需求，帮助读者轻松掌握软件测试技术并做好面试准备，让求职更顺利。

本书的文字通俗易懂，并配备教学视频，将复杂问题简单化，适合对软件测试感兴趣、希望入职软件测试工程师的读者学习。

◆ 编　　著　江　楚
　责任编辑　张　涛
　责任印制　王　郁　焦志炜

◆ 人民邮电出版社出版发行　　北京市丰台区成寿寺路 11 号
　邮编　100164　　电子邮件　315@ptpress.com.cn
　网址　https://www.ptpress.com.cn
　三河市君旺印务有限公司印刷

◆ 开本：787×1092　1/16
　印张：22.75　　　　　　　2024 年 10 月第 2 版
　字数：412 千字　　　　　2024 年 10 月河北第 1 次印刷

定价：79.80 元

读者服务热线：(010)81055410　印装质量热线：(010)81055316
反盗版热线：(010)81055315
广告经营许可证：京东市监广登字 20170147 号

对本书的赞誉

《零基础快速入行入职软件测试工程师（第 2 版）》是一部技术实战与求职指导并重的学习指南。本书不仅由浅入深地介绍了软件测试的基础知识与技术，还详细讲解了 Linux 基础知识、MySQL 数据库管理、Web 自动化测试框架、HTTP 接口测试，以及 Python 接口自动化测试等高级技能。尤为值得一提的是，本书特别强调求职简历制作与面试模拟的重要性。通过提供详尽的简历制作指南和面试模拟问答，本书旨在帮助读者打造出专业且吸引人的简历，并在面试中展现出自己的最佳状态。无论是简历中的专业技能展示，还是面试中的理论兼实践问题回答，本书都提供了详尽的指导和建议，可使读者在求职过程中更加自信、从容。此外，本书还前瞻性地探讨了人工智能在软件测试中的应用，为读者揭示了软件测试领域的未来发展趋势。总之，这不仅是一本软件测试领域的教材，更是一本实用的求职指南。

官灵芳博士　教授　长江职业学院数据信息学院院长

在数字化浪潮席卷全球的今天，软件测试已然成为确保软件质量的关键环节之一。《零基础快速入行入职软件测试工程师（第 2 版）》由浅入深地为我们揭示了软件测试的奥秘。本书详尽地介绍了软件测试的基础知识，更难能可贵的是，它还对高级技能与行业前沿动态进行了深入探讨。本书对求职指导的重视与我的观点不谋而合。本书通过简历制作指南与面试模拟问答等内容，为读者铺就了一条通往职场的道路。此外，本书对人工智能在软件测试领域的应用进行了前瞻性分析，展现了作者的远见卓识。对于初涉软件测试的新手，这本书将是你不可或缺的指南。我坚信，通过阅读本书，你将能够在软件测试领域找到属于自己的天地。

乔冰琴博士　副教授　山西省财政税务专科学校大数据学院院长

在当今这个信息技术日新月异的时代，软件测试行业正日益显现出其不可或缺的重要性。《零基础快速入行入职软件测试工程师（第 2 版）》无疑为这一行业的入门者和进阶者提供了一本极为实用的参考手册。我特别欣赏这本书对软件测试进行的多维度深入剖析。本书不仅从基础概念、技术实操层面进行了讲解，更难能可贵的是，它还融入了求职指导和行业前沿动态等内容。对于求职简历的制作与面试技巧，本书给出了实用的建议，这无疑将极大地助力读者在职场中脱颖而出。此外，对于软件测试领域的新趋势，尤其是人工智能在测试中的应用，本书也有独到的见解和展望。我认为，这本书不仅是软件测试知识的宝库，更是小白职业发展的得力助手。我推荐所有对软件测试感兴趣的读者阅读此书，相信你们定能从中收获颇丰。

魏萌　教授　长江职业学院数据信息学院计算机应用技术教研室主任

本书从基础知识开始介绍，逐渐深入高级技能和行业前沿，为读者提供了一条从入门到精通的学习路径。我尤其被本书对求职部分的设计所吸引，简历制作与面试模拟的内容无疑会为即将踏入职场的年轻人提供巨大的帮助。此外，书中对人工智能在软件测试中应用的探讨也极具前瞻性，为读者揭示了未来软件测试的发展方向。对于软件测试初学者来说，我相信你们一定能从本书中获得启发。

梁培峰博士　副教授　江苏理工学院计算机工程学院硕士生导师

前　言

【写作背景】

随着人工智能技术，尤其是大模型技术的快速发展，软件测试行业正面临前所未有的挑战和机遇。软件测试人员的作用愈发重要，市场上对软件测试工程师的需求也日益旺盛。然而，现有教材和培训资源无法充分满足大家的需求。此外，市面上缺乏适合初学者的系统化、实操性强的软件测试方面的教材。因此，编者基于自身十年软件测试工作及相关教学工作的经验和积累，为有志成为软件测试工程师的读者编写了本书。

【本书特色】

零基础入门，用通俗易懂的语言讲解了入职软件测试工程师所需的知识。

视频教学辅助，为方便读者轻松掌握，针对操作性强或复杂的知识点，本书配备详细的视频教程。

内容全面、实用，既紧跟读者主流需求，又体现了软件测试的前沿技术，内容涵盖了功能测试方法、Web 自动化测试框架、HTTP 接口测试、Python 接口自动化测试及 AI 在软件测试中的应用等。

循序渐进的知识体系，确保读者能够稳步提升技能水平，提高学习效率。

本书内容紧扣面试、入职等读者需求，充分体现“所学即所用”、“无缝对接”职场。

提供精心挑选的面试题及参考答案，助力读者轻松应对面试挑战。

最后一章提供全面的简历制作与面试技巧指导，帮助读者一站式解决求职问题。

自成体系的全方位学习指南，满足读者从零基础到职业发展的全过程需求。

【读者对象】

应届毕业生：对软件测试领域感兴趣并愿意投身其中的各专业背景的学生。

初入职场的年轻人：已毕业但工作年限不长，且对软件测试有兴趣的职场新人。

软件测试相关课程的学习者：开设软件测试相关课程的培训机构的学员以及选修相关课程的高校学生。

社会学习者：无相关学历背景但对软件测试有兴趣并希望从事该行业的自学者。

【建议与反馈】

作者和编辑尽最大的努力来确保书中内容的准确性，若读者发现书中的不妥之处，请发邮件至 buyifan@ptpress.com.cn，我们将真诚地接受并加以改进。

【致谢】

感谢人民邮电出版社以及李莎老师，这是我们第二次携手合作，每次合作都令人感到无比愉快。同时，我也要向张涛老师和卜一凡老师表达深深的谢意，他们为本书提出了宝贵的建议。此外，我还要特别感谢我的家人，尤其是我的太太。在我于北京奋斗的日子里，无论是面临创业的艰难困苦，还是处于项目交付的紧要关头，她始终都坚定地支持着我，帮助我照顾家庭，对于她的付出，我感激不尽。

江　楚

目　录

第1章　初识软件测试

1.1　软件测试的职业前景和规划

无论从事哪个行业，都需要了解该行业的发展历程，并制订属于自己的职业规划。软件测试行业也不例外，从事软件测试行业的第一步就是要了解其职业前景并制订规划。

1.1.1　软件测试的现状与前景

在这个数字化的时代，软件已成为我们日常生活和工作中不可或缺的一部分，而软件测试则是确保软件质量和用户体验的关键环节。

尽管软件测试行业在过去已经取得了长足的发展，但在当前和未来，我们仍然面临着诸多挑战和机遇。

挑战主要来自技术的快速发展。随着人工智能、机器学习、云计算等技术的普及，软件测试的复杂度不断提升，需要更高的专业技能和更丰富的技术知识。与此同时，随着DevOps和敏捷开发等新型开发模式的兴起，软件测试也需要在更短的时间内完成，以保证产品的快速迭代和发布。

然而，挑战也意味着机遇。随着软件测试行业的不断发展，市场需求也在持续增长。在这个市场中，具备专业技能和丰富经验的软件测试工程师将拥有更多的机会和更好的待遇。

同时，人工智能、机器学习等技术的发展也为软件测试带来了新的机遇。利用人工智能技术，我们可以实现自动化测试和智能测试，提高测试效率和准确性。而机器学习技术则可以帮助我们更好地理解和预测软件中的问题，为测试提供更加精准的指导。

综上所述，软件测试仍然是一个充满机遇和发展前景的行业。为了适应这个时代的需求，我们需要不断学习和更新自己的知识和技能，以应对日益复杂的软件测试挑战。同时，我们也需要关注新技术的发展，积极探索如何将这些技术应用到软件测试中，以提高测试效率和准确性。

1.1.2 软件测试人员的职业规划

对于软件测试人员来说，了解和规划自己的职业发展路径显得尤为重要。以下是为软件测试人员提供的职业规划路线，供读者参考。

第一，技术专精路线。对于热爱技术、乐于钻研的软件测试人员，可以选择深化自己在某一技术领域的专长。例如，向自动化测试工程师、性能测试工程师、安全测试工程师等方向发展。随着经验的积累，可以逐渐转向测试团队的领导角色，如测试主管、测试经理等。

第二，管理及领导路线。对于有志于成为团队领导或管理者的软件测试人员，可以考虑在测试团队中担任领导角色。这需要你不仅有出色的技术水平，还要有管理和协调能力。在技术上，你可能需要成为某一测试领域（如自动化测试、性能测试等）的专家。在管理上，你需要学习如何带领团队、分配任务、制订计划等。

第三，产品与市场路线。如果你对产品策划和市场推广感兴趣，可以考虑转向产品策划或市场培训、技术支持、售后服务等相关工作。由于你对产品的各项功能、用户体验等方面非常了解，你将更有可能在产品策划和市场推广方面取得成功。

第四，开发与架构路线。有些软件测试人员会选择转向软件开发或架构设计领域。这需要你在软件测试过程中积累一定的编程能力，并深入了解软件开发和架构设计的相关知识。

对于软件测试人员而言，应当做好未来三到五年的职业规划，并根据自己的兴趣与爱好，逐步探索并更新，以便为未来一生的职业发展打下坚实的基础。

1.2 软件测试人员学习路线

近年来，软件测试行业正面临前所未有的变革。为了适应这一变革，软件测试人员需要不断学习和更新自己的知识和技能。以下是为软件测试人员提供的学习路线，以帮助你在这个时代取得成功。

第一，掌握软件测试的核心概念和技术。作为软件测试人员，首先需要掌握软件测试的核心概念和技术，包括测试用例设计、测试执行、缺陷管理、测试报告编写等。此外，还需要了解测试的流程和方法，如黑盒测试、白盒测试、灰盒测试等。

第二，深入学习自动化测试和性能测试。随着人工智能的发展，自动化测试和性能测试变得越来越重要。因此，软件测试人员需要深入学习自动化测试和性能测试的相关知识和技术，如 Selenium、Requests、Postman、JMeter 等工具的使用。

第三，关注人工智能在软件测试中的应用。人工智能技术在软件测试中的应用逐渐普及，软件测试人员需要关注这些技术的发展动态，了解如何将它们应用到实际的测试工作中。

第四，持续学习和实践。软件测试行业是一个不断发展的行业，新的技术和工具会不断涌现。为了保持竞争力，软件测试人员需要持续学习和实践，了解最新的技术和工具，并将它们应用到实际的测试工作中。

总之，对于软件测试人员来说，当下是一个充满挑战和机遇的时代。通过不断学习和实践，掌握最新的技术和工具，关注行业的发展趋势，你将能够在这个时代取得成功。

1.3 软件测试人员的核心素质

在软件测试人员面试的过程中，面试官通常会关注面试者的两大核心素质——人格品质和沟通能力。

1.3.1 人格品质

几乎所有的软件公司在招聘测试人员时都会把人格品质放在第一位。

第一，为人诚实。要正确地认识自己，在面试或者工作的过程中，应如实表达自己的情况，比如学历和工作经验等，不应隐瞒和欺骗。端正工作态度，工作上不明白的地方应多向其他同事请教，听从领导的安排，把本职工作做好、做细。

第二，为人自信。如果对自己都没有信心，又如何让别人对你建立信心呢？第一次面试的应聘者，很多都是自信心不足的，他们的表现往往是不敢说、怕说错，不敢问、怕问错，说话卡顿、犹豫、越到后面声音越小，眼睛不知道往哪看，手不知道往哪里放等。还有，本来一段话的内容，结果一句话就说完了；本来一句话的内容，结果断断续续说了几分钟，说完之后也不知道自己到底说了些什么；等等。

之所以没有信心，很大一部分原因是应聘者对即将要发生的事情不熟悉。解决自信心不足的办法其实很简单，对于面试中可能会被问到的问题，包括专业问题，可以提前准备好，多练习几次，并且把答案读出来，千万不要默读。读出来是为了不断地强化巩固，等到觉得自己熟悉了，便可以模拟面试，最后真正面试的时候就可以熟练应对了。无论面试能否成功，至少让面试官看到了你对这份工作的渴望和自信，这也是一个加分项。

1.3.2 沟通能力

沟通能力是软件测试人员综合素质的重要体现，在开发和测试软件的过程中，测试人员需要对遇到的各种问题同开发人员或产品人员进行持续有效的沟通，然后再去解决问题。在面试过程中，沟通能力是面试成功的关键因素之一，面试官尤其看重这一点。在我的职业生涯里，我见到过很多因沟通能力欠缺而被淘汰的测试人员，所以在这里分享几点心得。

第一，轻松自信地交谈。在工作中要学会聆听，不要表现出冷淡或不耐烦；站在对方的立场考虑问题，不随意插话或打断别人的谈话，不随意争抢话语权；当回答面试官提出的问题时，要自信地表达自己的观点，大胆地说出自己的看法，注意保持言行一致，坚定自己的信念，要让对方看到你的思维方式和进取行为。

第二，注意沟通的细节。沟通的细节包括声调、语气、节奏、面部表情、身体姿势和轻微动作等。建议面试时要抬头挺胸、身体自然放松、声音洪亮，对人多微笑，给人有精气神的感觉。

第三，建议少用“你必须、你一定要、你应该、只有你、我才会、本来就是你”等词来开头。多用“我希望、如果你、我会非常高兴、你看是不是可以、不知道这个想法是否合理”等礼貌语。

无论是面试，还是工作中，沟通无处不在，良好的沟通能力将会使你的工作更加顺畅，人际关系更为和谐。

1.4 软件测试对学历的要求

在过去，软件测试行业对学历的要求可能相对较低。由于该领域的技术性和实践性较强，许多企业更注重应聘者掌握的实际技能和项目经验，而非学历背景。因此，即使是只有大专学历，或没有正规学历但通过自学或培训获得相关技能的人，也有机会在软件测试行业找到一份工作。

然而，随着软件行业的快速发展和竞争的加剧，越来越多的企业开始提高软件测试岗位的学历要求。大专学历逐渐成为许多企业的最低要求，尤其是在一些高端岗位和高技术领域，它们对学历的要求更为严格。这并不意味着更高学历的人就一定能轻松找到工作，因为除了学历，技术能力和项目经验仍然是招聘中的重要考量因素。

从当前的趋势来看，软件测试行业对学历的要求可能会继续提高。随着技术的进步和行业标准的提升，企业可能更倾向于招聘具有更高学历背景的应聘者。但它并不是唯一的衡量标准。技术能力和实践经验同样重要，有时甚至能弥补学历上的不足。因此，无论学历如何，只要具备出色的技术能力和丰富的项目经验，都有机会在软件测试行业取得成功。

1.5 软件测试对英语的要求

尽管大部分测试工作对英语的要求并不高，但具备良好的英语能力仍然能为软件测试人员带来多方面的优势。

首先，随着全球化的深入发展，越来越多的企业开始进军国际市场，这些企业往往需要软件测试人员具备一定的英语沟通能力，以便参与国际项目的测试工作。因此，具备英语沟通能力可以让软件测试人员抓住在国际市场上的就业机会。

其次，随着技术的快速发展，许多前沿的测试技术和工具都是用英文进行展示的。软件测试人员具备良好的英语阅读能力，可以更快地掌握最新的测试技术，提高自身的测试水平。同时，阅读英文文献和资料，也可以帮助软件测试人员更好地理解软件的底层原理和实现细节，从而更好地开展测试工作。

最后，在软件开发和测试过程中，英文的错误提示和日志信息是常有的。软件测试人员具备良好的英语阅读能力，可以更快速地定位问题并协助开发人员进行调试，从而提高测试工作的质量和效率。

第2章 软件测试入门

为什么会有软件测试这个职位？为什么产品生产出来还需要测试？如何进行产品测试？本章将通过实体产品测试引出软件测试的重要性以及软件测试的基本方法。

2.1 实体产品测试实例

本节将以矿泉水瓶和白板笔两款实体产品作为测试对象，举例说明这些实体产品是基于哪些方面进行测试的，以及是如何进行测试的。

2.1.1 如何测试矿泉水瓶

一个刚生产出来的矿泉水瓶（见图 2-1）要不要进行测试（检验）？答案是肯定的，当然要进行测试。只有通过测试，才能批量生产。如果产品生产出来后不进行测试，直接交给用户使用，在用户使用时出现了问题，那势必会给企业带来不良的影响，甚至会给用户带来严重的后果。那么测试人员该如何针对矿泉水瓶进行测试呢？

一个从未接触过软件测试的职场新人很可能会对矿泉水瓶的测试点总结如下。

（1）矿泉水瓶的直径、高度和容积。

（2）瓶盖拧开是否需要很大的力度。

（3）瓶盖内螺纹圈数、螺纹深度与样品是否一致。

（4）瓶盖外的摩擦阻力是否良好。

（5）瓶盖上的商标是否与样品要求一致。

（6）是否有生产日期，是否过期。

（7）包装是否精美，是否符合要求。

图 2-1 待测试的矿泉水瓶

（8）包装是否环保。

（9）包装说明书是否字迹清楚，是否有错别字，是否有表述上的歧义。

（10）各种标识，如容积、环保性、条码、公司地址等，是否清楚、正确和规范。

（11）包装上的条码能否扫描。

（12）瓶子是否容易倾斜。

（13）瓶身是否光滑。

（14）瓶身的雕纹走向是否自然、流畅、美观，并符合要求。

（15）空瓶内是否有气味。

（16）装满开水时瓶身的变化，瓶内气味及水的味道。

（17）装满冷水时瓶身的变化，瓶内气味及水的味道。

（18）冷热参半时瓶身的变化，瓶内气味及水的味道。

（19）瓶子的材料是否环保，是否有环保标识。

（20）瓶子能承受的最大压力。

（21）瓶子是否易燃。

（22）瓶口是否容易漏水。

（23）瓶口是否光滑舒适。

（24）装食用油后瓶身变化及瓶内气味。

（25）装汽油后瓶身变化及瓶内气味。

（26）水油混合后瓶身变化及瓶内气味。

（27）装醋后瓶身变化及瓶内气味。

（28）商标是否显眼，易于识别。

很容易就可以写出 28 个测试点，为什么能写出这么多测试点呢？原因很简单，因为大家经常喝矿泉水，所以对矿泉水瓶的使用非常熟悉，能写出一些测试点也不足为奇，测试有时候就是这么简单。但是对于其中一些测试点，例如“瓶口是否容易漏水”，这个测试点写清楚了吗？显然是没有写清楚，因为只是写出了测试的地方是瓶口，随后提出了一个问题——瓶口是否容易漏水。但是测试工作并不是提出问题，而是要用具体的方法去测试瓶口是否容易漏水。也就是说除了要写清楚测试对象外，还要写清楚如何去测试它。那么这个测试点可以这样写：将瓶子装满水之后，拧紧瓶盖，然后使劲摇晃和挤压，观察瓶口是否有水渗出。这样一来，测试对象和方法都写出来了，测试点才会更加清晰。

按照同样的思路，可以重新修改整理一下测试点，并加入测试的方法，具体如下。

（1）瓶身上广告和图案的背景颜色是否符合公司的设计要求。

（2）瓶身上所有的字体颜色是否符合公司的设计要求，是否有错别字。

（3）带广告的图案遇水后是否会掉色或变模糊，广告内容与图案是否合法。

（4）瓶身上是否有防止烫伤、垃圾回收、年龄限制等提示。

（5）瓶身上图标布局是否合理，其间距、大小是否符合公司的设计要求。

（6）瓶子底座尺寸、高度尺寸是否符合公司的设计要求。

（7）瓶子的口径尺寸是否符合公司最初的设计要求。

（8）瓶身上的纹路及线条是否符合公司的设计要求。

（9）在装少量的水、装半瓶水、装满水这几种情况下，分别将水倒入准备好的量筒中，查看量筒的读数，检查矿泉水瓶的容量是否符合设计要求。

（10）将空瓶和装满水的瓶子放在电子秤上，检查瓶子装满水前后的重量是否符合公司的设计要求。

（11）将瓶子装满水后拧紧瓶盖，将其倒置或使劲摇晃、挤压，看是否漏水。

（12）拧紧瓶盖后，请未成年人、成年男性、成年女性分别去拧瓶盖，看是否都能拧开。

（13）打开瓶盖，直接从瓶口尝试饮水，以测试水的流通顺畅度和口感舒适度。

（14）用手挤压空瓶子，挤扁后观察瓶身能否自动复原。

（15）分别在装水或不装水的情况下观察瓶身的透明度，看是否清澈透亮。

（16）将空瓶、装半瓶水的瓶子、装满水的瓶子分别放在水平桌面上及有 20° 和 30° 倾斜角度的桌面上，看瓶子是否倾斜或不稳。

（17）将装满水的瓶子和装半瓶水的瓶子分别放置于−10℃、−20℃、10℃、30℃、50℃、80℃、100℃的环境中，连续放 1 天、10 天、20 天、30 天，然后观察瓶子是否漏水，瓶身是否破裂。

（18）在春、夏、秋、冬四个季节的不同温度环境下，将空瓶、装半瓶水的瓶子、装满水的瓶子分别置于太阳光下暴晒（0.5h、1h、3h、5h），观察瓶子是否漏水，瓶身是否破裂。

（19）使空瓶、装半瓶水的瓶子、装满水的瓶子分别从不同高度（1m、3m、8m、15m）摔下来，观察瓶身是否摔破，是否漏水。

（20）成年人分别使劲摔（或者是各种角度按压）空瓶、装半瓶水的瓶子、装满水的瓶子，摔一次和摔多次，看瓶子是否摔坏（漏水和破裂）。

（21）将空瓶、装半瓶水的瓶子、装满水的瓶子分别置于水平桌面上，用电风扇吹桌面上的瓶子，调节电风扇的风力大小，观察瓶子是否会被吹倒或吹走。

（22）满瓶的水加包装后，六面震动，检查产品能否应对铁路 / 公路 / 航空等运输环境。

（23）将空瓶子燃烧掉，观察燃烧时的火焰，闻燃烧时的气味，查看燃烧的残留物是否符合材质的燃烧特性，是否产生有害气体。

（24）将空瓶长时间放置（一个月、三个月、半年），用仪器检测是否会产生塑化剂或细菌。

（25）装满水后（其次可装入不同的液体，如果汁、碳酸饮料等）分别放置 1 天、5 天、10 天后，检测瓶身与液体间是否发生化学反应，是否产生有毒物质或细菌。

（26）装入热水（50℃ ~ 100℃），分别放置 1min、5min、10min，然后观察瓶子是否变形，是否有异味产生。

（27）用手去抚摸瓶身的内壁和外壁，是否感觉光滑、舒适、不刺手。

（28）试着喝口水，并将瓶口在嘴中转动，感受瓶口的舒适度和圆滑度。

（29）用手轻拿已装满水的瓶子看是否容易掉落，检查瓶身是否有防滑设计。

（30）瓶子分别装入 30℃、60℃、80℃的水时用手掌感受瓶身的温度。

（31）分别将瓶子放在手上、口袋中、包中、车上，观察是否易于携带。

（32）瓶中分别装入碳酸饮料（如可乐）、果汁、咖啡、茶水、油类（如菜油）等液体，放置 0.5h 后再倒入口中测试是否变味。

（33）瓶中是否可以装入固体（如饼干、沙子、石头等），且瓶子与装入的固体是否会发生化学反应。

这次写出了 33 个测试点，比之前写的测试点详细了很多。但是我们在写测试点时，并没有预先梳理测试点，而是想到一条写一条，这导致测试点的编写缺乏条理性，而且也不知道写得是否全面。那么对一个矿泉水瓶的测试到底要基于哪些方面呢?

可以把这 33 个测试点划分成 6 个方面，具体如下。

第一，瓶子的外观界面测试。瓶子的外观界面测试主要是测试瓶子的大小、瓶身所体现的各种信息（如字体、颜色）等瓶子的外观特征是否满足公司最初对瓶子的设计要求。围绕这些特点，示例中编号为（1）、（2）、（3）、（4）、（5）、（6）、（7）、（8）的测试点就可以归到瓶子的外观界面测试中。

第二，瓶子的功能测试。瓶子的功能测试主要是测试瓶子的装水功能以及瓶子自带的一些功能特点。围绕这些特点，示例中编号为（9）、（10）、（11）、（12）、（13）、（14）、

（15）的测试点就可以归到瓶子的功能测试中。

第三，瓶子的性能测试。瓶子的性能测试主要是测试瓶子的抗摔、抗压、抗高低温等情况。围绕这些特点，示例中编号为（16）、（17）、（18）、（19）、（20）、（21）、（22）的测试点就可以归到瓶子的性能测试中。

第四，瓶子的安全性测试。瓶子的安全性测试主要是测试在瓶子的使用过程中，瓶子本身是否会对人体或环境造成一些伤害，是否存在潜在的安全问题。围绕这些特点，示例中编号为（23）、（24）、（25）、（26）的测试点就可以归到瓶子的安全性测试中。

第五，瓶子的易用性测试。瓶子的易用性测试主要是测试瓶子用起来是否方便，例如拿在手上或装在包里是否方便等。围绕这些特点，示例中编号为（27）、（28）、（29）、（30）、（31）的测试点就可以归到瓶子的易用性测试中。

第六，瓶子的兼容性测试。瓶子的兼容性测试主要是测试瓶子除了可以装水，是否还可以装一些其他的东西，例如其他液体或固体等。围绕这些特点，示例中编号为（32）、（33）的测试点就可以归到瓶子的兼容性测试中。

将测试点进行这样的简要划分后，编写测试点时就会更加清晰、有条理了。当然不一定非要这样划分，本书只是想告诉读者对一个产品做通用测试时，最初是可以基于产品的外观界面、功能、性能、安全性、易用性、兼容性这 6 个方面进行测试的，并且事实上这 6 个方面也是必须要测试的。

2.1.2 如何测试白板笔

如果有一支白板笔（见图 2-2），并要求对这支白板笔进行测试，如何测试呢？

其实完全可以参考上一个例子的测试方法，也就是从白板笔的外观界面测试、功能测试、性能测试、安全性测试、易用性测试和兼容性测试 6 个方面入手。下面简要分析一下为什么要测试这 6 个方面。

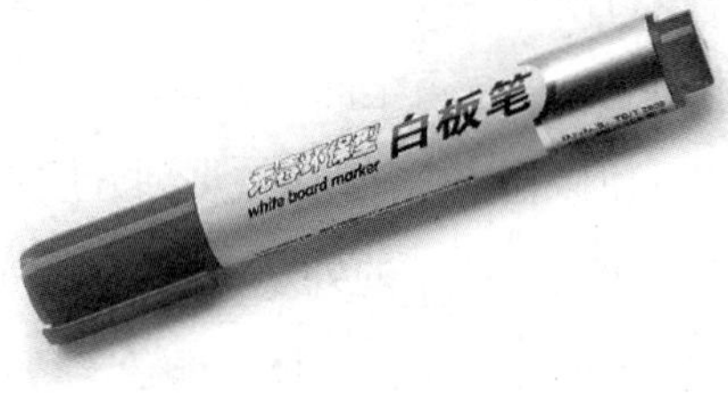

图 2-2 待测试的白板笔

第一，为什么要测试白板笔的外观界面？很简单，这支白板笔一旦生产出来，就需要检查这支白板笔上所有的字体颜色、格式及字符的大小、间距是否符合公司最初的设计要求，需要检查白板笔表面的颜色深浅，白板笔的长度、直径、外观上的形态等是否符合公司最初的设计要求。如果不检查这些的话，谁也不能保证白板笔的外观界面不会出错。例如，白板笔商标上的一个汉字写错了，但是测试人员并没有检测到，那么产品上市后还有人愿意买吗？用户往往会认为有错别字的产品是不可靠的。所以外观界面是一定要测试的。

第二，为什么要测试白板笔的功能？白板笔的主要功能是写字。同样的道理，谁也不能保证白板笔在初次生产出来时就一定能正常书写，而且书写的字迹是否清晰、线条是否饱满、字体的颜色是否均衡等问题都需要测试。所以白板笔的功能毫无疑问也是一定要测试的。

第三，为什么要测试白板笔的性能？通过前面两条分析，应该也能很快理解白板笔的性能主要表现在高低温的情况下或风干的情况下是否还能正常书写，需要测试在这些极端情况下，白板笔能连续书写多久。如果不测试，谁又能保证不出问题呢？

第四，为什么要测试白板笔的安全性？白板笔笔芯中的墨水和白板笔本身的制作材料是否含有挥发性的有害物质，白板笔的笔尖是否太过尖锐以致会对白板或是人体造成伤害等，这些都需要进行测试，以保证白板笔在使用过程中的安全性。

第五，为什么要测试白板笔的易用性？白板笔的笔筒是否易打开，白板笔是否易于书写、是否易于存放和携带……这些影响用户体验的问题，也是测试人员必须要通过测试解决的。

第六，为什么要测试白板笔的兼容性？白板笔除了可以在白板上书写，能否在纸上或玻璃板上书写？这就要对白板笔的兼容性进行测试。

综上所述，测试人员有必要对白板笔开展这 6 个方面的测试。

2.1.3 产品测试的基本要素

之所以选择矿泉水瓶和白板笔作为示例，是因为人们经常使用并熟悉这些产品。结合以上两个产品的测试，可以得出结论，即对一个实体产品做测试时，可以基于以下 6 个方面进行。

（1）产品的外观界面测试：测试产品的外观界面是否美观，是否符合设计规范。

（2）产品的功能测试：测试产品的各项功能能否正常使用。

（3）产品的性能测试：测试产品在特定环境下能否保持它的稳定性。

（4）产品的安全性测试：测试产品自身或在使用过程中是否会产生安全性的问题。

（5）产品的易用性测试：测试产品使用起来是否复杂，用户体验是否良好。

（6）产品的兼容性测试：测试产品使用过程中是否可以兼容其他产品。

现代社会对产品质量的要求越来越高，产品在任何一方面存在问题，都可能影响其质量和用户体验，因而从上述 6 个方面做好测试是非常重要的。

2.2 什么叫软件

矿泉水瓶和白板笔都是实体类的产品而不是软件，如果将来要从事的是软件测试工作而不是这些实体产品的测试工作，那就先要搞清楚什么是软件。

通俗来讲，计算机操作系统上安装的所有应用程序都可以称为软件。例如，QQ、微信、Office 软件、暴风影音、360 卫士、邮箱等都可称为软件。计算机操作系统本身也是一个大软件，如 Windows XP、Windows 10 等都是软件；手机的操作系统，如 Android、iOS 也都是软件。

例如，Windows 10 操作系统的开始界面所展示的应用程序都是软件，如图 2-3 所示。手机中安装的 App 也都是软件，如图 2-4 所示。

■ 图 2-3 Windows 10 操作系统的开始界面

■ 图 2-4 某手机界面

一般而言，只要有软件研发的地方就需要软件测试人员。

2.3 软件测试实例

前面已经介绍了矿泉水瓶和白板笔等实体产品的测试，那么软件测试的要素是否与它们一致呢？接下来本书就以 QQ 邮箱为例，选取邮箱登录和写信这两大常用功能模块讲述软件测试的基本要素。

2.3.1 邮箱之登录测试

图 2-5 展示的是 QQ 邮箱登录模块（简化版）的页面。

那么 QQ 邮箱登录模块应当如何测试呢？首先还是参考矿泉水瓶和白板笔的例子进行分析。

图 2-5　QQ 邮箱登录模块的页面

第一，是否需要对邮箱登录模块的页面做外观界面测试呢？邮箱登录模块的页面外观主要包括背景颜色、字体颜色、字体格式、页面图案、动画、窗体布局等元素。这些元素组成了登录模块的页面，同时也给了用户第一视觉体验，如果其中的任何一个元素出了问题，例如字体的风格不一致、颜色搭配错了、窗体布局不合理、文字有错误等，可以想象这会给用户带来什么样的影响，所以邮箱登录模块页面的外观界面是必须要测试的。

第二，是否需要对邮箱登录模块的页面做功能测试呢？邮箱登录模块的一个重要功能就是登录操作。邮箱的登录功能主要是保证当用户输入正确的用户名和正确的密码时才能登录到邮箱系统中，而当输入错误的用户名或密码时则禁止用户登录。可能有很多读者会认为，在登录邮箱的过程中，只要输入了正确的用户名和密码肯定能登录成功，输入了错误的用户名或密码肯定就登录失败。可是各位要知道，在软件产品刚刚被开发完成时，当输入了正确的用户名和正确的密码时，不一定能登录成功；同样，当输入了错误的用户名或错误的密码时，也未必就一定会登录失败。所以邮箱登录模块的功能是必须要测试的。

第三，是否需要对邮箱登录模块的页面做性能测试呢？邮箱登录模块的性能测试主要测试什么？在平常的邮箱使用过程中，你也许遇到过这些情形：有时打开某个网页要等待 5 ~ 10s，甚至更长的时间，网页才能把内容全部显示出来；有时无论等待多久，网页也打不开；有时不到 2s，网页的内容就全部显示出来了。这等待时间就称为系统响应时间（或称用户等待时间），系统响应时间是性能测试中的一个重要指标。同等条件下，系统响应时间越长，表明该网站性能越差；反之，则表明该网站性能越好。邮箱登录模块同样需要性能测试，例如，当输入用户名和密码并单击“登录”按钮后，用户要等待多长时间才能成功登录邮箱呢？正常情况下，用户只需要等待 1 ~ 2s 就可以成功登录邮箱系统，但如果每次登录都需要等待十几秒甚至更长时间，那这款邮箱产品的性能就需要改进了。所以邮箱登录模块的性能也是必须要测试的。

第四，是否需要对邮箱登录模块的页面做安全性测试呢？有时在一台公用的计算机上登录过 QQ 邮箱后，虽然执行了退出操作，但你会发现你的邮箱名或 QQ 号还是留在了那台计算机上。那么黑客就可以利用这些已知的信息入侵你的系统，导致你的 QQ 号或邮箱被别人登录。所以在邮箱产品上线之前，登录模块的安全性测试也是必须要做的。

第五，是否需要对邮箱登录模块的页面做易用性测试呢？初学者也可以将易用性测试理解为用户体验测试，主要就是测试用户使用邮箱登录模块的过程是否顺畅，操作是否容易。可以把自己当作一个用户，然后把自己感觉费解或是难以操作的地方找出来，让开发人员和设计人员修改。软件易用性好，用户体验才会好，所以邮箱登录模块的易用性也是必须要测试的。

第六，是否需要对邮箱登录模块的页面做兼容性测试呢？当你使用某浏览器打开一个网页时，有时会发现其排版异常或是页面出现乱码，但换成另一款浏览器打开同样的网页时又显示正常了，这就是网页代码跟某些浏览器不兼容所造成的。邮箱登录模块需要在不同的浏览器上运行，因此需要测试该页面与各类型浏览器是否兼容。

从以上分析不难看出，邮箱登录模块的测试同样也可以基于软件的外观界面、功能、性能、安全性、易用性、兼容性 6 个方面进行。

2.3.2 邮箱之写信测试

以下展示的是 QQ 邮箱的写信页面（简化版），如图 2-6 所示。

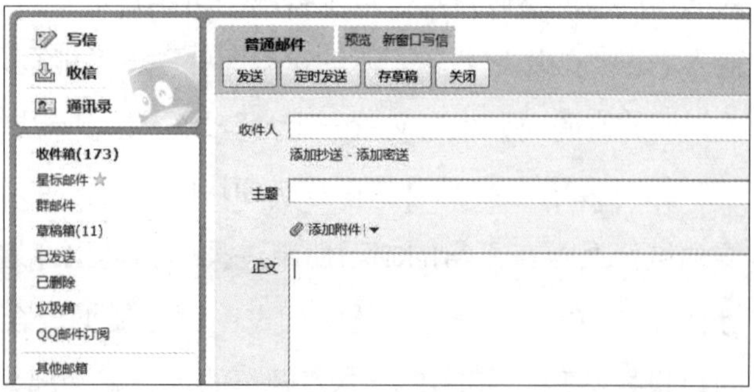

■ 图 2-6　QQ 邮箱写信页面

接下来对 QQ 邮箱写信模块的测试进行简要分析。

第一，写信页面的字体格式、颜色格调、输入框大小的一致性以及界面布局排版等，都属于外观界面，这也是给用户的第一视觉体验，所以外观界面是必须要测试的。

第二，写信页面比较重要的功能就是写信和发送邮件这两大功能。这些功能主要表现在用户能否正常写邮件，写好的邮件能否保存为草稿、能否发送或定时发送，收件人能否正常收到邮件。如果写完邮件后不能发送，或者发出去的邮件对方收不到，那写信功能也就失去了意义。

第三，写信页面的性能测试。前文已提到过，初学者可以将邮箱的性能理解为系统响应时间。比如从单击“写信”按钮到写信页面完全显示出来，需要用户等待多长时间；又比如你发送了一封邮件给你的朋友，你的朋友多久能收到你的邮件，这些都是性能问题。如果你发完一封邮件后你的朋友要等三天才能收到，那估计也没有人会用这个邮箱了。

第四，写信页面的安全性测试。有些人的收件箱里可能收到过一些病毒附件，如果你单击或下载了它，很可能会导致你的计算机中毒。这是因为有些恶意用户故意上传一些病毒附件发送给你，如果你的邮箱不能对这些附件进行安全性检测的话，就会存在很大的安全隐患。

第五，写信页面的易用性测试。写信页面的易用性是指整个写信流程是否易于操作，其各项功能是否易于理解，各项提示是否清楚明了等。如果某个功能很难使用，一般人无法理解，那写信页面的易用性就大打折扣了。

第六，写信页面的兼容性测试。这就是要测试写信页面在不同浏览器下能否正常显示。能正常显示则说明它是兼容的，不能正常显示则表明邮箱的显示页面在该浏览器下存在兼容性问题。

有关写信页面具体的测试细节在这里就不过多分析了，但很容易看出来，写信页面的测试也可以基于外观界面、功能、性能、安全性、易用性、兼容性 6 个方面进行。

2.3.3 软件测试的基本要素

综上所述，目前可以得出结论：对一名初级软件测试人员来讲，当你对软件进行全面测试的时候，可以基于软件的外观界面、功能、性能、安全性、易用性、兼容性6个方面开展。

有人会问，对软件产品的测试一定是基于这 6 个方面的吗？答案是否定的。作为一名初级软件测试工程师，如果一开始就把测试范围定得太大、太广，会不利于学习和掌握。因而现阶段能把这 6 个方面做好就已经很不错了，做好这 6 个方面就是在修炼软件测试的基本功，其他方面可待有了一定的工作经验后，再具体细化扩展。只有练好了基本功，以后才有可能去应对更为复杂的测试工作。

2.4 本章小结

2.4.1 学习提醒

本章的例子只是做了一个大致分析，并没有设置相关的前提和复杂的条件，希望让大家明白测试软件产品主要是基于哪几个方面进行的，所以在本章中大家暂时不必过于在意测试过程的细节。

2.4.2 求职指导

一｜本章面试常见问题

面试官在面试时一般是根据简历来提问的，图 2-7 为一位应聘者简历中的部分内容。

某某信息科技有限公司　测试工程师 2018/05—2019/07

软件名称：某某邮箱

开发单位：某某公司研发部

项目描述：某某邮箱是某某公司推出的免费电子邮箱，经过十年的发展，全面优化邮箱内核，彻底解决一般邮箱登录缓慢、收发邮件延迟、附件打开下载困难的问题，速度较上版大幅提升，用户体验更佳。

测试人数：测试人员 10 人，测试经理 1 人。

图 2-7　某简历中的部分内容

针对此简历中的项目，面试官可能会问以下问题。

问题：你对某某邮箱是怎么测试的？

分析：这个问题包含的内容比较广，因为一个软件的测试包括很多方面，那么大家就可以结合本章内容进行回答。

参考回答：对这个邮箱软件的测试主要是基于 6 个方面，分别是软件的外观界面、功能、性能、安全性、易用性、兼容性……

说明：本书接下来将对这 6 个方面的测试细节进行详细讲解，尽量完整全面地介绍每一个方面。当然，由于大家才刚刚入门，现在不必在意这 6 个方面到底是如何进行测试的，待大家学习完后面的内容，就知道如何具体展开了。

二｜面试技巧

在面试的过程中，任何问题的回答都不要只有一句话。一个问题的中心思想可能只有一句话，但是中心思想说完后，应当尽可能详细地进行补充，充分体现你的测试思路和细节，以及你的处理方式。面试官更喜欢这类回答。这一点很重要，也是大家通过面试的一个重要因素。

第3章 测试工作从评审需求开始

第 2 章主要介绍了如何从 6 个方面开展软件测试。但是大家应该清楚，软件只有在被开发出来之后，软件测试人员才能对其进行相应的测试，而一个项目组的开发人员会无缘无故地开发一款软件产品来让软件测试人员测试吗？当然不会。一定是用户有这方面的需求，然后项目组的开发人员才会依据用户的需求去开发相应的软件产品，之后才会让软件测试人员对此产品进行全面测试。那么此过程是怎么运作的呢？在了解软件项目组的基本构成和用户的需求之后，这个问题就会迎刃而解。

3.1 项目组成员

先了解一下软件项目组中涉及的一些重要角色和关键词，它们分别是项目、项目经理、需求、用户、开发人员、测试人员和产品人员。

在这里简要说明一下它们的意义。

项目：这里的项目代表软件研发项目，包括前期项目预研、立项、组建项目团队、设计开发软件、测试调试、交付验收，以及软件运营等各项具体的工作。

项目经理：项目经理是这个软件项目的总负责人。项目经理既需要有广泛的计算机专业知识，又需要具有项目管理技能，能够对软件项目的成本、人员、进度、质量、风险、安全等进行准确的分析和卓有成效的管理，从而使软件项目能够按照预定的计划顺利完成。

需求：这里指的是用户需求，有了用户需求，开发人员才能开发相应的产品。它通常包括功能性需求及非功能性需求。

用户：这里指的是提出需求的用户，同时也是软件验收的主要人员。

开发人员：这里指的是该软件项目组中负责研发这个软件的技术人员，也叫程序员，他们往往通过代码来实现软件的各项功能。

测试人员：这里指的是该软件项目组中负责软件测试的人员。

产品人员：在项目组中，大家可能会对产品人员有点陌生，本书 3.2 节将会有说明。

可能有人会问，在上面的所有角色中，哪个角色最重要？不同的人会有不同的理解，有人认为是用户，也有人认为是开发人员或是测试人员。在这里想告诉大家的是，在一个项目组中，谁也离不开谁，它们是相辅相成的，每个角色都很重要。

3.2 项目组成员与需求的关系

本书 3.1 节介绍了项目组中的成员，那么本节就用一张示意图来展示项目组成员与需求之间的关系，如图 3-1 所示。

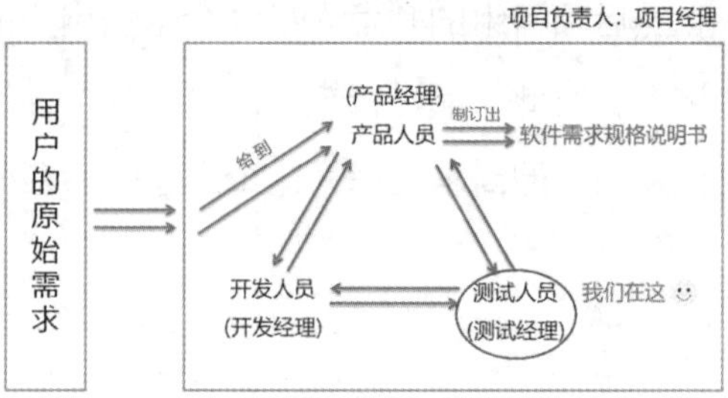

■ 图 3-1 项目组成员与需求之间的关系

一｜示意图的含义

（1）有一个 A 用户，由于 A 用户的员工较多，为方便管理员工的信息，A 用户需要一个人力资源管理软件来管理员工的档案信息，也就是说需求是来自用户的。

（2）A 用户有了这个原始需求后，就会把这个原始需求提交给项目组的产品人员，随后项目组的产品人员依据 A 用户提供的原始需求，制订出一份更为规范的软件需求规格说明书（以下简称“需求文档”）。（说明：用户的需求称为原始需求，用户提供的原始需求是比较简单和模糊的，毕竟用户本身不是专业的软件设计人员，他们只能提供一些原始想法，而后由专业的产品人员根据用户的原始需求设计出规范化的需求文档。产品人员在制订需求文档时不能偏离用户的原始需求，在制订需求文档的过程中还要不断地和用户进行交流确认，直至用户满意为止，可见在项目中，产品人员主要是制订需求文档的。）

（3）产品人员把制订好的需求文档分别发给开发人员和测试人员。

（4）开发人员按照需求文档开展相关的开发工作，开发出相应的软件产品。

（5）测试人员会测试开发出来的软件产品是否符合需求文档里的要求。

以上便是一个软件项目所经历的简要流程，而产品人员也经常被称作需求人员，下文将统一采用产品人员这一说法。

二｜项目组中的成员关系

（1）一般情况下，一个软件项目组由开发人员、测试人员、产品人员组成。当一个项目启动时，公司就会从产品部抽调出熟悉此款产品的产品人员进驻这个项目组，从开发部抽出熟悉这款产品研发的开发人员加入这个项目组，同时也会从测试部抽调出相关的测试人员参与到这个项目中，三方人员要对这个项目负责到底。

（2）测试人员要经常与开发人员进行沟通，因为一旦测试过程中发现了问题就要反馈给开发人员，并要推动开发人员去修复问题，既相互配合，又相互监督。

（3）测试人员也需要同产品人员打交道，需求文档中有不清楚或有歧义的地方，需要向产品人员确认。

（4）开发人员和测试人员通常是不需要与用户直接沟通的，主要是产品人员和销售人员与用户打交道。

（5）产品经理：组织产品人员开展需求设计、需求变更等相关工作，安排产品人员的工作。

（6）测试经理：负责测试技术、测试计划、测试总结等相关工作，安排测试人员的工作。

（7）开发经理：负责开发技术等相关工作，安排开发人员的工作。

（8）项目经理：本项目的负责人，负责整个项目中重大问题的决策、沟通、协调、进度、交付等工作，对产品人员、开发人员、测试人员三方负责。一般情况下软件的项目经理都是有开发技术背景的。

3.3 为什么要评审需求文档

当产品人员把制订好的需求文档发给开发人员和测试人员之后，开发人员是不是就可以直接进入代码开发阶段呢？当然不是，接下来，先看一个示意图，如图 3-2 所示。

从图 3-2 可以看到，产品人员制订的需求文档发给开发人员和测试人员后，并不是直接进入开发和测试的相关工作中，而是先由产品人员、测试人员、开发人员三方共同评审这个需求文档。为什么要对需求文档进行评审呢？原因如下。

（1）需求文档毕竟是一个文字描述性的文档，开发人员和测试人员在阅读它的时候可能会有不同的理解，如果开发人员把需求文档理解错了或者漏掉了某个需求细节，那么开发出来的产品一定不是产品人员想要的，那问题就严重了。

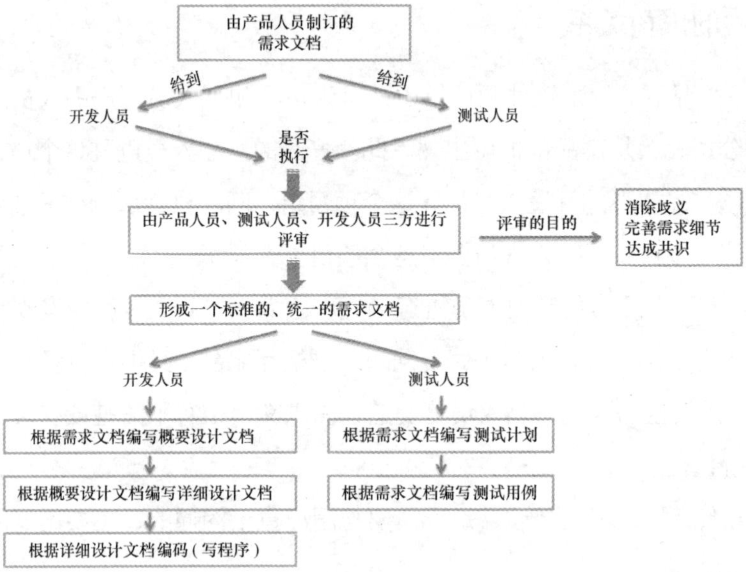

■ 图 3-2　评审需求

（2）如果测试人员把需求文档理解错了或是理解存在偏差的话，那么测试人员就会按照错误的标准去测试软件，结果可想而知，测试人员提的问题都是无效的，都是在做无用功。

（3）对于产品人员制订的需求文档，开发人员和测试人员不能想当然地去理解它，而是要由产品人员召开需求文档评审大会，项目组全体成员参加。评审的方式一般是这样的：产品人员对需求文档中的内容一一进行讲解，如开发人员和测试人员有不清楚的或有疑问的地方都要及时提出来，然后产品人员解释其中的意思。当然，如果大家对需求文档有新的看法和建议，也可以提出来，最终由产品人员决定采纳与否。需求文档评审的目的在于消除歧义，完善需求细节，最后达成共识。评审完后，产品人员就会重新整理需求文档，最后形成一个标准的、统一的需求文档，分发给开发人员和测试人员。

在开发人员和测试人员拿到已通过评审的需求文档之后，他们便进入各自的工作流程，这里再简要地描述一下他们的工作流程。

（1）开发人员会根据这个需求文档去编写概要设计文档。什么是概要设计文档呢？打个比方，你想建个房子，那你得把这个房子的整体框架先画出来，软件的概要设计文档就像是房子的整体框架。写完概要设计文档后，你会根据它去编写详细设计文档。为什么又要写详细设计文档呢？继续打比方，房子的整体框架设计好了，接下来就要针对大框架内的一些更小的框架进行详细设计，如建房子之前的详细图纸，软件的详细设计文档就像是这个详细图纸。当然这个比方不一定恰当，只是为了便于大家理解。有了详细设计文档，开发人员再来编写代码就容易多了。当然，开发人员的这些工作暂时与初级软件测试人员无关，大家了解一下就可以了。

（2）测试人员拿到已通过评审的需求文档之后会开展什么工作呢？从图 3-2 可以看到，测试人员会根据需求文档编写测试计划和测试用例。什么叫测试计划？测试计划包括什么内容？什么叫测试用例？如何设计测试用例？对于这些问题，大家暂且不用担心，后面的章节将会对测试计划和测试用例这两个概念进行详细讲解。

3.4 如何评审需求文档

本书 3.3 节简要地介绍了为什么要评审需求文档，那么测试人员要从哪些方面来对需求文档进行评审呢？具体如下。

（1）正确性：对照用户的原始需求，检查产品人员制订的需求文档是否偏离了用户的原始需求。

（2）明确性：检查需求文档中每一个需求项是否存在含糊不清的词汇，用语是否清晰，是否有歧义。

（3）完整性：对照用户的原始需求，检查产品人员制订的需求文档是否覆盖了用户提出的所有需求项，每个需求项有没有遗漏用户所提出的必要信息。

（4）限制性：每个需求项里是否清晰地描述了这个软件能做什么、不能做什么，能输入什么、不能输入什么，能输出什么、不能输出什么。

（5）优先级：明确需求文档中的哪些功能比较重要，哪些功能比较次要，是否做了标识和编号。

（6）一致性：检查需求文档里的内容前后是否一致，确保不冲突、不矛盾。

请注意，需求评审是测试人员非常重要的一项工作。据统计，50% 以上的软件缺陷是由于前期的需求没有评审确认好。如果开发人员和测试人员不能把需求文档理解透彻或是对需求文档的理解存在偏差，那么最终开发出来的产品一定不是用户想要的，并将会导致软件产品开发失败。

产品人员在需求文档的制订上起到了主导和决定性作用，如在开发产品和测试产品的过程中对需求文档有不理解或怀疑的地方，一定要及时和产品人员确认它原本的意思，并按照产品人员给出的标准开展相应的工作。

3.5 本章小结

3.5.1 学习提醒

本章想告诉大家的是对于初级软件测试人员而言，一个软件项目的运作过程并不像大家想象的那么复杂。其实大家都是围绕着需求文档开展工作的，那么需求文档到底是什么呢？简单地说，需求文档就是描述要将软件做成一个什么样的规格产品的说明文档，而测试人员需要参与需求文档的评审工作，并且要正确地理解需求文档所描述的意思，然后才能测试软件是否达到了需求文档中描述的规格要求。

3.5.2 求职指导

一｜本章面试常见问题

问题 1： 测试工作是从什么时候开始的？

参考回答： 我之前做的测试工作，一般都是在拿到需求文档时就开始了，主要的工作就是评审需求文档，评审的目的是消除歧义，完善需求细节，最后达成共识。谢谢！

问题 2： 需求评审的目的是什么？

参考回答： 我觉得需求评审的目的主要是消除歧义，完善需求细节，最后达成共识，如不进行评审，就意味着开发人员和测试人员可能对需求文档的理解存在偏差，最终可能导致产品质量不符合需求文档的要求。

问题 3： 你是如何评审需求文档的？

参考回答： 我们公司之前评审需求文档时，主要从 6 个方面进行……（具体请参考本章 3.4 节的内容。）基本上，我们会从这 6 个方面进行需求评审，当然每个公司评审的机制可能会有一些差异，但主要目的就是把需求文档的细节理解清楚。谢谢！

二｜面试技巧

初级软件测试人员面试的时候需要注意以下 3 点。

（1）回答问题的时候一定要注意缓冲。例如在回答问题前，可以先说“嗯”或者“好”，然后停几秒，待思考后再回答，这有利于将问题拓展开来。不要抢着回答，因为不加思索就回答容易紧张。

（2）在回答每一个问题之前，最好加上一句开始语，如“我们之前是这么做的”，又如“我们公司的需求文档评审主要包括以下几方面的内容”等，而不要一开始就直奔主题，具体可参考本节问题 3 的回答方式。

（3）当回答完问题之后要加一句结束语，如“我们主要是基于这几点来做的，谢谢”，又如“我们主要是基于以上几个方面进行的，谢谢”等。问题回答完毕后，别忘了说“谢谢”，这不仅代表了对面试官的尊重，同时也是在告诉面试官我的问题已回答完毕。

第4章 软件测试的基本概念

第 3 章从认识需求开始，让大家对测试工作有了一个基础了解。在一个软件项目组中，作为一名软件测试工程师，从拿到软件需求的那一刻起，软件测试工作其实就已经开始了，因为需要对软件需求文档进行评审。评审通过后，才可以具体开展测试工作。

本章将重点介绍软件测试的基本概念，为大家学习后面的章节奠定好基础。

软件测试涉及的领域很宽泛，根据测试介入的不同阶段、测试依据的不同原理细分出很多不同的测试概念。作为初级软件测试人员，并不需要了解过多的测试概念，因为每个概念的背后都包含庞大的知识体系，入门阶段了解过多反而会造成混淆。因此，本章仅介绍与初级软件测试人员紧密相关的几个重要的测试概念，以便让大家清楚地知道自己要做哪一类型的测试。

另外，除本章提到的这些概念之外，其他章节也会提到与本章内容相关联的一些测试概念，以便大家按照正常的测试流程去理解这些概念。

4.1 软件测试及相关概念的定义

一 | 软件质量的定义

不同的图书、不同的环境对软件质量有着不同的定义，其意义也不尽相同。作为一名软件测试人员，主要是按照需求文档去测试软件，而测试后的最终产品是要交付给用户使用的。所以，本书给出的软件质量的定义是指软件开发测试完成后，软件所展现出来的各项功能特性是否符合需求文档，是否满足用户的需求。如果满足，则表明这个软件质量很好；反之，则表明软件质量不好。

二 | 软件测试的定义

软件测试是一个动态过程，而不单单指某一项测试工作和技术。本书对软件测试定义如下。

软件测试是从前期需求文档的评审，到中期测试用例设计及测试执行，再到后期问题单的提交和关闭等一系列的测试过程。

三 | 软件错误的定义

测试人员在测试软件的过程中，当发现实际运行的结果和预期的结果不一致时（这个预期的结果其实就是指需求文档里面的要求），就把这个不一致的地方称为软件错误。当然，软件错误不仅是指与需求文档不符的地方，在测试过程中，测试人员发现有影响用户体验和使用的任何地方，都可以把它当作软件错误提出来。在工作中也把软件错误称为Bug（Bug、错误、缺陷、问题，这四类表述是同一个意思）。

四 | 什么叫 80/20 原则

就软件测试而言，80/20 原则指的是 80% 的 Bug 集中在 20% 的模块里面，经常出错的模块经修复后还会出错。具体分析有如下两点。

（1）80% 的 Bug 集中在 20% 的模块里面，意思是，如果一个软件中发现了 100 个 Bug，那么其中 80 个 Bug 很可能都集中在该软件 20% 的模块里。为什么这么说呢？打一个比方，在开发一个软件的时候，并不是所有的模块都很复杂，例如，一个软件包括 10 个模块，可能其中 2 个模块比较复杂，而剩下的 8 个模块比较简单，那么复杂模块出现问题的概率就会高一些，如果这 2 个关键模块没有处理好的话，那么这 2 个模块的 Bug 数量可能会占 Bug 总量的 80%。所以在测试软件的时候，记得关注这些 Bug 高危多发“地段”，在那里发现软件 Bug 的可能性会大很多。

（2）经常出错的模块经修复后还会出错，意思是，同一个地方如果经常出现 Bug，即便 Bug 被修复，这个模块可能还是不稳定的，还会产生新 Bug。

当然，80/20 原则的结论只是经验之谈，也就是说，80/20 原则并不是绝对的，只是具有相对的普遍性。

4.2 软件测试的分类

根据不同的分类标准，软件测试会有不同的分类。常见的两种分类方式是按测试原理分类和按测试阶段分类。

4.2.1 按测试原理分类

按测试原理，软件测试可分为黑盒测试和白盒测试，初级软件测试人员很有必要了解它们的意思和区别。

一｜黑盒测试

黑盒测试是不关注软件内部代码的结构和算法，只关注这个软件外部所展现出来的所有功能特性的测试。初级软件测试人员可以这样理解：黑盒测试只测试软件外部的功能特性，而不测试软件内部的代码结构。由于 QQ 邮箱的用户体验做得很好，本节还使用 QQ 邮箱的登录页面来举例说明。

图 4-1 是 QQ 邮箱的登录页面（简化版），那么黑盒测试要测些什么呢？答案是，黑盒测试只测试 QQ 邮箱登录页面所展示给用户的所有功能点能否正常使用（软件外部功能）。例如，当用户输入正确的用户名和密码时能否正常登录，输入错误的用户名或密码是否不能登录系统等功能点，而不会去测试登录页面的代码结构（软件内部代码）。其内部代码实现逻辑相当于封装在了一个黑盒子里面，只需要关注这个黑盒子的输入和输出是否符合需求定义，黑盒子里面具体的实现逻辑并不需要测试。

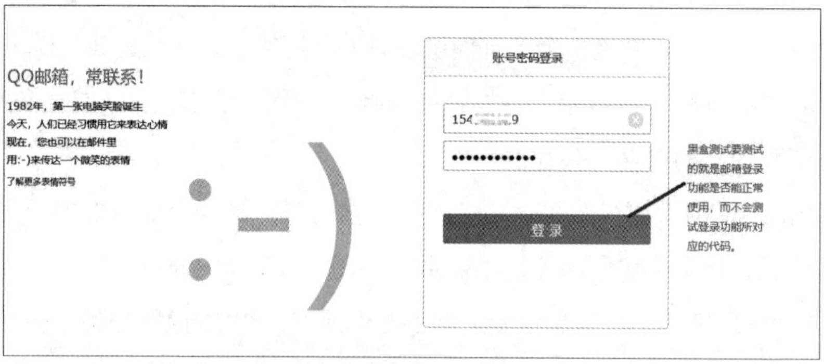

■ 图 4-1 QQ 邮箱登录页面

二 | 白盒测试

白盒测试的定义刚好与黑盒测试相反，白盒测试是只关注软件内部代码的结构和算法，而不关注这个软件外部所展现出来的功能点的测试。初级软件测试人员可以这样理解：白盒测试只测试代码结构，而不测试软件的外部功能点。下面举例说明。

如图 4-2 所示，在 QQ 邮箱的登录页面的空白处单击鼠标右键，在弹出的快捷菜单中选择“查看页面源代码”命令，弹出登录页面所对应的源代码，如图 4-3 所示。那么白盒测试要测试什么？答案是，白盒测试只测试 QQ 邮箱登录页面所对应的源代码（图 4-3 所示的代码）结构有没有问题，而不会去测试登录页面所展示给用户的各项功能点。

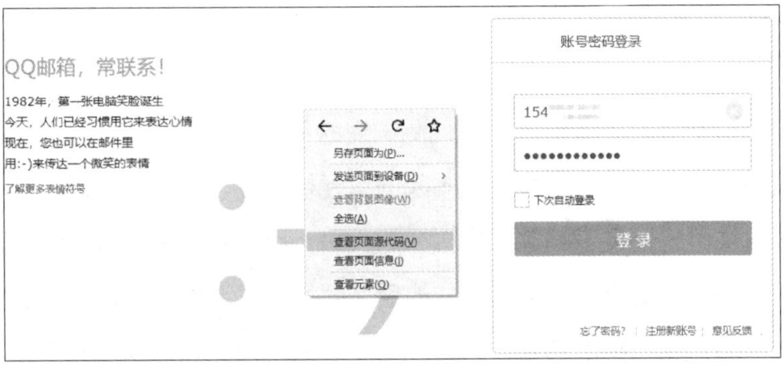

■ 图 4-2　查看页面源代码

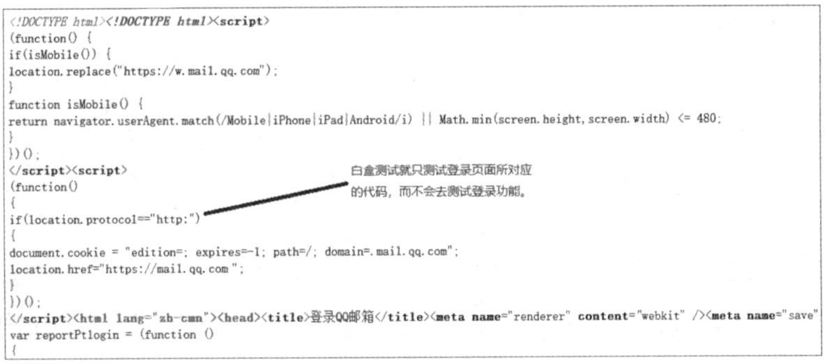

```
<!DOCTYPE html><!DOCTYPE html><script>
(function() {
if(isMobile()) {
location.replace("https://w.mail.qq.com");
}
function isMobile() {
return navigator.userAgent.match(/Mobile|iPhone|iPad|Android/i) || Math.min(screen.height, screen.width) <= 480;
}
})();
</script><script>
(function()
{
if(location.protocol=="http:")
{
document.cookie = "edition=; expires=-1; path=/; domain=.mail.qq.com";
location.href="https://mail.qq.com ";
}
})();
</script><html lang="zh-cmn"><head><title>登录QQ邮箱</title><meta name="renderer" content="webkit" /><meta name="save"
var reportPtlogin = (function ()
{
```


■ 图 4-3　源代码

4.2.2 按测试阶段分类

按测试阶段，软件测试可分为 4 个阶段，分别为单元测试、集成测试、系统测试和验收测试。

一 | 单元测试

开发人员开发完一小段代码后就能实现一个小的功能模块，开发完多个小段代码后就能实现多个小的功能模块，然后再把这些小的功能模块串联在一起就组成了一个大的功能模块。接着把几个大的功能模块组合在一起就成为最终的软件系统。在这里把最初的一小段代码称为软件系统的最小组成单元，而单元测试就是指对这小段代码进行测试。当开发人员开发完一小段代码后，开发人员会测试它有没有问题。只有通过单元测试才能把这些单元模块集成在一起，形成一个大的功能模块。由此看来，单元测试是测试代码的，采用的是白盒测试的方法（因为白盒测试是基于软件内部代码测试的），主要由开发人员来做。

二 | 集成测试

单元测试完成后，开发人员就会把已测试完的单元模块组合在一起并形成一个“组合体”。在集成模块的初期，由于集成到一起的单元模块比较少，此时的“组合体”如果出现问题，很多时候可能还要追溯单元模块内的代码，所以初期的集成测试主要由开发人员来执行，采用白盒测试的方法。但到集成的后期就不同了，由于集成到一起的模块越来越多，各模块之间的依赖性越来越强，离目标系统越来越近，软件系统核心模块基本组装完毕，此时软件的部分功能点也已经展现出来，开发人员可对软件进行部分功能测试，一般采用的是黑盒测试的方法。

三 | 系统测试

随着软件集成的规模越来越大，直至最后组装成为一个完整的软件系统，软件的所有功能点和特性已经就位，这个时候就该项目组的测试人员登场了。系统测试简而言之就是测试人员对这个软件系统做全面测试。本书在第 2 章介绍过，测试人员对一个软件的全面测试，主要是基于6个方面开展的，即软件的外观界面、功能、性能、安全性、易用性、兼容性。那么系统测试就是测试软件的外观界面、功能、性能、安全性、易用性、兼容性这 6 个方面是否满足需求文档里的要求。同时由于这 6 个方面的测试并不需要关注软件内部的代码结构和逻辑，因此，测试人员进行系统测试时采用的也是黑盒测试的方法。由此看来，测试人员是在系统测试这个阶段介入的，如图 4-4 所示。

接下来简要描述一下这 6 个方面测试的基本含义。

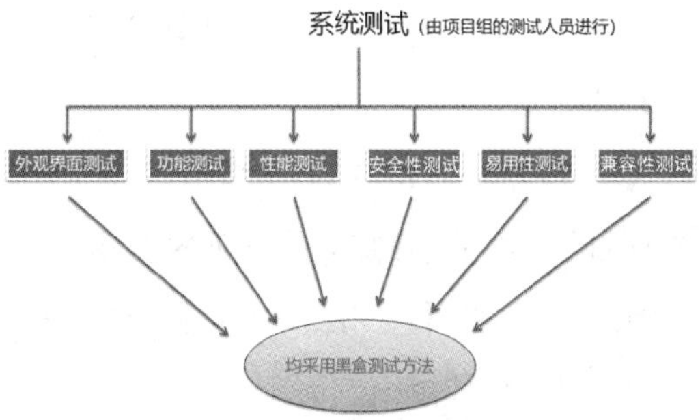

图 4-4　系统测试

（1）软件的外观界面测试（简称 UI 测试）：主要测试软件界面功能模块的布局是否合理，整体风格是否一致，界面文字是否正确，命名是否统一，页面是否美观，文字、颜色、图片组合是否完美等。测试难度：相对简单。

（2）软件的功能测试：主要是测试软件所呈现给用户的所有功能点是否都能正常使用和操作，是否满足需求文档里的要求。测试难度：中等。

（3）软件的性能测试：测试软件在不同环境和压力下能否正常运转，其中有一个很重要的指标就是系统响应时间，例如，多人同时访问某个网页时，网页能否在规定的时间内打开等。测试难度：较高。

（4）软件的安全性测试：测试该软件防止非法侵入的能力。测试难度：较高。

（5）软件的易用性测试：测试软件是否容易操作，主观性比较强，站在用户的角度体验软件产品好不好用。测试难度：相对简单。

（6）软件的兼容性测试：测试该软件与其他软件的兼容能力，作为初级软件测试人员，主要考虑软件与浏览器的兼容能力，包括分辨率的兼容。测试难度：相对简单。

四 | 验收测试

验收测试由用户开展，测试的内容与系统测试相似，主要测试软件系统是否满足需求文档里的要求、是否满足用户的需求。采用的方法也是黑盒测试。通常验收测试通过之后，软件才能交付投产上线，由于验收工作由用户执行，在这里不做过多阐述。

4.3　初级软件测试人员的定位

关于初级软件测试人员在系统测试中的定位，我们以图 4-5 为例进行说明。

（1）软件项目的名称：QQ 邮箱。

（2）项目组的测试人员：12 名。

（3）测试人员要对 QQ 邮箱进行系统测试。

（4）QQ 邮箱的系统测试涵盖了 6 个方面，分别是 QQ 邮箱的外观界面测试、功能测试、易用性测试、兼容性测试、安全性测试、性能测试。

（5）测试组的 12 名测试人员会有不同的分工，有的做功能测试，有的做性能测试，有的做安全性测试等。

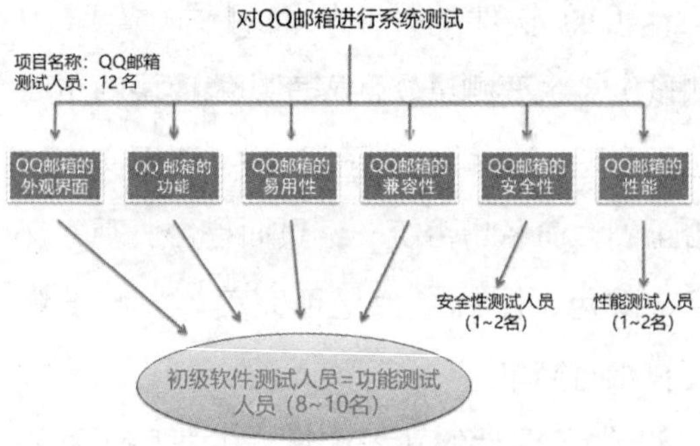

图 4-5　测试人员定位

（6）初级软件测试人员主要是定位在功能测试，因而初级软件测试人员等同于功能测试人员。

（7）软件的外观界面、易用性、兼容性这 3 个方面的测试相对简单，大多数情况下也都是由初级软件测试人员来完成的（当然少数的项目组也设立了独立的外观界面测试人员、易用性测试人员和兼容性测试人员）。

（8）由于安全性测试和性能测试的难度相对要高一些，并且需要一定的工作经验，所以这两块的测试工作一般会由测试组中的安全性测试人员和性能测试人员分别完成。

QQ 邮箱的功能模块可以细分出很多个功能。初级软件测试人员又是如何分工的呢？

从图 4-6 可以看出，初级软件测试人员进入项目组后，最终会被安排具体负责一个或多个功能模块的测试工作。

为了让大家更清楚初级软件测试人员的定位，有以下几点需要说明。

以上示例是虚拟出来的一个项目，其中测试人员配比在实际的项目中并不是固定的，每个项目都会根据实际情况进行相应的安排。

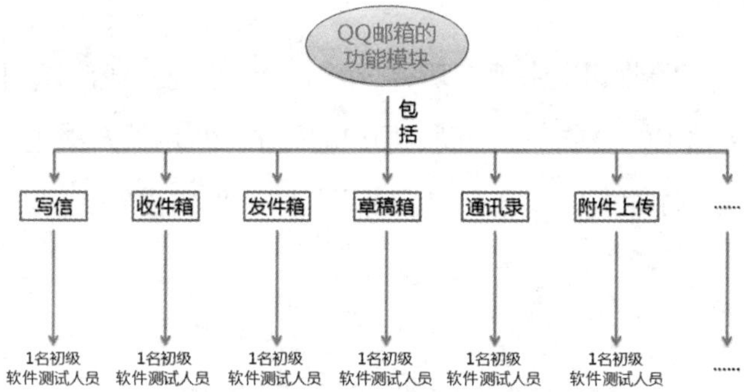

图 4-6　测试分工

一个项目组中的测试人员除了初级软件测试人员，还有安全性测试人员和性能测试人员等。实际项目中具体包括哪些测试人员，会根据项目实际情况进行相应安排。

在众多的用人单位中，初级软件测试人员都被定义为功能测试人员，主要任务就是测试软件的功能是否符合需求文档里的要求。功能测试是最基础的，也是最重要的测试之一，因为一个软件如果连功能都没有实现的话，就不用谈软件的性能和安全性了。

功能测试是系统测试的一部分，系统测试采用的是黑盒测试，功能测试自然也是采用黑盒测试。如果面试时被问到：你是做黑盒测试的吗？答案是肯定的。如果被问到：你是做功能测试的吗？答案也是肯定的。如果对方问你：你是做系统测试的吗？答案也是肯定的。要能区分清楚三者的关系。当然在很多时候，人们习惯于把黑盒测试称作功能测试。

在功能测试的队伍中有从业时间较久、经验较为丰富的老员工，也有刚入职的初级软件测试人员，测试经理会根据每个人的工作能力进行相应的工作安排，复杂的功能模块会优先安排给经验丰富的功能测试人员；较简单的功能模块则会安排给刚入职不久的初级软件测试人员，并指定相应的导师。

4.4 软件测试分类关系表

表 4-1 直观地描述了软件测试类型之间的关系。

表 4-1 软件测试分类

测试类型	测试方法	执行者	测试依据	测试内容
单元测试	白盒测试	开发人员	详细设计文档（主要） 概要设计文档	代码及代码的逻辑结构
集成测试	白盒测试为主 黑盒测试为辅	开发人员	详细设计文档（主要） 概要设计文档 需求文档	模块与模块之间的接口
系统测试	黑盒测试	测试人员	需求文档	软件的外观界面、功能、易用性、兼容性、安全性、性能
验收测试	黑盒测试	用户	需求文档	与系统测试的内容相似，主要测试软件的外观界面、功能、易用性、兼容性、安全性、性能

从表 4-1 中可以清楚地看到每个测试阶段所使用的方法、执行者、测试依据及测试内容，如测试人员正处在系统测试中，采用的是黑盒测试，测试的依据是需求文档，测试的内容是软件的外观界面、功能、易用性、兼容性、安全性及性能这 6 个方面。

4.5 本章小结

4.5.1 学习提醒

本章所描述的测试概念都是实际项目中出现概率比较高的，是作为一名初级软件测试人员所应当了解和熟悉的。项目组中的测试人员一般是在系统测试阶段才介入的。通过本章的学习，应该掌握和了解系统测试所包含的测试内容以及初级软件测试人员在系统测试中的定位。

4.5.2 求职指导

一 | 本章求职常见问题

本章介绍的是测试的基本概念，这些基本概念一般在实际的面试过程中几乎不会被问到，但在笔试中却非常常见，比如什么是黑盒测试、什么是白盒测试、它们之间的区别是什么、软件测试按不同阶段可分为哪些测试、如何理解软件质量等。这些内容本章已有详细介绍，这里不再重复。但对于笔试部分需要说明以下几点。

（1）公司在招聘初级软件测试人员时，大概只有 35% 的公司会出笔试题目，大部分的公司招聘是没有笔试的，主要针对应聘者的简历直接进行面试。

（2）笔试考查的是测试人员对基础理论的掌握情况，具有一定的实用性，但由于笔试的题目是有限的，它并不能全面考查测试人员的综合能力。而软件测试的工作更注重测试人员的动手能力和沟通能力，所以初级软件测试人员应聘时如果笔试没有做好，也不必紧张和懊恼，因为笔试成绩在整个应聘过程中起不到决定性作用。当然，如果笔试做得很好，是可以加分的。

二 | 求职技巧

笔试的时候要写清楚自己的名字和申请的职位。

笔试的时候字迹一定要工整，这表现了你做事情的态度和细节。

笔试一定要按要求和格式作答，它反映了一个测试人员能否按照要求去工作。

笔试的时候尽量不要空题，如果了解的话，尽量说出自己的看法。

尽量不要过早或延后交卷，可以在笔试结束前 15min 左右交卷。

当发现笔试的内容跟自己的技能不太匹配时，可以跟考官说明情况并询问是否可以换一份笔试题。

第5章 软件测试计划

通过前面章节的介绍，可以了解到当完成需求文档评审后，开发人员和测试人员就会投入具体的工作（参考图 3-2 的流程）。测试工作会由测试经理负责安排，测试经理首先会制订好软件测试计划，测试计划中会描述测试范围、测试环境、测试策略、测试进度以及测试人员的工作安排和测试中可能出现的风险。测试人员可以依据这份测试计划展开测试工作。

5.1 软件测试计划的内容

如何理解软件测试计划呢？软件测试计划是一份描述软件测试范围、测试环境、测试策略、测试管理、测试风险的文档，由测试经理制订完成。依据这份测试计划，测试人员就可以有计划地发现软件产品的缺陷，验证软件的可接受程度。接下来，本节将对软件测试计划中的内容进行详细讲解。

一 | 测试范围

在软件测试计划中，测试范围用来确定需要测试的功能性需求和非功能性需求。测试计划会明确指出进行系统测试时主要测试哪些内容，哪些内容不在本次测试范围内，是否需要进行外观界面测试、功能测试、易用性测试、兼容性测试、安全性测试、性能测试或其他测试等。

二 | 测试环境

在软件测试计划中，测试环境定义了执行系统测试的软件环境和硬件环境。

软件环境：主要指进行系统测试的软件运行环境，以及软件运行所需的周边软件等。

例如，对 QQ 邮箱做系统测试时，测试人员是在 Windows 10 操作系统的 IE11 浏览器上测试的，那么本次系统测试的软件环境就是 Windows 10 操作系统和 IE11 浏览器。实际工作中的软件环境不限于 Windows 10 操作系统和 IE11 浏览器。

硬件环境：主要是指进行系统测试的硬件设施。例如，用于测试的计算机配置为酷睿 i5 处理器的 CPU、三星 8GB 的内存等，那么这个硬件配置情况就是本次系统测试的硬件环境。实际工作中的硬件环境并不限于这些硬件配置，还会涉及诸多方面，如测试的温度、湿度，也属于硬件环境。

三｜测试策略

在软件测试计划中，测试策略指的是测试的依据、测试的准入标准、测试工具的选择、测试的重点及方法、测试的准出标准等内容。

（1）测试的依据。测试时需要指明软件测试依据的标准文档有哪些，其中有两个重要的文档，一个是需求文档，另一个是测试用例，软件测试工作主要是依据它们来开展的。有关测试用例的知识将在第 6 章详细介绍。

（2）测试的准入标准。测试时需要指明系统满足怎样的条件后才能进行系统测试。通常测试的准入标准是指通过冒烟测试。冒烟测试指当测试人员拿到待测软件后，并不立即投入系统测试的用例执行工作中，而是首先筛选一些基本的功能点进行测试，如果筛选的这些基本功能点经测试后没有问题再进行系统测试，如果有问题则会停止测试，待开发人员修复好这些问题后再进行系统测试。比如，某软件一共有 300 个测试点，那么可能会筛选出常用的 30 个测试点来测试一下系统是否正常。只有当这 30 个测试点都没有问题后，才会进行全面的系统测试，那么对这 30 个测试点的测试工作就称为冒烟测试。在实际工作中，测试的准入标准可能并不局限于通过冒烟测试这一个条件。

（3）测试工具的选择。测试时需要指明在测试的过程中会使用哪些工具。例如，测试人员在提交 Bug 的过程中需要用到 Bug 管理工具，市场上可供选择的 Bug 管理工具有很多，在制订测试策略时，测试组需要决定具体选择哪个工具，如用工具“禅道”来管理 Bug，又如部分的功能点可以利用自动化测试工具“Selenium”进行测试等。有关“禅道”和“Selenium”这两款测试工具，将会在第 7 章和第 11 章分别具体介绍。

（4）测试的重点及方法。在进行系统测试的过程中，应当标明要测试的重点模块和区域、测试的优先次序以及所使用的测试方法。目前大家所了解到的测试方法主要是黑盒测试（功能测试），也就是手工测试。

（5）测试的准出标准也叫测试通过的标准。可以理解为，若未关闭 Bug 的数量不超过规定数量，则可视为通过测试（也可以理解为在未关闭 Bug 数量不超过规定数量的情况下，软件产品才符合上线的标准）。例如，某测试组测试的准出标准（通过的标准）是，未关闭 Bug 的数量不能多于 3 个，并且没有严重和致命的 Bug，遗留的 Bug 并不影响用户对产品的使用和体验。实际工作中测试通过的标准并不局限于 Bug 的数量，还要看 Bug 的等级（根据严重程度一般分为致命问题、严重问题、一般性问题、建议问题），有关 Bug 等级的详细说明，将在第 7 章讲解。

四 | 测试管理

在软件测试计划中，测试管理主要指测试任务分配、时间进度安排、沟通方式这 3 个方面的内容。

（1）测试任务分配指的是确定整个测试范围后，测试经理会根据团队中每个测试人员的特长分配相关的测试任务。测试任务主要包括两项重要的工作：一个是测试用例的设计和编写，另一个是测试用例的执行和操作。

（2）时间进度安排指的是根据实际分配的工作任务来指定每个测试人员开展每项测试工作的起始时间和完成时间。

（3）沟通方式指的是测试过程中如果发现有需要沟通的问题，测试人员如何与项目组中其他成员进行沟通。沟通的方式有很多种，测试中常用的是面对面沟通、电子邮件沟通以及通过 Bug 管理工具沟通。

五 | 测试风险

在软件测试计划中，需要指明测试中存在的各种风险，常见的风险包括没有透彻理解需求文档、对测试时间估计不足及测试执行不到位等。

（1）没有透彻理解需求文档：没有透彻理解需求文档会导致测试人员对软件功能模块的理解存在偏差，进而影响判断，从而产生无效 Bug。如果完全不理解需求的某一项，则会导致测试人员无法理解该需求项所对应的软件功能模块，也就无法对软件的功能进行正确测试。

（2）对测试时间估计不足：每个测试人员都要在规定的时间内完成测试，对自己工作量的估计不足而导致在规定的时间内无法完成相应的任务，会直接影响整个测试工作的进度，造成推迟测试计划的风险。

（3）测试执行不到位：有些测试人员存在侥幸心理，认为有些功能模块不重要或是不会存在问题而不需要去执行测试。在实际工作中，也有一些测试人员因不理解某些功能模块而无法执行相关测试，既不积极主动地向相关人员请教，也不去想办法解决疑问，从而导致执行不到位。

当然，测试风险并不局限于以上 3 条。

对于上述风险，很多时候可以想办法避免或降低。

（1）需求文档评审期间，测试人员需要认真深入地阅读相关内容，凡是有疑问的地方都要和产品人员沟通确认，并且在测试执行期间与产品人员及测试组同事保持沟通，多询问、多请教，明确掌握需求文档中的内容。

（2）在测试过程中如果发现测试时间不够，首先要想办法改进自己的测试方法以提高工作效率，另外可以申请得到团队同事的协助，如果实在工期紧迫，可以适当加班。

（3）软件中很多 Bug 都是因为测试执行不到位导致的，测试中有这样一条规律：越被认为没有问题的地方，可能就越容易出现问题。测试人员的侥幸心理是不可取的，也是一种不负责任的表现。而对于因不理解需求而无法执行的功能模块，应当及时向测试经理反馈以寻求解决方法，绝不能蒙混过关。测试人员要有认真负责的态度和优秀的专业素养。

5.2 软件测试计划的模板

通过 5.1 节，我们了解了测试计划需要考虑的内容，那么测试计划中的这些内容将如何在一份测试计划文档中体现出来呢？本节将介绍通用的软件测试计划模板，从而让读者能够了解如何编写测试计划文档。

一 | 文档标识

不同的公司对文档标识有不同的要求，其目的是充分体现该测试计划文档的相关信息，如测试对象、测试文档的版本等。

在测试计划中，可以用下面这句话来体现文档标识：

本文档是针对 XYC 公司开发的 XYC 邮箱 V1.0 进行黑盒测试的整体测试计划。

二 | 测试目的

以下是在通用的测试计划模板中，体现测试目的的一段内容：

本次测试是针对 XYC 邮箱软件项目进行的系统测试，目的是判定该系统是否满足需求文档中规定的各项要求。

三 | 测试范围

表 5-1 是一个测试计划中的系统测试范围模板。

表 5-1　系统测试范围模板

序号	XYC 邮箱的测试范围	说明
1	外观界面测试	检查 XYC 邮箱的外观界面是否符合需求文档中所要求的界面规范，是否美观、合理和人性化
2	功能测试	根据需求文档检查 XYC 邮箱的主要功能可否正确地实现
3	易用性测试	检查 XYC 邮箱是否操作简单、易用，是否符合通用的操作习惯
4	兼容性测试	检查 XYC 邮箱与市面上主流浏览器的兼容性，例如 360 浏览器、Firefox 浏览器、QQ 浏览器、搜狗浏览器等
5	安全性测试	检查 XYC 邮箱是否达到需求文档中的安全要求，是否存在安全隐患
6	性能测试	检查 XYC 邮箱是否达到需求文档中所定义的性能需求

四 | 测试环境

表 5-2 和表 5-3 分别为测试计划中描述系统测试软件环境和硬件环境的模板。

表 5-2　系统测试环境模板（软件环境）

终端类别	操作系统	应用软件
PC	Windows 10	IE11 浏览器、360 浏览器、Firefox 浏览器、QQ 浏览器、搜狗浏览器

表 5-3　系统测试环境模板（硬件环境）

终端类别	机器名称	硬件配置
PC	联想商务机	CUP：酷睿 i5 内存：三星 8GB 硬盘：三星 500GB

五 | 测试策略

表 5-4 为测试计划中描述测试策略的模板。

表 5-4　测试策略模板

序号	策略	内容
1	测试的依据	需求文档和系统测试用例
2	测试的准入标准	（1）冒烟测试通过 （2）测试组的人员已全部到位，并且测试人员的专业技能符合测试要求
3	测试工具的选择	（1）本次系统测试中，登录和通讯录的功能模块适合进行自动化测试，因此这两个模块将使用自动化测试工具 Selenium （2）本次系统测试中所发现的 Bug 均使用“禅道”作为 Bug 测试管理工具进行提交，发现问题后首先提交给测试经理，经测试经理审核后再指派给开发人员
4	测试的方法	本次系统测试均采用黑盒测试（手工测试）的方法，对登录模块和通讯录模块进行自动化测试前也必须进行必要的手工测试
5	测试的重点	（1）在 XYC 邮箱的外观界面测试中要确保菜单的大小和位置、模块之间的协调、背景颜色的美观性等都符合要求 （2）在 XYC 邮箱的功能测试中要重点测试邮箱登录、写信、收信、附件模块的功能，这些模块应当优先进行测试 （3）在 XYC 邮箱的易用性测试中，要确保邮箱使用过程中的易操作性和易理解性等 （4）在 XYC 邮箱的兼容性测试中，要确保能与 IE11 浏览器、360 浏览器、Firefox 浏览器、QQ 浏览器、搜狗浏览器兼容 （5）在 XYC 邮箱的安全性测试中，要防止他人利用已知的账户名非法侵入 （6）在 XYC 邮箱的性能测试中，要重点测试用户登录、收信等操作的系统响应时间
6	测试的准出标准	（1）测试用例已全部执行完成 （2）遗留的 Bug 数量不能超过 3 个，并且没有严重和致命的 Bug，遗留的 Bug 并不影响用户对产品的使用和体验

六 | 测试管理

表 5-5 为测试计划中描述测试管理的模板。

七 | 测试风险

表 5-6 为测试计划中描述测试风险的模板。

表 5-5 测试管理模板

分配任务	具体事宜	测试负责人	测试起始时间	测试结束时间
负责 XYC 邮箱性能测试	编写性能测试用例、执行测试用例、提交 Bug 单、回归测试、编写测试报告	张三（测试经理）	2018-03-01	2018-03-××
负责 XYC 邮箱安全性测试	编写安全性测试用例、执行测试用例、提交 Bug 单、回归测试、编写测试报告	李四（测试人员）	2018-03-01	2018-03-××
负责 XYC 邮箱写信模块的功能测试、外观界面测试、易用性测试及兼容性测试	编写写信模块的测试用例、执行测试用例、提交 Bug 单、回归测试、编写该部分的测试报告	王五（测试人员）	2018-03-01	2018-03-××
负责 XYC 邮箱收件箱模块的功能测试、外观界面测试、易用性测试及兼容性测试	编写收件箱模块的测试用例、执行测试用例、提交 Bug 单、回归测试、编写该部分的测试报告	何六（测试人员）	2018-03-01	2018-03-××
负责 XYC 邮箱发件箱模块的功能测试、外观界面测试、易用性测试及兼容性测试	编写发件箱模块的测试用例、执行测试用例、提交 Bug 单、回归测试、编写该部分的测试报告	林七（测试人员）	2018-03-01	2018-03-××
负责 XYC 邮箱草稿箱模块的功能测试、外观界面测试、易用性测试及兼容性测试	编写草稿箱模块的测试用例、执行测试用例、提交 Bug 单、回归测试、编写该部分的测试报告	伊八（测试人员）	2018-03-01	2018-03-××
负责 XYC 邮箱通讯录模块的功能测试、外观界面测试、易用性测试及兼容性测试	编写通讯录模块的测试用例、执行测试用例、提交 Bug 单、回归测试、编写该部分的测试报告	汪九（测试人员）	2018-03-01	2018-03-××
负责 XYC 邮箱附件上传模块的功能测试、外观界面测试、易用性测试及兼容性测试	编写附件上传模块的测试用例、执行测试用例、提交 Bug 单、回归测试、编写该部分的测试报告	刘十（测试人员）	2018-03-01	2018-03-××
负责 XYC 邮箱测试环境的搭建工作以及 Bug 管理工具“禅道”的安装工作	搭建 XYC 邮箱的后台环境、安装 Bug 管理工具“禅道”并进行维护	孙零（测试人员）	2018-03-01	2018-03-××

表 5-6　测试风险模板

风险分类	具体风险的情况	解决方案
没有透彻理解需求文档	可能存在对需求理解有误差或者对软件的业务功能不熟悉的情况	有疑问的地方需要与产品人员沟通确认，在测试执行期间尽量保持与产品人员和测试组同事之间的沟通，多咨询、多请教
对测试时间估计不足	工作中遇到突发情况或是工作计划没有合理安排而导致对测试时间估计不足	（1）改进测试方法以提高工作效率 （2）请求同事的协助 （3）必要时可以适当加班 （4）遇到问题要及时向测试经理反馈情况
测试执行不到位	测试人员存在侥幸心理而导致部分模块没有被测试；或是对某些业务功能不熟悉并且未虚心请教，未进行相关内容的测试	杜绝侥幸心理，所有模块均需测试；及时向测试经理反馈，寻求解决方法，绝不能蒙混过关

对以上的测试计划模板，进行以下 6 点说明。

（1）以上测试计划模板中的项目和人物均是虚拟的。

（2）以上模板中出现的某些内容，如测试用例设计、测试环境的搭建、Bug 管理工具、提交 Bug 单、回归测试、测试报告、自动化测试工具等，均会在后面的章节中进行详细讲解。

（3）有关测试计划的模板，每个公司都不大一样，会根据实际项目制订。但测试人员的测试任务分配和时间进度安排这两部分是必须有的。

（4）本模板中的内容相对简单，并没有引入太多细节性的内容和复杂的测试策略及限定条件，而是尽量用所学的内容以及易理解的方式表达。原因在于：软件测试计划涵盖了项目测试的方方面面，如果一开始就在测试计划中引入太过复杂的内容，这对于一个没有实际工作经验的初级软件测试人员是不实用的，也不利于后续的学习。

（5）软件测试计划是测试人员开展有序工作的一个基本依据，但是也要明白，测试中的进度安排并不是固定不变的，因需求临时变更、测试时间被压缩、产品要提前上线等，测试计划都会根据实际情况进行调整。

（6）初级软件测试人员在进入项目的初期，在接收到测试计划中的任务后，按照规定的时间把本职工作做好、做细才是最重要的。

5.3 本章小结

5.3.1 学习提醒

对于本章测试计划中的内容，初级软件测试人员暂时只需要大体了解，随着测试工作的不断深入和测试经验的不断增加，制订出一个完整的测试计划并不是一件很困难的事情。

5.3.2 求职指导

一 | 本章面试常见问题

问题 1： 你写过软件测试计划吗？

参考回答： 写过，不过我写的是自己所负责模块的测试计划，项目的整体测试计划一般是由测试经理来写的。（这里有一点需要注意：项目的整体测试计划一般都是由测试经理来写的，但有时候测试经理也会要求测试人员把自己所负责的模块列一个详细的计划表出来，当然，内容的格式都是一样的。）

问题 2： 软件测试计划包括哪些内容？

参考回答：（如果一时记不起来那么多，注意停顿思考一下再回答）我们之前写的测试计划主要包括 5 个方面。

第一，测试范围。它指的是系统测试的范围以及本轮测试是测试全部模块还是只测试部分模块。

第二，测试环境。它指的是测试人员在什么样的软、硬件环境下进行测试。

第三，测试策略。它的内容包括测试的依据、测试的准入标准、测试工具的选择、测试的重点及方法、测试的准出标准。

第四，测试管理。它指的是测试任务的分配、时间的限定、测试与开发之间的沟通方式等内容。

第五，测试风险。它指的是测试中因没有透彻理解需求文档、对测试时间估计不足及测试执行不到位等情况所造成的测试风险。

我们基本上会从这 5 个方面来制订我们的测试计划。

问题 3： 冒烟测试筛选的比例是多少呢？

分析：这个问题即冒烟测试中会筛选多少个基本测试用例来进行测试。测试用例的概念还没有进行讲解，这里进行简单说明，其实测试用例就等同于测试点。在第 2 章，本书为矿泉水瓶设计了 33 个测试点，也就等同于设计了 33 个测试用例。这个面试问题考查的是测试人员在进入系统测试之前，一般要筛选多少个测试用例来进行冒烟测试（进行基本的功能测试）。如冒烟测试通过，测试人员才会正式进入系统测试。

参考回答：在正常情况下，测试人员筛选的比例大概是整个测试用例的 1/15 ～ 1/7，测试用例的筛选工作一般是由测试经验相对丰富的测试人员完成的。主要筛选软件中最基本且最重要的一些功能点进行测试。但具体要筛选多少，没有一个具体的规定。一方面要结合测试的时间，另一方面要结合需求规模的大小等因素来考量，当然对于重要的、常用的测试点选择得会多一些。

二 | 面试技巧

在面试的过程中，面试经验不足的测试人员在回答问题时往往会像背书一样，给人生硬的感觉，这是不可取的，且往往会造成面试结果不理想。对于每个问题的回答，建议在理解的基础上尽可能地用自己的语言去表达，而不必局限于照搬书本上写的来作答。希望大家注意此面试技巧。

第6章 测试用例的设计

通过前面几章的介绍，可以了解到测试人员评审完需求文档后，测试经理就会开始制订软件测试计划。制订测试计划后，测试人员就要开始设计测试用例，本章将正式引入测试用例这一概念，并以具体的例子进行详细介绍。

6.1 什么是测试用例

本书前面几章的内容里，多次提到了测试用例这一概念，那么什么是测试用例呢？测试用例对测试工作会起到怎样的作用呢？测试用例与需求文档之间存在什么样的关系呢？本节将会详细解答这些问题。

6.1.1 测试用例的格式

在第 2 章的内容里已经为矿泉水瓶设计了 33 个测试点，然后依据这些测试点来测试矿泉水瓶。其实在软件测试领域，这个测试点指的就是测试用例。接下来一起来看看如何把一个测试点一步步转变成测试用例，下面举例说明，如图 6-1 所示。

假设图 6-1 显示的是 XYC 邮箱的登录模块，如果现在要对这个登录模块进行功能测试，那应如何测试呢？以下 4 个测试点是某同学在没有任何测试经验的情况下想出来的。

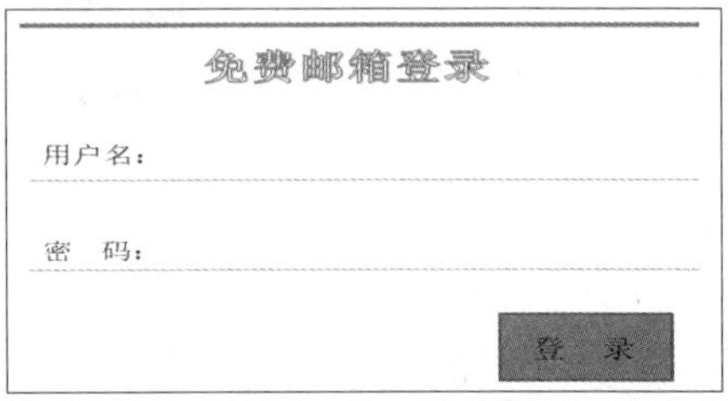

图 6-1 邮箱登录页面

（1）输入正确的用户名和错误的密码测试能否登录成功。

（2）输入错误的用户名和错误的密码测试能否登录成功。

（3）用户名和密码都不输入的情况下测试能否登录成功。

（4）输入正确的用户名和正确的密码测试能否登录成功。

针对以上 4 个测试点，从中任选一个测试点来分析一下。例如，直接选择第一个测试点，即“输入正确的用户名和错误的密码测试能否登录成功”。单从字面上看，这个测试点似乎写得很清楚，输入正确的用户名，然后再输入错误的密码，之后看能不能登录邮箱。事实真的如此简单吗？本书在这里先提出 6 个问题，看能否引起大家的思考。

第一个问题，“输入正确的用户名和错误的密码测试能否登录成功”，这个测试点是针对邮箱的哪个模块进行测试的呢？在测试点中没有明确说明。

第二个问题，测试时如果网络不通畅，是无法进行登录测试的，所以测试的前提条件就是要保证网络通畅，这一点也没有在测试点中说明。

第三个问题，邮箱登录功能是在什么环境下测试的呢？是在 Windows XP 操作系统上还是在 Windows 10 操作系统上测试的，用的是 IE 浏览器还是 360 浏览器，具体的测试环境在测试点中没有说明。

第四个问题，在输入用户名和密码前，测试人员是通过什么网址打开登录页面的，这一点在测试点中也没有说明。

第五个问题，“输入正确的用户名和错误的密码”，这个正确的用户名和错误的密码具体的测试数据是什么呢？这个在测试点中也没有明确。

第六个问题，“输入正确的用户名和错误的密码测试能否登录成功”，对测试人员而言，是期望它登录成功还是登录失败呢？这在测试点中也没有写清楚。

对于以上几点，有人会说，我当然清楚这里面相关的测试数据和判断。可如果软件的测试点多达成百上千个，你真能记得住这些测试点的每个测试步骤和测试数据吗？所以测试人员在最初设计测试点时，一定要把测试所针对的模块、测试的前提条件、测试所用到的环境、测试的具体步骤、测试步骤中所用到的具体测试数据以及测试人员想得到的预期结果等关键元素写清楚，以便在后期执行测试用例时能够顺利进行。结合以上几点，便可对“输入正确的用户名和错误的密码测试能否登录成功”这个测试点进行完善，具体内容如下。

此测试点针对的是 XYC 邮箱的登录模块，测试之前，确保网络是通畅的。首先在 Windows 10 操作系统中打开 IE11 浏览器，并在浏览器地址栏中输入该邮箱登录页面的网址 http://mail.×××.com，然后打开邮箱的登录页面，接着在“用户名”输入框中输入一个正确的用户名“test123”，在“密码”输入框中输入一个错误的密码“123456”，单击“登录”按钮，查看是否登录成功。测试人员期望的结果：邮箱登录不成功，并提示用户名或密码错误。

这样编写测试点后，就细致了很多，因为测试的关键元素都被写出来了。依据这个测试点的描述，即使不是测试人员，也能顺利执行。但这里有一个问题，如果每个测试点都写成一段话，那么登录模块的所有测试点会像是一篇文章，写的时候费力，读的时候也费时，无形中增加了工作量。为了增强测试点的可写性和可读性，可以把一个测试点所必须包含的内容划分成 9 个基本元素，并通过表格的形式将它们展示出来，见表 6-1。

表 6-1　测试用例 1

测试序号	测试模块	前置条件	测试环境	操作步骤和数据	预期结果	实际结果	是否通过	备注
1	邮箱登录	网络正常	Windows 10 操作系统，IE11 浏览器	（1）通过 http://mail.×××.com 打开邮箱登录页面 （2）输入正确的用户名“test123”，输入错误的密码“123456” （3）单击“登录”按钮查看是否登录成功	（1）邮箱登录页面可以正常打开 （2）用户名和密码可以被正常地输入 （3）邮箱登录不成功，并提示用户名或密码错误			

（1）从表 6-1 可以看到，这 9 个基本元素分别是测试序号、测试模块、前置条件、测试环境、操作步骤和数据、预期结果、实际结果、是否通过、备注。而原先测试点中的内容也被相应地分割，分割后的内容放置在了相对应的元素下面，这就构成了一个标准的测试用例。

（2）测试用例是为某个特殊目标而编制的一组测试输入、执行条件以及预期结果，以便核实是否满足某个特定需求。测试用例是测试的一个例子，而这个例子包括测试序号、测试模块、前置条件、测试环境、操作步骤和数据、预期结果、实际结果、是否通过、备注这 9 个关键的基本元素。每个公司的规范可能不一样，某些公司的测试用例还包括测试时间、测试人员、软件的版本名称、优先级等一些附加元素。

（3）接下来再把前面所写的第二个测试点“输入错误的用户名和错误的密码测试能否登录成功”也转化为表格形式的测试用例，见表 6-2。

（4）从表 6-2 可以看到第二个测试点也已转化为表格形式，转化的过程其实很容易，就是把测试用例的内容依次填写到相应的表格中。通过表格形式来编写测试用例，测试用例中各个元素信息一目了然，使得用例的编写、阅读和执行更加容易。

表6-2 测试用例2

测试序号	测试模块	前置条件	测试环境	操作步骤和数据	预期结果	实际结果	是否通过	备注
1	邮箱登录	网络正常	Windows 10 操作系统，IE11 浏览器	（1）通过 http://mail.×××.com 打开邮箱登录页面 （2）输入正确的用户名“test123”，输入错误的密码“123456” （3）单击“登录”按钮，查看是否登录成功	（1）邮箱登录页面可以正常打开 （2）用户名和密码可以被正常地输入 （3）邮箱登录不成功，并提示用户名或密码错误			
2	邮箱登录	网络正常	Windows 10 操作系统，IE11 浏览器	（1）通过 http://mail.×××.com 打开邮箱登录页面 （2）输入错误的用户名“abc587”，输入错误的密码“456232” （3）单击“登录”按钮，查看是否登录成功	（1）邮箱登录页面可以正常打开 （2）用户名和密码可以被正常地输入 （3）邮箱登录不成功，并提示用户名或密码错误			

（5）其中“操作步骤和数据”是测试用例中最关键的地方，结合表6-2中的第二个测试用例，观察操作步骤和数据的演变过程，如图6-2所示。

通过图6-2中3个测试步骤的对比，最后一个操作步骤和数据是最详细的，不仅加入了打开邮箱登录页面的步骤，还加入了用户名和密码的详细信息。那么，对于初级软件测试人员而言，测试步骤和数据一般要细化到什么程度呢？在实际工作中，对初级软件测试人员曾有这么一个标准，即如果你写出来的测试步骤和数据能够让一个从未接触过测试工作的普通人也能顺利执行的话，那么说明这个测试步骤和数据就写得很详细了。待有一定的工作经验后，测试用例的操作步骤可以适当简化，但简化之后也要清晰明了，具体的测试数据也是不能少的。

（6）“预期结果”是测试用例中的第二个关键元素，结合表6-2中的第二个测试用例，观察预期结果的演变过程，如图6-3所示。

通过图6-3中3个预期结果的对比，最后一个预期结果是最全面的。其实核心的预期结果只有一个：邮箱登录不成功，并提示用户名或密码错误。但严格来讲，每个测试步骤都应该有一个预期结果。例如在第二个测试用例中，操作步骤和数据中一共有3个步骤，那么预期结果也应该有3个，对于初级软件测试人员来说，应当尽可能地把每个操作步骤所对应的预期结果写完整。当然，写出操作步骤，就很好写预期结果了，除非测试人员不熟悉测试系统或需求文档。

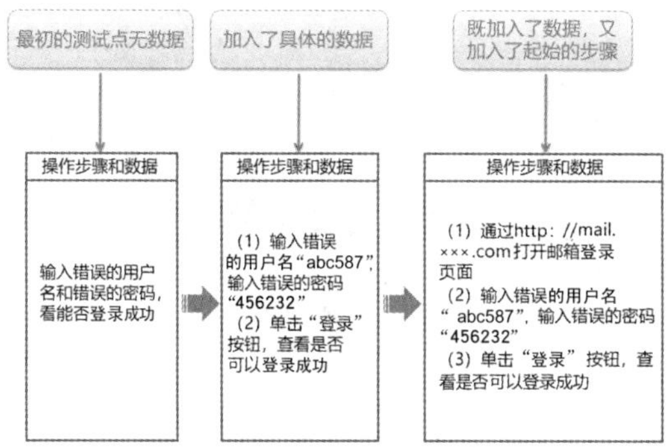

■ 图 6-2 操作步骤和数据的演变过程

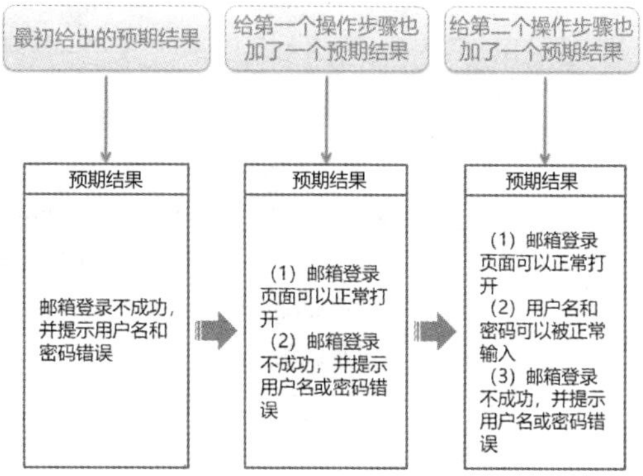

■ 图 6-3 预期结果的演变过程

接下来，再把前面所写的第三个测试点“用户名和密码都不输入的情况下测试能否登录成功”和第四个测试点“输入正确的用户名和正确的密码测试能否登录成功”都转化为表格形式的测试用例，如表 6-3 所示。

表 6-3 测试用例 3

测试序号	测试模块	前置条件	测试环境	操作步骤和数据	预期结果	实际结果	是否通过	备注
1	邮箱登录	网络正常	Windows 10 操作系统，IE11 浏览器	（1）通过 http://mail.×××.com 打开邮箱登录页面 （2）输入正确的用户名“test123”，输入错误的密码“123456” （3）单击“登录”按钮，查看是否登录成功	（1）邮箱登录页面可以正常打开 （2）用户名和密码可以被正常地输入 （3）邮箱登录不成功，并提示用户名或密码错误			
2	邮箱登录	网络正常	Windows 10 操作系统，IE11 浏览器	（1）通过 http://mail.×××.com 打开邮箱登录页面 （2）输入错误的用户名“abc587”，输入错误的密码“456232” （3）单击“登录”按钮，查看是否登录成功	（1）邮箱登录页面可以正常打开 （2）用户名和密码可以被正常地输入 （3）邮箱登录不成功，并提示用户名或密码错误			
3	邮箱登录	网络正常	Windows 10 操作系统，IE11 浏览器	（1）通过 http://mail.×××.com 打开邮箱登录页面 （2）用户名和密码不输入任何信息，直接单击“登录”按钮，查看是否登录成功	（1）邮箱登录页面可以正常打开 （2）邮箱登录不成功，并提示需要输入用户名和密码			

续表

测试序号	测试模块	前置条件	测试环境	操作步骤和数据	预期结果	实际结果	是否通过	备注
4	邮箱登录	网络正常	Windows 10 操作系统，IE11 浏览器	（1）通过 http://mail.×××.com 打开邮箱登录页面 （2）输入正确的用户名“test123”，输入正确的密码“123123” （3）单击“登录”按钮，查看是否登录成功	（1）邮箱登录页面可以正常打开 （2）用户名和密码可以被正常地输入 （3）邮箱登录成功			

（7）对于测试用例的“实际结果”这一元素，在实际测试软件时才能填写。例如，针对测试点“输入正确的用户名和错误的密码测试能否登录成功”，如果执行测试用例时发现邮箱登录失败，那么该测试用例的实际结果就是“登录失败”。

（8）对于测试用例的“是否通过”这一元素，它指的是如果实际结果与预期结果相符，则表明此测试用例通过；如果实际结果与预期结果不相符，则表明此测试用例不通过，说明程序的处理是有问题的，需要测试人员提交 Bug 单给开发人员进行修改。

（9）对于测试用例的“备注”这一元素，指的是对本测试用例额外补充的一些说明，如无特殊情况，这个选项一般可以不填。

至此，已介绍完测试点演变成测试用例的整个过程了。通俗地讲，测试点就是一个测试用例的中心思想，或者说测试点就是设计测试用例的大纲；而测试用例是在测试点的基础上进一步细化了其中的内容。在实际工作中，测试人员可采用 Excel 表格或 Word 文档来编写测试用例，也可以使用相应的测试管理工具编写。

6.1.2 测试用例的作用

先回顾一下第 3 章图 3-2 的流程，开发人员在拿到通过评审的需求文档后，就会按照需求文档开展概要设计和详细设计工作，然后再进入编码阶段，在开发人员进行软件开发的这段时间里，测试人员会设计出各模块的测试用例。待开发人员完成软件开发后，测试人员就可以依据之前设计好的测试用例测试软件是否有问题，而不是等开发软件完成后，测试人员再去设计测试用例。

测试用例是测试人员具体执行测试的依据，它是非常关键的文档，它作为测试的标准并指导测试人员进行测试工作。测试人员会按照测试用例中的操作步骤和具体数据逐一执行测试用例，发现问题并提交 Bug 单，最终完善软件的质量。

6.1.3 测试用例与需求的关系

在第 2 章里，我们设计了矿泉水瓶的测试点，由于大家对矿泉水瓶很熟悉，找真的矿泉水瓶作参照物也很方便，所以测试点设计起来就比较容易。但测试人员在设计软件测试用例时，这个软件并没有完成开发，没有明显的参照物可以给到测试人员，那此时测试人员是依据什么来设计测试用例的呢？其实，测试人员是依据需求文档来进行测试用例的设计的。

本书前几章没有展示需求文档里的具体内容，原因在于需求文档包含了软件的所有需求规格，包括功能需求和非功能需求（例如性能安全方面的需求）等，其信息量很大，可能大部分的需求内容是初级软件测试人员暂时不涉及的，过早展示会影响测试人员的学习理解。而初级软件测试人员需要关注的是需求文档里每个功能模块的需求，因为初级软件测试人员主要做的是功能测试。接下来，就选取某需求文档中的一个片段，该片段描述的是某网站登录模块的功能需求说明。

（1）功能描述：对用户进行身份验证，只有输入了正确的用户名和密码的用户才能成功登录到网站首页；当输入错误的用户名或密码时，则无法登录到网站首页，并会给出相应的提示信息。

（2）该网站登录原型页面如图 6-4 所示。

图 6-4　登录页面

（3）输入项：登录模块的输入项包括“用户名”输入框、“密码”输入框、“确认登录”按钮。

（4）输出项：登录模块的输出项有两个情景，一个是成功登录到网站首页，另一个是登录失败时的提示信息。

① 登录成功：用户直接进入网站首页。

② 登录失败：系统将给出提示信息，见表 6-4。

表 6-4　登录失败时提示信息列表

错误提示信息 1	你输入的用户名或密码错误，请重新输入
错误提示信息 2	你的账号并不存在

（5）输入框限制：用户名和密码的取值范围见表 6-5。

表 6-5　输入框限制

用户名	密码
只能输入 6 位的英文字符	只能输入 6 位的数字

上面的需求项似乎有点多，把以上需求项整合一下就变成了如图 6-5 所示的形式，这样就清晰了很多。

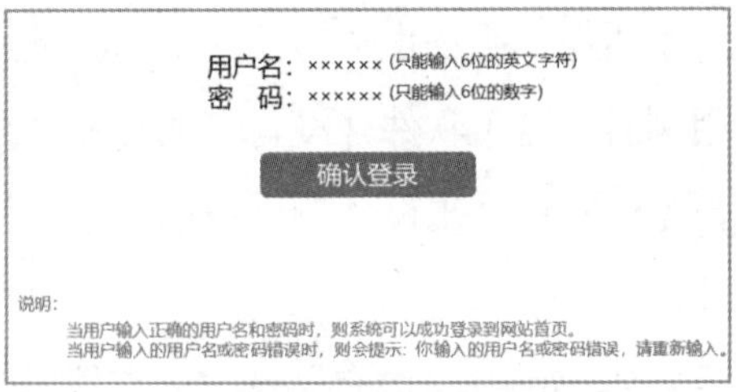

图 6-5　需求项整合

从图 6-5 的需求规格可以看到，即使开发人员已经开发出来了登录页面，也不一定有需求文档描述得详细。

在这里只展示了登录模块的功能需求，需求文档会对软件中每个模块的功能都进行相应的需求说明，这些说明包括每个模块的功能描述、原型页面、输入项、输出项、数据的取值范围等信息，所以测试人员不用担心没有“参照物”。

有了需求文档这一详细的“参照物”后，测试人员就有了设计测试用例的依据。（补充一点：正如前文所述，工作中如果发现需求文档中有不详细或存在歧义的地方，要及时与产品人员沟通确认。）

6.2　功能测试的用例设计方法

需求文档通过评审确认后，测试人员就可以依此开始设计测试用例了。初级软件测试人员在设计测试用例时，如果只是依据自己的想象力，则设计出来的测试用例一定存在局限性，因为测试人员无法确定是否所有的测试用例都被设计出来了。其实在功能测试领域有很多种测试用例的设计方法，每种方法都有相应的应用领域。在这里，本书将介绍其中 5 种常用的测试用例设计方法，分别是等价类划分法、边界值分析法、错误推测法、正交表分析法和因果判定法，这些方法可以应用于大多数软件的测试用例设计中。大家可以运用这 5 种设计方法，加上自己的联想和发散思维能力，设计出较为完整的测试用例。

6.2.1　等价类划分法

在功能测试中，等价类划分法的应用是比较广泛的，初级软件测试人员需要熟练掌握这一方法。

等价类划分法即把所有可能输入的数据划分为若干个区域，然后从每个区域中取少数有代表性的数据进行测试即可。下面详细介绍这一方法的使用。

例 1： 如图 6-6 所示，它展示的是某网页的一个年龄输入框的需求文档。

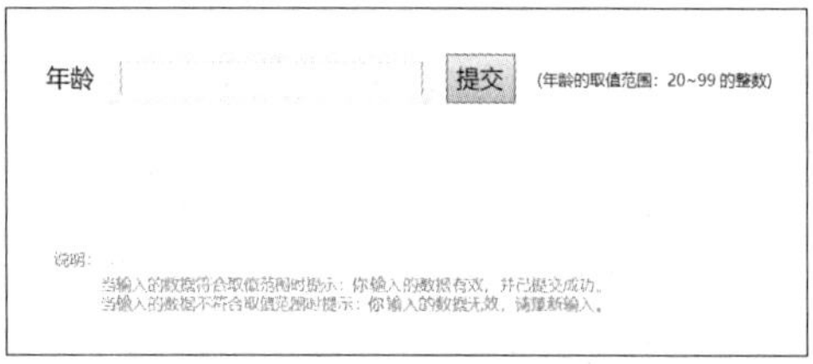

图 6-6 年龄输入框页面

从图 6-6 的需求文档可以了解到，输入条件是 20 ~ 99 的任意整数。只有输入的数据是 20 ~ 99 的任意整数，才能提交成功；如果输入的是 20 ~ 99 以外的数字或字符，则不会提交成功。但软件测试人员还应考虑以下几点。

（1）对于一个刚开发出来的系统页面，即使测试人员输入的是 20 ~ 99 的整数，系统就一定能提交成功吗？有人可能会认为肯定能提交成功，因为输入的数据符合需求文档。实际上，对于一个刚开发完成的系统软件，有时即使你输入了 20 ~ 99 的整数，也可能提交不成功。有 3 种可能出现的情况：第一种情况是提交成功了；第二种情况是提交不成功；第三种情况是提交后发生其他意想不到的错误。为什么会这样呢？一是因为代码不是测试人员写的，测试人员没有办法了解程序的内部结构；二是因为程序员在开发软件的过程中，很可能把代码写错了或遗漏了某些功能，导致提交功能出现异常。所以在测试的过程中，各种情况都有可能发生，为了确保万无一失，测试人员需要对 20 ~ 99 的所有整数都进行测试。

（2）当测试人员输入 20 ~ 99 之外的整数时，系统就一定提交不成功吗？答案也是否定的，与（1）类似，也有 3 种可能出现的情况：第一种情况是提交不成功并给出提示；第二种情况是提交成功；第三种情况是提交后发生其他意想不到的错误，道理同上。所以对于 20 ~ 99 之外的整数，测试人员也需要测试。

（3）有些测试人员存有侥幸心理，觉得年龄输入框这个功能很简单，程序肯定能正确处理，所以没有必要测试或可以少测试一点。如果负责这个功能的程序员的编程技术很好，代码质量也很好，对输入的各种整数都能正确处理，那产品上线后也就没有问题了，也不会对用户有所影响。可如果程序员在情急之中写错了代码或者其他原因导致代码有问题，那么这个输入框在产品上线后就很有可能出现问题，例如该提交的年龄数据没有正常提交，不该提交数据的被提交了，那对用户而言就是批量影响了，后果不可想象。所以刚开发出来的系统，谁都不能确保没有问题，而且越是简单的模块可能越容易出问题，因此务必要认真测试。

（4）那是不是说只要把 20 ~ 99 的整数及该区间以外的整数都测试了就可以了呢？

当然不是，这个输入框除了可以输入整数，还可以输入其他数据，例如小数、负数、中文字符、英文字符、特殊字符、空格、全角字符或不输入任何字符等，那么这些字符需要测试吗？有人可能会说，需求文档定义的输入条件是 20 ~ 99 的整数，谁又会去输入那些非法的特殊字符呢？其实用户是有可能输入这些非法字符并单击提交操作的。例如，用户原本只想输入一个 20 ~ 99 的整数，可是一不小心把一个英文字符输进去并单击了提交操作。有的用户是在不知情的情况下输入错误，还有些用户可能是故意输错的，如果不对这些非法字符进行测试，这个产品上线后就有可能出现问题。因为当用户输入这些特殊字符后，系统会出现前面介绍的 3 种情况：第一种情况是提交不成功并能给出错误提示；第二种情况是提交成功；第三种情况是提交后发生其他意想不到的错误。如果出现了第二、第三种情况，只能说明软件质量容错能力很差。所以如果不测试的话，就不能保证不会出现第二、第三种情况。

通过以上分析，对于年龄输入框，需要测试的数据有 20 ~ 99 的整数、小于 20 的正整数、大于 99 的整数、其他非法字符等。本书想告诉大家一个测试的基本思想：凡是需求文档限定内的数据，测试人员都需要进行测试；凡是需求文档限定以外的数据，测试人员也一样要测试。如果测试人员不测试，用户就有可能测试，如果被用户测试出来有问题，那问题就严重了。简单来讲，凡是用户有可能做的操作，测试人员都要去测试。

在这里把这个年龄输入框所有可能输入的数据划分为 4 个区域，如图 6-7 所示。

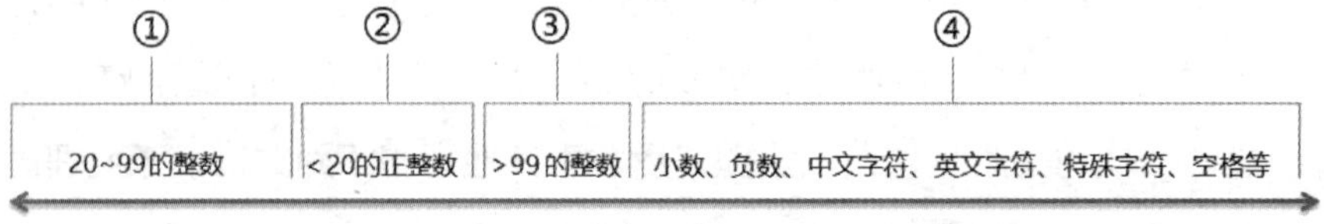

■ 图 6-7　对例 1 执行等价类划分后的 4 个区域

用户可能输入图 6-7 所展示的①②③④这 4 个区域中的数据，所以这 4 个区域所包含的数据都要进行测试。可是在这 4 个区域中，每个区域里都包含大量的数据，例如，第①个区域中 20 ~ 99 的整数就有 80 个，第②个区域小于 20 的正整数也有 19 个，第③个区域大于 99 的整数有无数个，第④个区域中的小数也有无数个、负数也有无数个、中文字符有几千个、英文字符有 26 个、特殊符号也有几十个，如果测试每个数据的话，恐怕永远也测试不完。那如何解决这个问题呢？这里就要应用等价类划分法。

等价类划分法是把所有可能输入的数据划分为若干个区域，例如图 6-7 所展示的①②③④这 4 个区域，然后从每个区域中取少数有代表性的数据测试即可，这个有代表性的数据应该如何取呢？下面就来分析每个区域如何取有代表性的数据。

第①个区域是 20 ～ 99 的整数，这个区域的整数符合需求文档定义的输入条件，对系统来说这些数据是有效的，且它们都是同一类型的数据，都是整数。那么这个区域中的每个整数都是等价的（等价的意思就是程序对它们的处理方式都是一样的），所以测试人员只需要取其中一个整数去测试即可。在这里可以把符合需求文档中规定的数据称为有效等价类（之所以叫有效，是因为它们都是符合需求文档中定义的数据；之所以叫等价，是因为它们都是同一类型的数据）。那么对于第①个区域的数据，测试人员只需要取其中任意一个整数进行测试即可，见表 6-6。

表 6-6　第①个区域的测试数据

有效等价类	有效等价类取值
20 ～ 99 的整数	88

第②个区域是小于 20 的正整数，这个区域的数据不符合需求文档定义的输入条件，对系统来说是无效的。但这个区域的数据也是同一类型的数据，都是小于 20 的正整数，那么这个区域中的每个数据也都是等价的，所以测试人员只需要在这个区域内取其中的一个正整数去测试即可。在这里把不符合需求文档中规定的数据称为无效等价类（之所以叫无效，是因为它们都是不符合需求文档中定义的数据；之所以叫等价，是因为它们都是同一类型的数据）。那么对于第②个区域的数据，只需要取其中的任意一个正整数进行测试即可，见表 6-7。

表 6-7　第②个区域的测试数据

无效等价类	无效等价类取值
小于 20 的正整数	16

第③个区域是大于 99 的整数，这个区域的数据都不符合需求文档定义的输入条件，对系统来说是无效的，但这个区域的数据都是同一类型的数据，都是大于 99 的整数，那么这个区域中的每个数据也都是等价的，所以它们都属于无效等价类。同样，测试人员只需要在这个范围内取其中的一个整数测试即可，见表 6-8。

表 6-8　第③个区域的测试数据

无效等价类	无效等价类取值
大于 99 的整数	103

第④个区域中的数据（如小数、负数、中文字符、英文字符、特殊字符、空格等），也都不符合需求文档中定义的输入条件，对系统来说都是无效的。但小数都是同一类型的数据，这一类型的数据也都是等价的，所以小数也都属于无效等价类，测试人员只需要取

任意一个小数测试即可。同理，第④个区域中其他类型的数据，在各自的内部都是等价的，所以它们的取值方法同小数一样，只取各自内部其中的一个数据去测试即可。第④个区域无效等价类的取值见表 6-9。

表 6-9　第④个区域的测试数据

无效等价类	无效等价类取值
小数	1.2
负数	–6
中文字符	江楚
英文字符	john
特殊字符	@#$%
空格	
空的（不输入任何字符）	

完成取值后，就可以看到，测试人员并不需要把①②③④这 4 个区域中所有的数据都放到输入框中进行测试，而只是从中选取具有代表性的数据测试即可，这就是等价类划分法的功效。同时还应注意到，等价类划分法可以分为两个方面：一个是有效等价类；另一个是无效等价类。在本例中划分出了一个有效等价类（①这个区域属于有效等价类），三个无效等价类（②③④都属于无效等价类）。

接下来，把以上测试点整理在一个表中，见表 6-10。

表 6-10　年龄输入框的测试点

输入条件	有效等价类	有效等价类取值	无效等价类	无效等价类取值
20 ～ 99 的整数	20 ≤年龄≤ 99	88	小于 20 的正整数	16
			大于 99 的整数	103
			小数	1.2
			负数	–6
			中文字符	江楚
			英文字符	john
			特殊字符	@#$%
			空格	
			空的（不输入任何字符）	

从表 6-10 可以看到，通过等价类划分法，一共为年龄输入框设计出了 10 个测试数据，它们分别是 88、16、103、1.2、−6、江楚、john、@#$%、空格、空的。有了测试数据再转化成测试用例就很容易了。接下来选取“88”和“@#$%”这两个测试点，并将它们转化为测试用例，见表 6-11。

表 6-11 等价类划分法设计测试用例

测试序号	测试模块	前置条件	测试环境	操作步骤和数据	预期结果	实际结果	是否通过	备注
1	年龄输入框	网络正常	Windows 10 操作系统，IE11 浏览器	（1）通过 http://×××.×××.com 打开年龄输入框的页面 （2）年龄输入框中输入“88” （3）单击“提交”按钮，查看是否提交成功	（1）年龄输入框页面可以正常打开 （2）年龄可以被正常输入 （3）系统提示：你输入的数据有效，并已提交成功			
2	年龄输入框	网络正常	Windows 10 操作系统，IE11 浏览器	（1）通过 http://×××.×××.com 打开年龄输入框的页面 （2）年龄输入框中输入“@#$%” （3）单击“提交”按钮，查看是否提交成功	（1）年龄输入框页面可以正常打开 （2）年龄可以被正常输入 （3）系统提示：你输入的数据无效，请重新输入			

为了让大家熟练掌握这一方法，接下来再举几个常见的例子。

例 2： 以下是一个普通用户注册的需求文档，如图 6-8 所示。

图 6-8 普通用户注册

分析：需求文档中规定的输入条件是，用户名由 a ~ z 的小写英文字母组成，长度为 6 个字符。可以看到这个需求文档对输入条件有 3 个限制。一是只能输入 a ~ z 的字母；二是必须是小写；三是长度必须满足 6 位。而例 1 中需求文档对输入条件只有一个限定，即 20 ~ 99 的整数。

那么此例中的有效等价类就需要同时满足字母、小写、长度 6 位这 3 个限定条件，并且缺一不可。搞清楚了这一点，设计测试数据就比较容易了，例如“aaabbb”这个数据就满足输入的 3 个限定条件，其他满足这 3 个限定条件的测试数据都是等价的，所以只取一个值就够了，如表 6-12 所示。

表 6-12　用户名测试数据（有效等价类）

输入条件	有效等价类	有效等价类取值
由 a ~ z 的字母组成	用户名由 a ~ z 的字母组成	aaazzz
小写英文字母	用户名必须是小写英文字母	
长度为 6 位	用户名长度为 6 位	

那么此例中的无效等价类又有哪些呢？在例 1 中，对输入的条件只有一个限定，所以无效等价类很容易划分，即除 20 ~ 99 以外的所有可输入的数据。但在本例中，对输入的条件有 3 个限定，这又如何划分无效等价类呢？可以使用一个简单的技巧，由于已经知道输入的 3 个限定条件，那么无效等价类就取有效等价类中每个限定条件的相反方向的数据即可，如表 6-13 所示。

表 6-13　用户名等价类划分

输入条件	有效等价类	无效等价类
由 a ~ z 的字母组成	用户名由 a ~ z 的字母组成	用户名除 a ~ z 的字母外还包括数字
		用户名除 a ~ z 的字母外还包括中文
		用户名除 a ~ z 的字母外还包括特殊字符
		用户名是空的
		用户名除 a ~ z 的字母外还包括空格
小写英文字母	用户名必须是小写英文字母	用户名除小写字母外还包括大写字母
长度为 6 位	用户名长度为 6 位	小于 6 位的用户名、大于 6 位的用户名

找到了无效等价类，那么无效等价类的取值就很容易了，见表 6-14。

表 6-14　用户名测试数据（无效等价类）

无效等价类	取值
用户名除 a ~ z 的字母外还包括数字	bbc123
用户名除 a ~ z 的字母外还包括中文	cccc 江楚
用户名除 a ~ z 的字母外还包括特殊字符	abc@#$
用户名是空的	
用户名除 a ~ z 的字母外还包括空格	ab　cccc
用户名除小写字母外还包括大写字母	gggCCC
小于 6 位的用户名	aaabb
大于 6 位的用户名	aaabbbcc

接下来再将本例中设计的测试点整理到一个表中，见表 6-15。

表 6-15 用户名的测试点

输入条件	有效等价类	有效等价类取值	无效等价类	无效等价类取值
由 a ～ z 的字母组成	用户名由 a ～ z 的字母组成	aaazzz	用户名除 a ～ z 的字母外还包括数字	bbc123
			用户名除 a ～ z 的字母外还包括中文	cccc 江楚
			用户名除 a ～ z 的字母外还包括特殊字符	abc@#$
			用户名是空的	
小写英文字母	用户名必须是小写英文字母		用户名除 a ～ z 的字母外还包括空格	ab cccc
			用户名除小写字母外还包括大写字母	gggCCC
长度为 6 位	用户名长度为 6 位		小于 6 位的用户名	aaabb
			大于 6 位的用户名	aaabbbcc

从表 6-15 可以看到，本例中通过等价类划分法设计出了 9 个测试点。同时应注意到，此例中有效等价类的取值只要同时满足输入条件中所有的限定要求就可以。而无效等价类只需要取有效等价类中每个限定相反方向的数据就可以，为了证明这一点，继续举例。

例 3： 图 6-9 是一个高级用户注册的需求文档，与例 2 相比，此需求文档更复杂一些。

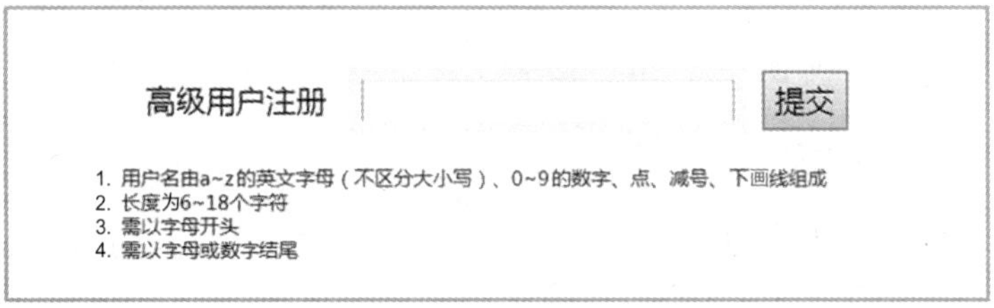

图 6-9 高级用户注册

从图 6-9 的需求文档中可以看到，高级用户注册的输入条件有 4 个限定，那么此例中的有效等价类的取值就需要同时满足这 4 个限定条件，见表 6-16。

接下来分析无效等价类，无效等价类就是取有效等价类中输入限定的相反方向的数据，见表 6-17。

表 6-16　高级用户名测试数据（有效等价类）

输入条件	有效等价类	有效等价类取值
用户名由 a ~ z 的英文字母（不区分大小写）、0 ~ 9 的数字、点、减号、下画线组成	用户名由 a ~ z 的英文字母（不区分大小写）、0 ~ 9 的数字、点、减号、下画线组成	为了满足全部条件，设计了两个分别以字母和数字结尾的测试数据 取值 1：Jiang001.-_jiang 取值 2：Jiang001.-_9988
长度为 6 ~ 18 个字符	用户名的长度为 6 ~ 18 个字符	
需以字母开头	用户名需以字母开头	
需以字母或数字结尾	用户名需以字母或数字结尾	

表 6-17　高级用户名等价类划分

输入条件	有效等价类	无效等价类
用户名由 a ~ z 的英文字母（不区分大小写）、0 ~ 9 的数字、点、减号、下画线组成	用户名由 a ~ z 的英文字母（不区分大小写）、0 ~ 9 的数字、点、减号、下画线组成	用户名除 a ~ z 的英文字母（不区分大小写）、0 ~ 9 的数字、点、减号、下画线这些字符外，还包括空的、空格、中文
长度为 6 ~ 18 个字符	用户名长度为 6 ~ 18 个字符	小于 6 位的用户名、大于 18 位的用户名
需以字母开头	用户名需以字母开头	非字母开头的用户名
需以字母或数字结尾	用户名需以字母或数字结尾	不以字母或数字结尾的用户名

同样地，找到了无效等价类，那么无效等价类的取值就很容易了，见表 6-18。

表 6-18　高级用户名测试数据（无效等价类）

无效等价类	无效等价类取值
用户名是空的	
用户名中包括空格	Jian01.- jia
用户名中包括中文	Ji 中国 n01.-_jia
小于 6 位的用户名	Jia
大于 18 位的用户名	Jiang001.-_jiang-_jiang
非字母开头的用户名	-Jiang001.-_ji
不以字母或数字结尾的用户名	Jiang001.-_ji_

下面把本例设计的测试点整理到一个表中，见表 6-19。

表 6-19　高级用户名测试数据

输入条件	有效等价类	有效等价类取值	无效等价类	无效等价类取值
用户名由 a ~ z 的英文字母（不区分大小写）、0 ~ 9 的数字、点、减号、下画线组成	用户名由 a ~ z 的英文字母（不区分大小写）、0 ~ 9 的数字、点、减号、下画线组成	Jiang001.-_jiang Jiang001.-_9988	用户名是空的	
长度为 6 ~ 18 个字符	用户名长度为 6 ~ 18 个字符		用户名中包括空格	Jian01.-_jia
			用户名中包括中文	Ji 中国 n01.-_jia
需以字母开头	用户名需以字母开头		小于 6 位的用户名	Jia
			大于 18 位的用户名	Jiang001.-_jiang-_jiang
需以字母或数字结尾	用户名需以字母或数字结尾		非字母开头的用户名	-Jiang001.-_ji
			不以字母或数字结尾的用户名	Jiang001.-_ji_

通过表 6-19 可以看到，本例中通过等价类划分法设计出了 9 个测试点，把测试点转化为测试用例在这里就不阐述了，前面已有介绍。

以上就是等价类划分法的基本使用过程，这些过程并不复杂。随着大家对测试知识学习的不断深入以及测试经验的不断积累，一定可以充分地运用这个方法来设计测试用例。

6.2.2　边界值分析法

在功能测试中，边界值分析法也是测试人员常用的一个方法，它通常被视为等价类划分法的一种补充。

边界值分析法是取稍高于或稍低于边界的一些数据进行测试。为什么要取这些数据进行测试呢？因为测试经验告诉我们，程序在处理边界数据的时候较容易出错。

边界值分析法在以下两种情况下经常被用到。

第一种情况：输入条件是一个取值范围，对于这个取值范围的边界要进行边界值测试。

第二种情况：输入条件中规定输入的数据是一个有序集合，对这个有序集合的边界要进行边界值测试。

下面就这两种情况分别举例说明。

例 1： 以年龄输入框这一功能需求为例来介绍，如图 6-10 所示。

从图 6-10 可以看到，年龄的输入条件是一个取值范围，即 20 ~ 99 的整数。此时需要对边界值进行测试，边界值的定义是稍高于或稍低于边界的数据。在本例中 20 和 99 就是边界，那么本例边界值取值分析见表 6-20。

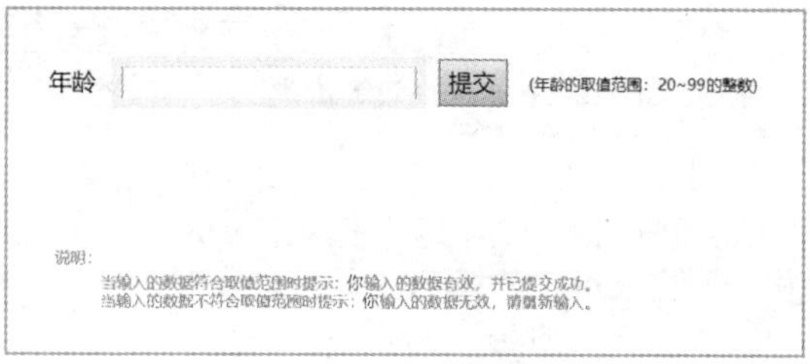

图 6-10　年龄输入框

表 6-20　年龄边界值取值分析

输入条件	涉及边界的地方	边界值分析法取值
20 ~ 99 的整数	边界为 20 和 99	19、20、21、98、99、100

从表 6-20 可以看到，20 的边界值有 19 和 21，99 的边界值有 98 和 100，而 20 和 99 正处在边界的地方，所以这两个值也要测试。

对于输入条件是在一个取值范围内，而且取值范围带有小数的情况，如取值范围是 10.00 ~ 60.00kg，那边界值就应该取 9.99、10.00、10.01、59.99、60.00、60.01；如果取值范围带有负数，如取值范围是 –10 ~ 10 的整数，那边界值就应该取 –9、–10、–11、9、10、11。

从本例可以发现，对于输入条件是一个取值范围的情况，只需要取边界左右两边的数据以及边界本身的值即可。

例 2： 以普通用户注册这一功能需求为例来介绍，如图 6-11 所示。

图 6-11　普通用户注册

从图 6-11 中可以看到，输入条件涉及两个存在边界值的地方：一个是 a ~ z 的有序集合；另一个是用户名的长度范围为 6 位。那么对这两个地方都需要进行边界值的测试。对于输入条件为一个有序集合的情况，边界值只需要取集合的第一个字符和最后一个字符即可；而对于输入条件是一个取值范围的情况，则需要取边界左右两边的数据以及边界本身的值，本例具体的边界值取值分析见表 6-21。

表 6-21　普通用户名边界值取值分析

输入条件	涉及边界的地方	边界值分析法取值
用户名由 a ~ z 的小写英文字母组成	a ~ z 是有序集合，则用户名需要包含 a 和 z 两个字符	abcdez（包含 a、z 字符）
长度为 6 个字符	用户名长度边界情况有：5 位、6 位、7 位	aaaaa（用户名长度为 5 位）
		aaaaaa（用户名长度为 6 位）
		aaaaaaa（用户名长度为 7 位）

例 3：以高级用户注册这一功能需求为例，如图 6-12 所示。

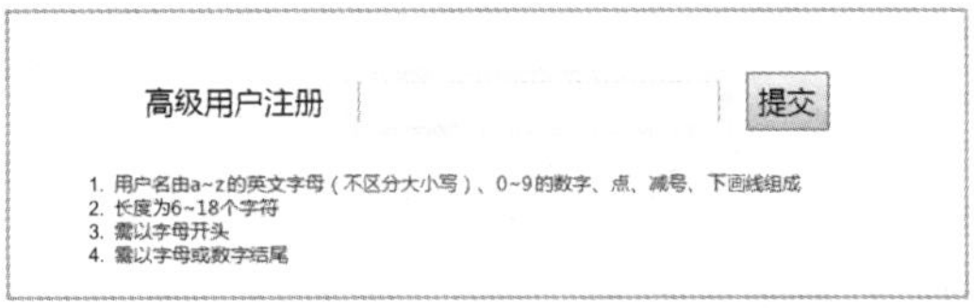

图 6-12　高级用户注册

从图 6-12 中可以看到，输入条件有 3 处涉及边界：第一个是 a ～ z 的有序集合；第二个是 0 ～ 9 的有序集合；第三个是用户名的长度范围是 6 ～ 18 位。那么对这 3 个地方都需要进行边界值的测试。对于它们的取值规则，在例 2 中已介绍过，不再重复，本例具体边界值取值分析见表 6-22。

表 6-22　高级用户名边界值取值分析

输入条件	涉及边界的地方	边界值分析法取值
用户名由 a ～ z 的英文字母（不区分大小写）、0 ～ 9 的数字、点、减号、下画线组成	a ～ z 是有序集合，则用户名需要包含 a 和 z	azang09.-_jianggg（包含 a、z 和 0、9）
	0 ～ 9 是有序集合，用户名需要包含 0 和 9	
长度为 6 ～ 18 个字符	用户名长度边界情况有：5 位、6 位、7 位、17 位、18 位、19 位	aaaaa（长度为 5 位）
		zzzzzz（长度为 6 位）
		bbbbbbb（长度为 7 位）
		azang091.-_jiangg（长度为 17 位）
		azang091.-_jianggg（长度为 18 位）
		azang091.-_jiangggg（长度为 19 位）
需以字母开头		
需以字母或数字结尾		

以上通过 3 个例子分析了当输入条件是一个取值范围或是一个有序集合时边界值的取值规则，但在实际工作中，分析需求文档时，应尽可能多地找出存在边界值的情况，而这些情况并不局限于以上介绍的几种。只有不断尝试和探索，设计各种不同的边界值进行测试，才能从中积累经验，并找到更多更高效的测试规则和边界值分析方法。

6.2.3 错误推测法

错误推测法也是测试人员常用的测试方法之一，指的是测试人员凭借自己的直觉、测试经验、发散思维去设计一些容易导致软件出错的测试点。

错误推测法可看作等价类划分法和边界值分析法的补充。接下来举例说明此方法的运用过程。

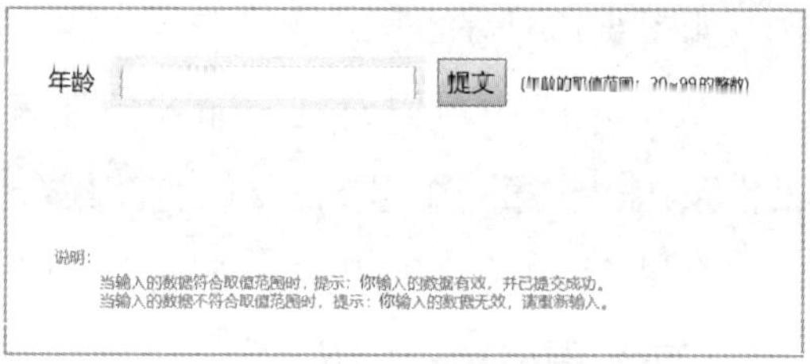

图 6-13 年龄输入框

例：以年龄输入框功能需求为例，如图 6-13 所示。

针对年龄输入框这个功能需求，上文已通过等价类划分法和边界值分析法分别设计出了相应的测试点。还有什么测试点可以使得这个输入框产生错误呢？根据经验，本书给出了除等价类划分法和边界值分析法外的 4 个测试点，它们分别是超长混合字符串、全角字符串、数字 0 以及单引号，为什么会是这 4 个测试点呢？原因在于程序在处理超长混合字符串、全角字符串、数字 0 以及单引号时极易出错。在这里请注意全角字符与半角字符的区别。那么在本例中错误推测法的取值见表 6-23。

表 6-23 错误推测法取值

输入条件	错误推测法分析	错误推测法取值
20 ～ 99 的整数	在输入框中输入超长混合字符串时，程序可能会报错	1222229999999 城墙拉斯克大 098ALKDSJALSDJFlksdjfalsj!@#TRTRTRTRTRTRRRTTRTRTRR@$%^% 122222 城墙拉斯克大 ALKDSJALSDJFlksdjfalsj!@#@$%^% 122222 城墙拉斯克大 ALKDSJALSDJFlksdjfalsj!@#@$%^%
	在输入框中输入全角字符串时，程序可能会报错	@# ￥# ￥￥%1243235564SDFSDFG
	在输入框中输入数字 0 时，程序极易出错	0
	在输入框中输入单引号时，程序极易出错	'

从表 6-23 可以看到，通过错误推测法又为年龄输入框设计出了 4 个测试点，那么这 4 个测试点也可以加入整个测试用例中。

对初级软件测试人员而言，如何知道程序在处理哪些数据的时候容易出错呢？一般情况下，程序在处理空格、空的、边界值、超长字符串、全角字符串、0 以及单引号等情况下较容易出错，另外，在工作中可根据自己的想象力，或是参考以往测试过的模块和设计过的测试用例，尽可能多地去设计出有可能让程序出现错误的测试点。

至此，已介绍完了在测试领域中常用的 3 种测试用例的设计方法，最后把这 3 种方法设计出来的测试点统一整理到一个表中，就变成了一个较为完整的测试用例了。这里以年龄输入框的需求文档为例进行测试点的整合，见表 6-24。

表 6-24 测试数据整合

输入条件	有效等价类取值	无效等价类取值	边界值分析法取值	错误推测法取值
20 ~ 99 的任意整数	88	16	19	122222 城墙拉斯克大奖 ALKDSJALSDJF lksdjfalsj!@#@$%^% 122222 城墙拉斯克大 ALKDSJALSDJFlksdjfalsj!@#@$ %^% 122222 城墙拉斯克大 ALKDSJALSDJFlksdjfalsj!@#@$%^%
		103	20	@# ￥# ￥￥%1243235564SDFSDFG
		1.2	21	0
		–6	98	‘
		江楚	99	
		john	100	
		@#$%		
		空格		
		空的（不输入任何字符）		

所有测试点整合在一起是不是就够了呢？不是的，还有一个问题需要注意，这里面有些测试点可能是等价的，例如，有效等价类中的“88”与边界值分析法取值中的“21”和“98”都在 20 ~ 99 的范围内，所以它们是等价的；又如，“16”和“19”都在小于 20 的等价类中；“100”和“103”都在大于 99 的等价类中。那么如何选取呢？对初学者而言，可以把靠近边界的值留下来，不用测试其他的等价数据。当需求文档相对复杂一些时，运用等价类划分法、边界值分析法以及错误推测法设计出的测试点中，可能某些是等价的，初级软件测试人员如果无法区分它们，暂时可以将这些数据全部进行测试，待积累一定的经验后再合并或删减多余的测试点。

对于普通用户注册和高级用户注册这两个需求文档测试点的整合，在这里不再重复描述，方法同年龄输入框一样，先把它们整理到一个表中，然后再合并或删除等价的测试点。整合完测试点后，就可以将其转化为测试用例了，到这里，已设计完成年龄输入框的测试用例。

6.2.4 正交表分析法

前面讲的 3 种用例的设计方法都是针对单个输入框进行的，但往往有些软件页面的输入框可能有 2 个、3 个甚至更多，那么对多个输入框又该如何测试呢？接下来举例说明这一情况以及解决办法。

例：图 6-14 展示的是一个个人信息查询系统窗口。对于这个信息查询系统，只有当姓名、身份证号码、手机号码都输入正确时，系统才能执行查询工作。对于这样一个组合输入框，除了需要按照上文的用例设计方法来对每个输入框进行字符输入测试，还需要针对这组输入框，进行各个输入框输入状态组合的测试。输入框输入状态即“填”与“不填”两种。

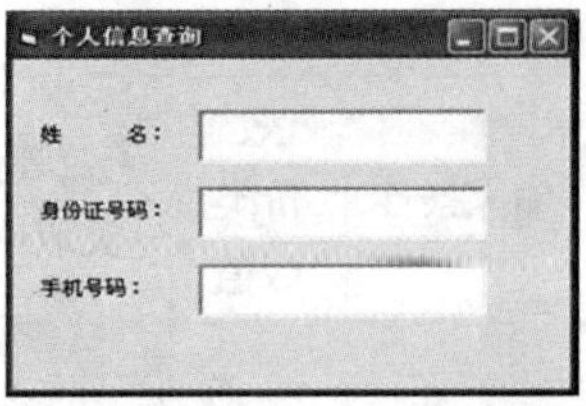

图 6-14 个人信息查询

用户在使用这个个人信息查询模块时，会把这 3 个输入框的内容全部都输入吗？当然会的；那有没有用户只输入其中几个输入框，而其他输入框不输入信息呢？这样的用户也有。但作为测试人员无法预知用户到底会填哪些输入框，不填哪些输入框，所以测试人员需要把这 3 个输入框中任意一个输入框不填内容或填写内容的排列组合都罗列出来，然后对它们依次进行测试。对于本例，姓名、身份证号码、手机号码 3 个输入框，每个输入框 2 种状态（填或不填），一共有 8 种组合，一旦运用了本节介绍的正交表分析法，就可以将这 8 种组合压缩，从而实现用更少的测试用例去覆盖更复杂的测试点。如果一个页面的输入框有几十个，那列举出来的测试点可能高达成百上千个，这对测试工作来说是不现实的。正交表分析法就可以更好地解决这类问题，大大减少测试点。

正交表分析法是一种有效地减少用例设计个数的方法。如何减少用例设计的个数呢？测试人员需要根据实际的业务场景和组合特点进行算法设计，必要时还可以咨询开发人员，最终的目的就是选择一些典型的组合进行测试。如果把所有的组合情况都列举出来，人力和时间都是不够的，而且会产生很多冗余用例。

表 6-25 是未使用正交表分析法设计出的测试点。

表 6-25 测试点 1（未使用正交表分析法）

姓名	身份证号码	手机号码
填写	填写	填写
填写	填写	不填写
填写	不填写	填写
填写	不填写	不填写
不填写	填写	填写
不填写	填写	不填写
不填写	不填写	填写
不填写	不填写	不填写

图 6-15 是通过正交设计助手工具，利用正交表分析法设计出的测试点。

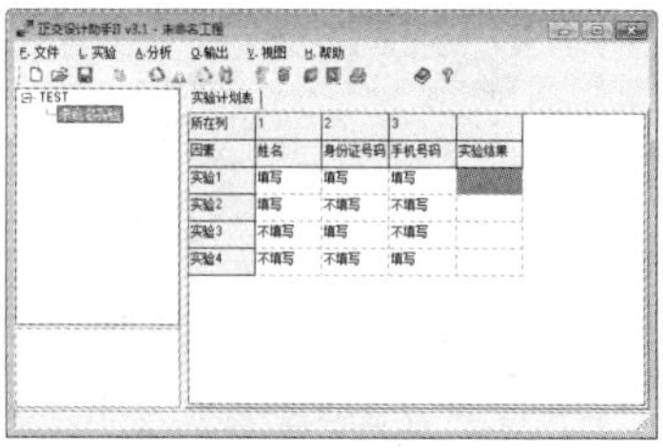

■ 图 6-15　正交表用例

基于图 6-15 的结果和实际经验，还可以补充一个正交表用例，即不填姓名、不填身份证号码、不填手机号码。最终生成本例的测试点，如表 6-26 所示。

表 6-26　测试点 2（使用正交表分析法）

姓名	身份证号码	手机号码
填写	填写	填写
填写	不填写	不填写
不填写	填写	不填写
不填写	不填写	填写
不填写	不填写	不填写

从测试用例可以看出：如果按每个因素 2 个水平数来考虑的话，需要 8 个测试用例（见表 6-25），而通过正交表分析法设计的测试用例只有 5 个（见表 6-26），大大减少了测试用例数，从而实现用最小的测试用例集合去获取最大的测试覆盖率。

正交表分析法是利用正交表来设计输入组合的一种测试方法。正交表是基于一定的算法得出的一个表，用来表明不同因素的状态组合。在本例中，使用正交设计助手这个软件来生成最适合的输入组合，使用它的步骤如下。

（1）确认好对软件运行结果有影响的因素，本例中的 3 个因素为姓名、身份证号码、手机号码，如图 6-16、图 6-17 所示。

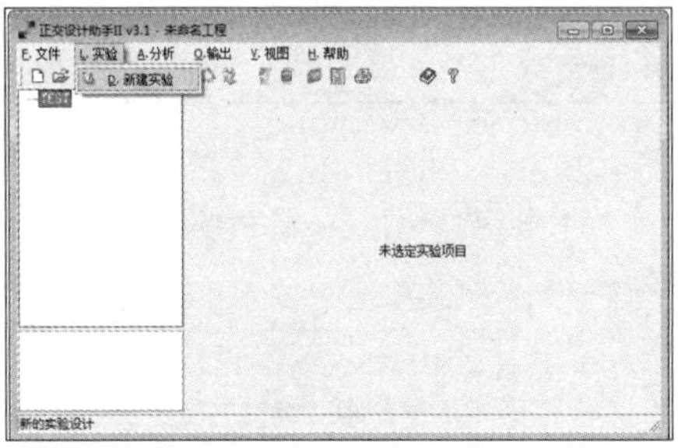

■ 图 6-16　新建实验

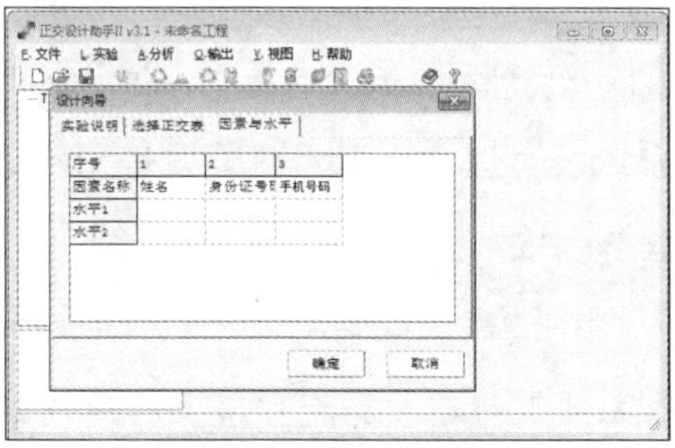

■ 图 6-17　因素与水平

（2）确认好因素的取值范围或集合，在本例中，它的取值范围是“填写”和“不填写”，如图 6-18 所示。

（3）选择正交表，如图6-19所示。这里选择了L4_2_3，L4 2 3代表的是3个因素，每个因素有2种水平（取值），选完之后单击“确定”按钮，就可以设计出4个测试用例来，如图6-20所示。

随着工作能力的不断提高，你可根据自己的兴趣来了解正交表分析法的更多用法。

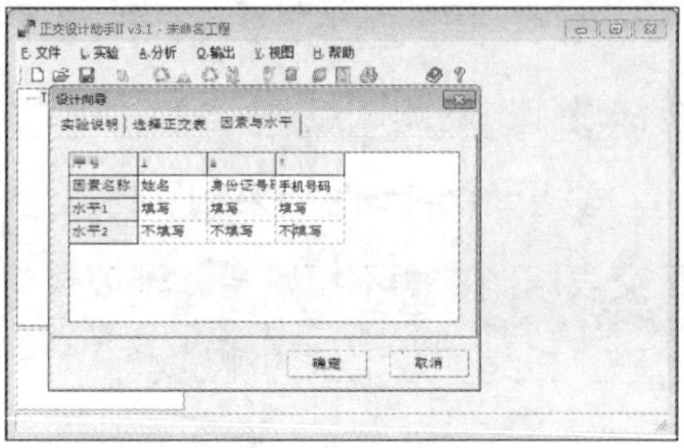

■ 图6-18 因素与水平

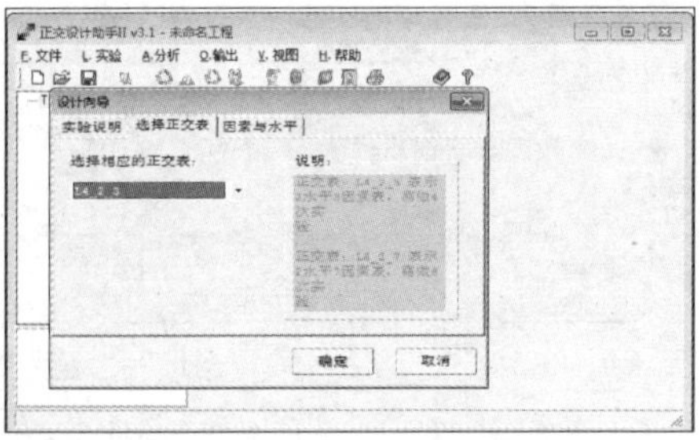

■ 图6-19 选择正交表

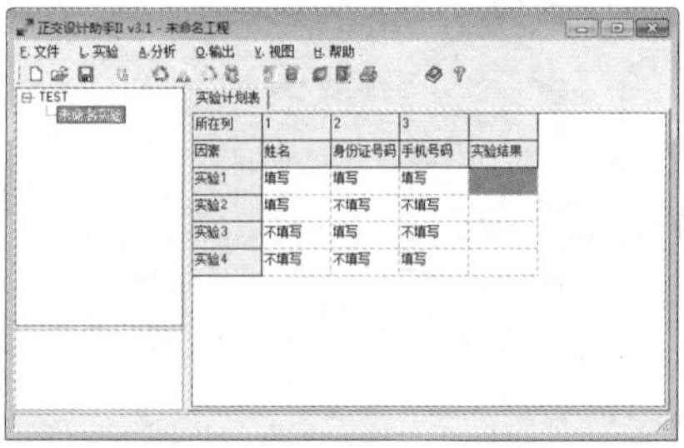

■ 图6-20 正交表用例

6.2.5 因果判定法

前面的4种方法主要是针对软件中存在单个或多个输入框来介绍的，可以说它们的业务逻辑都不是很强，主要是对一些合法和非法字符的输入做一些基本检查。测试人员只要掌握设计方法的基本规则，都能设计出较为完善的用例来。但在有些软件页面中，除了输入框，还存在各类按钮，而且这些按钮之间存在相互关联和制约的关系，且具有较强的逻辑性。对于这类问题，测试人员又应如何测试呢？接下来先看一组需求说明的范例。

例1： 图6-21展示的是某地铁充值模拟系统的原型图及需求说明。

图6-21的充值系统很简单，但实际的充值系统没有这么简单，这里只是为了更容易理解因果判定法，所以稍做了简化。

从图中的需求说明可以看到，地铁充值模拟系统的基本业务流程是，当投入20元，并选择充值20元时，系统提示充值成功并退卡；当投入20元后在系统规定时间里没有单击“充值”按钮，则退出纸

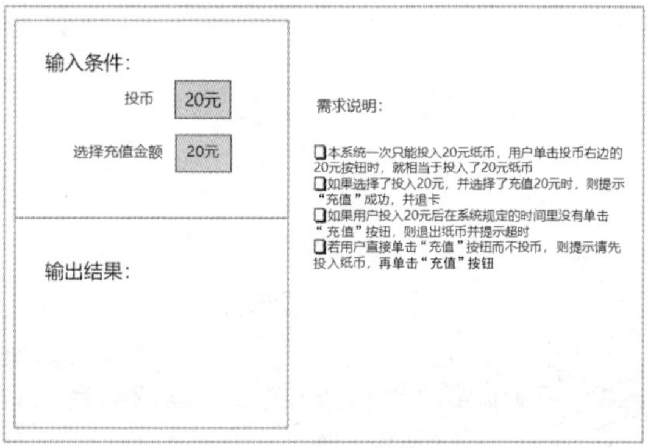

■ 图6-21 充值模拟系统

币并提示超时；若直接单击“充值”按钮而不投入纸币，则提示请先投入纸币，再单击“充值”按钮。

从图 6-21 可以直接看出，地铁充值模拟系统有两个输入条件：第一个输入条件是投币 20 元；第二个输入条件是选择充值金额 20 元。而从需求说明可以看到有 3 个输出结果：第一个输出结果是提示充值成功并退卡；第二个输出结果是退出纸币并提示超时；第三个输出结果是提示请先投入纸币，再单击“充值”按钮。

接下来，测试人员应如何来测试这个充值模拟系统呢？这就需要运用因果判定法。通俗来讲，因果判定法一般主要应用于页面中各类按钮之间存在组合和制约关系的情况，测试人员需要分析它们的因果对应关系，并最终检查输出结果的正确性。

因果判定法需要执行以下几个步骤。

（1）明确所有的输入条件（因）。

（2）明确所有的输出结果（果）。

（3）明确哪些条件可以组合在一起，哪些条件不能组合在一起。

（4）明确什么样的输入条件组合可产生哪些输出结果。

（5）通过判定表展示输入条件的组合与输出结果的对应关系。

（6）根据判定表设计测试用例。

接下来，便可以按照以上 6 个步骤开展本例测试点的分析工作。

（1）找出地铁充值模拟软件的所有输入条件，并编号。

① 投币 20 元。

② 充值 20 元。

（2）找出所有输出结果，并编号。

A：提示充值成功并退卡。

B：退出纸币并提示超时。

C：提示请先投入纸币，再单击“充值”按钮。

（3）确定哪些输入条件可以组合在一起，哪些输入条件不能组合在一起。

条件①可以单独出现，也就是用户可以做只投币、不充值的操作。

条件②也可以单独出现，也就是用户可以做只充值、不投币的操作。

条件①和条件②可以组合在一起，也就是用户可以做先投币、后充值的操作。

本例不存在输入条件不能组合的情况。

（4）明确什么样的输入条件组合可产生什么样的输出结果，如图 6-22 所示。

（5）通过判定表展示输入条件的组合与输出结果的对应关系，见表 6-27。

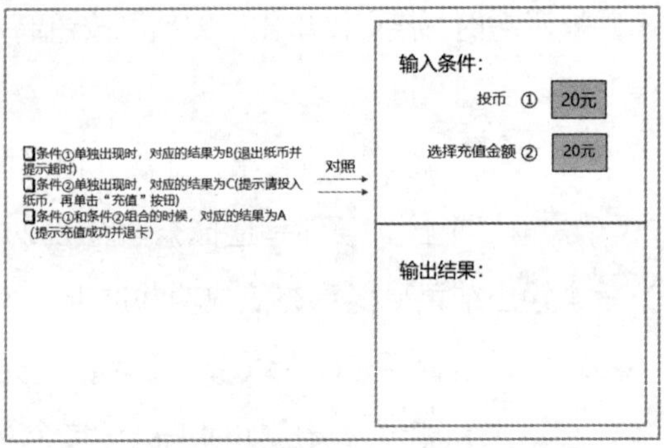

图 6-22　组合与结果的对应关系

为了简便起见，可以用 T 或 F 来表示是否满足每一个输入条件：T 表示条件为真，执行这个输入；F 表示条件为假，不执行这个输入。当然也可以用 1 和 0 或 Y 和 N 来表示，1 代表执行，0 代表不执行；Y 代表执行，N 代表不执行。输出结果可以使用“✓”这个符号来表示，“✓”代表这个结果会出现。这样，表 6-27 可以写成表 6-28 的形式。

表 6-27　判定表 1

输入 / 输出		组合情况		
		组合 1	组合 2	组合 3
输入条件	① 投币 20 元	只投币	不投币	既投币
	② 充值 20 元	不充值	只充值	又充值
输出结果	A：充值成功并退卡			充值成功并退卡
	B：退出纸币并提示超时	退出纸币并提示超时		
	C：请先投币再充值		请先投币再充值	

表 6-28　判定表 2

输入 / 输出		组合情况		
		组合 1	组合 2	组合 3
输入条件	① 投入 20 元	Y	N	Y
	② 充值 20 元	N	Y	Y
输出结果	A：充值成功并退卡			✓
	B：退出纸币并提示超时	✓		
	C：请先投币再充值		✓	

（6）判定表分析完成后就可以根据判定表来写测试用例了，判定表中每一个组合就相当于一个测试点，有了测试点再转化测试用例就比较容易了，表 6-29 就是转化后的测试用例。

表 6-29 依据判定表设计的测试用例

测试序号	测试模块	前置条件	测试环境	操作步骤和数据	预期结果	实际结果	是否通过	备注
1	地铁充值	网络正常	Windows 10 操作系统，IE11 浏览器	（1）打开地铁充值模拟系统的界面 （2）执行投币 20 元的操作，但在规定的时间内没有执行充值操作，然后观察系统的反应	系统会退出纸币，并提示超时			
2	地铁充值	网络正常	Windows 10 操作系统，IE11 浏览器	（1）打开地铁充值模拟系统的界面 （2）不执行投币 20 元的操作，直接执行充值 20 元的操作，然后观察系统的反应	系统提示请先投入纸币，再单击“充值”按钮			
3	地铁充值	网络正常	Windows 10 操作系统，IE11 浏览器	（1）打开地铁充值模拟系统的界面 （2）执行投币 20 元的操作，接着执行充值 20 元的操作，然后观察系统的反应	系统提示充值成功并退卡			

至此，本例中的地铁充值模拟系统的测试用例已设计完成，以上的分析过程相对来说比较简单，因为输入的条件比较少，所以组合的个数也不会太多。

例 2：以某地铁充值模拟系统为例，并增加了两个输入条件以提高设计的复杂度，如图 6-23 所示。

从图 6-23 可以看到，需求文档对输入条件和输出结果都描述得很清楚，接下来就可以按照因果判定法的流程直接分析此地铁充值模拟系统的测试点。

（1）找出地铁充值模拟系统的所有输入条件，并编号。

① 投币 20 元。

② 投币 50 元。

③ 充值 20 元。

④ 充值 50 元。

（2）找出所有输出结果，并编号。

A：系统提示充值成功，并退卡。

B：系统提示金额不足，并退回 20 元。

C：系统提示充值成功，并找零 30 元。

D：系统提示超时信息，并退还纸币。

E：系统提示请先投入纸币，再单击“充值”按钮。

（3）确定哪些输入条件可以组合在一起，哪些输入条件不能组合在一起。

可以进行组合的情况如图 6-24 所示。

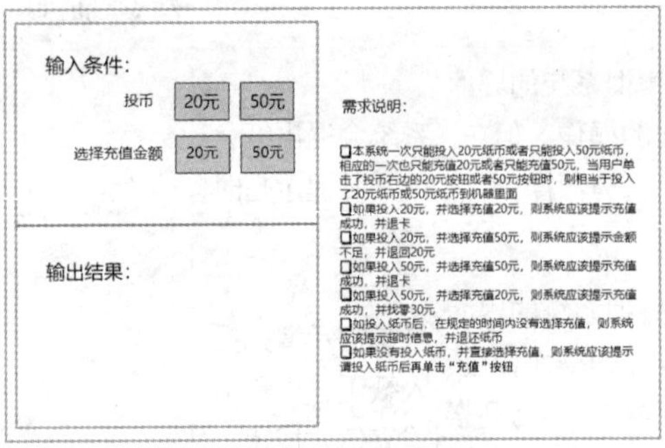

图 6-23　充值模拟系统

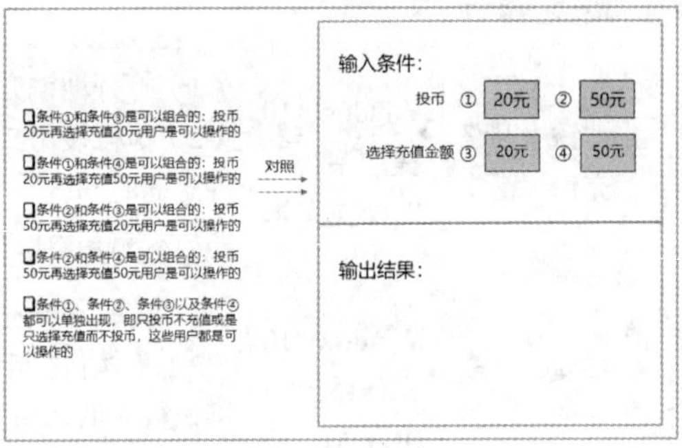

图 6-24　条件组合的情况

不能进行组合的情况如图 6-25 所示。

（4）明确什么样的输入条件组合可产生什么样的输出结果，如图 6-26 所示。

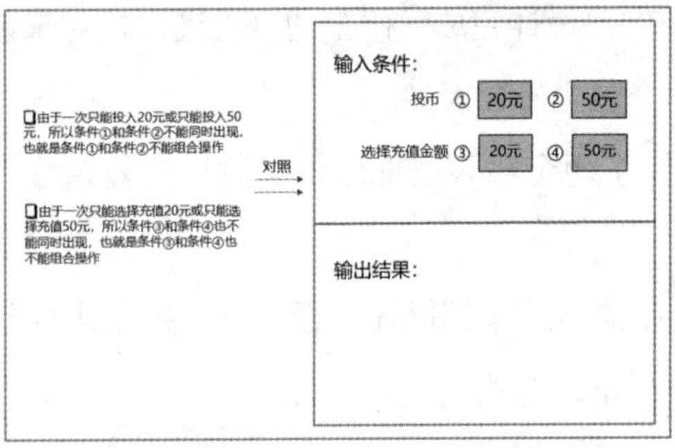

图 6-25　条件不能组合的情况

图 6-26　组合与结果的对应关系

（5）通过判定表展示输入条件的组合与输出结果之间的对应关系，见表 6-30。

表 6-30　判定表 3

输入 / 输出		组合情况							
		组合 1	组合 2	组合 3	组合 4	组合 5	组合 6	组合 7	组合 8
输入条件	① 投币 20 元	Y	Y	N	N	Y	N	N	N
	② 投币 50 元	N	N	Y	Y	N	Y	N	N
	③ 充值 20 元	Y	N	Y	N	N	N	Y	N
	④ 充值 50 元	N	Y	N	Y	N	N	N	Y

续表

输入 / 输出		组合情况							
		组合 1	组合 2	组合 3	组合 4	组合 5	组合 6	组合 7	组合 8
输出结果	A：提示充值成功，并退卡	✓			✓				
	B：提示金额不足，并退回 20 元		✓						
	C：提示充值成功，并找零 30 元			✓					
	D：提示超时信息，并退还纸币					✓	✓		
	E：提示请先投入纸币，再单击“充值”按钮							✓	✓

（6）判定表分析完成后就可以根据判定表来写测试用例了。有了判定表，写测试用例就比较容易了，由于例 1 已展示过用例的转化过程，这里不再重复。

基于例 1 和例 2 的分析过程，有 3 点说明，具体如下。

（1）在很多资料中，因果判定法采用画图的方式来展示条件与条件之间的制约关系，但画图的方式太麻烦，对初学者而言并不适用。

（2）找准每个有效组合及其对应的输出结果（也就是因果关系），排除不能组合的情况，这一点是因果判定法的关键。如果分析错了，就会得出错误的测试结果。

（3）如果一个页面中存在多个控件，并且这些控件之间存在相互制约的关系，就可以使用因果判定法去解决这类问题。

至此，功能测试的 5 种常用用例设计方法已介绍完成，结合前面的章节，相信大家对软件测试用例设计的方法已有了初步的了解和认识。

其实，在功能测试中还有一些其他用例设计方法，本书中暂没有提到，一方面是因为有些方法的算法相对复杂，另一方面是因为初级软件测试人员没有太多工作经验，讲多了反而会混淆。所以对于初级软件测试人员来讲，除了能应用已讲的 5 种方法，更多的是需要在测试工作中积累经验，并利用自己的逻辑推理能力和发散思维来设计测试用例。随着测试工作的不断深入，慢慢就会积累更多测试用例设计的技巧和经验。

6.3 用例设计的基本思路

在实际工作中，稍微大型一些的软件系统一般都包括用户注册、登录、搜索以及附件上传等常见模块。本节就以这些模块为例，结合已介绍过的用例设计方法来分别讲解这些模块测试用例的设计思路。

6.3.1 QQ 邮箱注册模块

QQ 邮箱大家都比较熟悉，其用户体验也做得很好，接下来就以QQ 邮箱注册模块（简化版）为例来分析它的测试思路，如图 6-27 所示。

图 6-27 QQ 邮箱注册

一 | 注册模块的需求文档

邮箱名: 由 3 ~ 18 个英文、数字、点、减号、下画线组成。

昵称：中英文字符，不能为空。

密码：不能包括空格，长度为 8 ～ 16 位，至少包含字母、数字、符号中的 2 种。

二 | 基本功能的测试点分析

从图 6-27 可以看到，QQ 邮箱的注册页面有 3 个字符输入框。上文介绍过对于多个输入框的测试可以采用正交表法。基于正交表的设计思想，可以设计出以下组合的测试点，见表 6-31。

表 6-31 用户名正交表

邮箱名	昵称	密码
正确	正确	正确
正确	错误	错误
错误	正确	错误
错误	错误	正确
错误	错误	错误

针对每一个输入框，还需要利用等价类划分法、边界值分析法以及错误推测法设计正确和错误的测试数据，分别对邮箱名、昵称、密码输入框进行测试。

实际工作中，可以将输入框测试的测试数据合理地设计到表 6-31 中，即在利用正交表测试输入框组合时，同时进行输入框测试。

例如，对于表 6-31 中的第二行组合，需要输入正确的邮箱名、错误的昵称、错误的密码。那么这个正确邮箱名的测试数据，可以从邮箱名的有效等价类中选一个（如 test_123-a@qq.com）；错误昵称的测试数据，可以从昵称的无效等价类中选一个（如 @@@）；同理，错误密码的测试数据，可以从密码的无效等价类，或者从边界值中不符合需求的测试数据中选取（如取 5 位密码 12345）。那么，第二行组合的用例可以设计为表 6-32。这样，在进行组合测试时，就已经对每个输入框的某些测试点进行了测试。

由于在前面的章节中已介绍了对于单个输入框是如何通过有效等价类取值、无效等价类取值、边界值取值、错误推测取值来整合测试点和测试用例，在这里就不再重复。

在本例中，QQ 邮箱注册模块的功能测试用例其实就是将邮箱名的用例、昵称的用例、密码的用例合理地组合起来，通过表 6-32 的组合设计，覆盖所有的测试点。本测试用例的设计主要考查测试人员对常用用例设计方法的运用能力。

表 6-32　QQ 邮箱注册模块测试用例

测试序号	测试模块	前置条件	测试环境	操作步骤和数据	预期结果	实际结果	是否通过	备注
1	邮箱注册	网络正常	Windows 10 操作系统，IE11 浏览器	（1）通过 http://mail.×××.com 打开邮箱注册页面 （2）输入正确的邮箱名“test_123-a@qq.com”，输入错误的昵称“@@@”，输入错误的密码“12345” （3）单击“立即注册”按钮，查看是否注册成功	（1）邮箱注册页面可以正常打开 （2）用户名、昵称和密码可以正常输入 （3）昵称、密码输入框给出错误提示，邮箱注册失败			

6.3.2 QQ 邮箱登录模块

登录操作是 QQ 邮箱最常用的功能之一，使用 QQ 邮箱首先要登录，登录成功才能对邮箱系统进行操作。接下来就以 QQ 邮箱的登录模块（简化版）为例来分析它的测试思路，如图 6-28 所示。

图 6-28　QQ 邮箱登录

一｜登录模块的需求文档

用户名：由 3 ～ 18 个英文、数字、点、减号、下画线组成。

密码：不能包括空格，长度为 8 ～ 16 位，至少包括字母、数字、符号中的 2 种。

二｜基本功能的测试点分析

从图 6-28 可以看到，QQ 邮箱的登录页面主要由用户名和密码这两个输入框组成，同样可以利用正交表分析法来设计。表 6-33 列出了用户名和密码输入框的测试组合。

表 6-33 用户名和密码输入框的测试组合

用户名	密码
正确	正确
正确	错误
错误	正确
错误	错误

（1）测试输入正确用户名和正确密码的组合：可以在用户名的有效等价类中选择一个正确的用户名作为测试数据，在密码输入框中输入与用户名对应的一个正确密码。

（2）测试输入正确用户名和错误密码的组合：可以在用户名的有效等价类中选择一个正确的用户名作为测试数据，同理从密码的无效等价类中，并借助边界值分析法和错误推测法选择不符合需求文档或错误的密码作为测试数据。

（3）测试输入错误用户名和正确密码的组合：可以在密码的有效等价类中选择一个正确的密码作为测试数据，然后从用户名的无效等价类中，并借助边界值分析法和错误推测法分别选择不符合需求的用户名或与密码不匹配的错误用户名作为测试数据。

（4）测试输入错误用户名和错误密码的组合：可以从用户名、密码的无效等价类中，并借助边界值分析法和错误推测法中分别选择不符合需求的用户名和密码作为测试数据。

由于在前面的章节中已讲过对单个输入框如何通过有效等价类取值、无效等价类取值、边界值分析法取值、错误推测法取值来整合测试点和测试用例，这里不再重复。

在本例中，QQ 邮箱登录模块的功能测试用例就是将用户名的用例、密码的用例合理地组合起来，通过表 6-33 的组合设计，覆盖所有的测试点。本例的用例设计主要考查测试人员对常用用例设计方法的运用能力。

6.3.3 QQ 邮箱邮件搜索模块

搜索功能也是 QQ 邮箱比较常用的功能，邮件搜索模块又该如何测试呢？接下来就以 QQ 邮箱的邮件搜索模块（简化版）为例来分析它的基本测试思路，如图 6-29 所示。

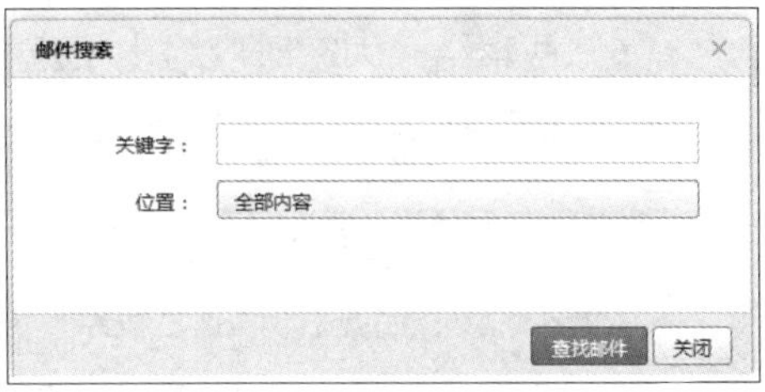

图 6-29　邮件搜索

一｜邮件搜索的需求文档

（1）支持模糊匹配和完全匹配、支持搜索框记忆功能、支持全角搜索、不支持同音字或错别字搜索、不区分字母大小写、支持特殊符号的搜索、支持常用快捷键、支持含有空格的搜索、支持中英文数字的混合搜索、不输入任何字符搜索时则显示全部内容、支持超长字符串搜索。

（2）没有限定关键字的长度。

（3）搜索的位置: 全部内容，包括邮件地址、邮件标题、邮件正文、附件名、草稿箱、发件箱等。

二｜基本功能的测试点分析

本例需求的细节项较多，那么测试人员就需要针对这些细小的需求项进行用例设计；其次搜索框毕竟还是一个输入框，所以对各种字符的处理能力也是测试的一个关键。对搜索框设计测试用例的思路，可以借鉴前面学习过的字符输入框测试用例的设计。接下来，本书列举了搜索框常见的测试点，以下的测试点都是初级软件测试人员能理解的。

第一，正常情况下的搜索。

（1）把邮件地址的部分内容或全部内容（模糊匹配和完全匹配）作为关键字进行搜索，可搜索出内容。

（2）把邮件主题的部分内容或全部内容（模糊匹配和完全匹配）作为关键字进行搜索，可搜索出内容。

（3）把邮件正文的部分内容和全部内容（模糊匹配和完全匹配）作为关键字进行搜索，可搜索出内容。

（4）把附件名的部分内容和全部内容（模糊匹配和完全匹配）作为关键字进行搜索，

可搜索出内容。

（5）输入不存在的内容进行搜索，搜索结果为空。

（6）搜索结果为空时应给出相应提示。

（7）输入曾搜索过的关键字进行搜索时，搜索框应该给出记忆的功能。

第二，各种异常情况下的搜索。

（1）不输入任何字符进行搜索，显示为全部内容。

（2）搜索的关键字中包含全半角混合字符，可以搜索出内容。

（3）搜索的关键字中包含同音字或错别字，不能搜索出内容。

（4）搜索的关键字中包含各类特殊符号，可以搜索出内容。

（5）搜索的关键字中包含大小写字母，可以搜索出内容。

（6）搜索的关键字中英文数字混合并且每个字符的前后都加了空格，可以搜索出内容。

（7）输入关键字为“0”进行搜索，可以搜索出内容。

（8）关键字中带有单引号进行搜索，可以搜索出内容。

（9）输入超长字符串进行搜索，可以搜索出内容。

第三，测试搜索框对快捷键的支持。

（1）在输入结束后，按“Enter”键后系统应该可以进行搜索处理。

（2）支持使用“Tab”键。

（3）支持“Ctrl+C”“Ctrl+V”快捷键。

第四，可以尝试一下随意性的、无规则的测试（也叫探索性测试），因为无规则的测试也可能会发现软件中的一些 Bug。

在本例中，QQ 邮箱搜索模块的功能测试用例就可以依据以上四部分用例的测试思想进行设计。

对于一个初级软件测试人员来说，由于受经验和技术所限，刚开始可能无法设计出那么多的用例，这个很正常，最重要的一点是找准搜索框的需求文档并尽可能去挖掘更多的需求细节（或向产品经理去求证更多的需求细节），然后再针对这些需求细节设计出更为完整的用例。所以，挖掘需求细节是一个初级软件测试人员能设计好测试用例的一个重要因素。

本例的测试用例设计主要考查测试人员的发散思维和挖掘需求的能力。

6.3.4 QQ 邮箱附件上传模块

附件上传也是 QQ 邮箱比较常用的功能，那么测试人员该如何对附件上传模块进行测试呢？接下来还是以 QQ 邮箱的附件上传模块（简化版）为例分析其基本的测试思路（只测附件上传功能），如图 6-30 所示。

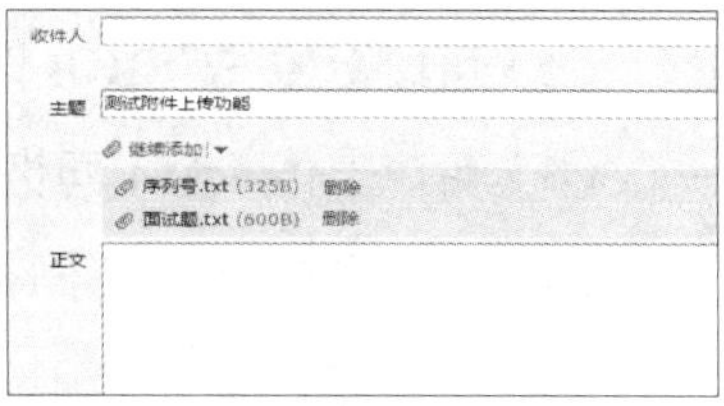

图 6-30 QQ 邮箱附件上传页面

一｜附件上传的需求文档

（1）用户上传的文件可包含图片文件、常见的文档、压缩文件这 3 类，见表 6-34。

表 6-34 附件文件的规格说明

文件类别	文件格式
图片文件	.jpg、.gif、.png、.bmp
常见的文档	.txt、.doc、.docx、.xls、.xlsx、.ppt、.pptx、.pdf
压缩文件	.rar、.zip

（2）用户一次最多可上传 10 个附件，单个附件的容量不能超过 1GB，多个附件的总容量不能超过 5GB。

二｜基本功能的测试点分析

对于本需求，可以按有效等价类划分法、无效等价类划分法、边界值分析法、错误推测法这 4 种方法来设计测试用例，以下给出附件上传的常见测试点。

第一，有效等价类划分法的测试点有以下几个。

（1）分别上传单个规定格式的文件，且附件容量都在 1GB 以内时，可上传成功。

（2）上传多个不同格式的附件（10 个以内），并且附件总容量在 5GB 以内时，可上传成功。

（3）可以删除上传成功的文件。

（4）文件上传失败后，须给出正确合理的提示信息。

第二，无效等价类划分法的测试点如下。

上传需求文档规定格式以外的文件（如 .html、.tif、.mp3、.avi、.iso 等）时，均不会上传成功。

第三，边界值分析法的测试点有以下几个。

（1）可以上传 0KB 的附件。

（2）可以上传一个 1GB 以内的附件。

（3）可以上传 9 个不同格式的总容量在 5GB 以内的附件。

（4）可以上传 10 个不同格式的总容量在 5GB 以内的附件。

（5）不可以上传 11 个不同格式的总容量在 5GB 以内的附件。

（6）可以上传一个 0.99GB 的附件。

（7）可以上传一个 1GB 的附件。

（8）不可以上传一个 1.01GB 的附件。

（9）可以上传多个不同格式的（10 个以内）总容量在 4.99GB 的附件。

（10）可以上传多个不同格式的（10 个以内）总容量在 5GB 的附件。

（11）不可以上传多个不同格式的（10 个以内）总容量在 5.01GB 的附件。

备注：第一部分和第三部分的测试点如有重复，需要在后期设计用例时进行合并。

第四，错误推测法的测试点有以下几个。

（1）不可以一次上传大批量文件（超过 10 个）。

（2）上传木马文件是否可检测（需要视需求而定）。

（3）上传可执行的文件（以 .exe 结尾的文件）是否可检测（需要视需求而定）。

（4）不可以上传超大容量文件（超过 10GB）。

（5）如果存在已上传的同名文件，再次上传，检查文件能否正常上传（需要视需求而定）。

（6）是否可上传超长文件名的文件（需要视需求而定）。

（7）是否可上传一个正在打开的文件（需要视需求而定）。

（8）上传过程中网络中断后又恢复，是否可以接着之前的继续上传（需要视需求而定）。

（9）是否可以上传文件名包括特殊字符的文件（需要视需求而定）。

（10）是否可以上传文件名包括中英混合字符的文件（需要视需求而定）。

（11）上传多个文件的过程中，一部分文件被删除或被重命名，是否会影响正在上传的文件（需要视需求而定）。

（12）上传文件的路径是否可手动进行输入（需要视需求而定）。

（13）检查文件上传的响应时间是否正常（是否符合需求）。

第五，测试人员可以尝试一下随意性的无规则测试。

这些测试点写出来之后，相信初学者都能看得懂，大体也知道如何利用以上测试点去设计用例。第四部分中出现了几个视需求而定的测试点，这是因为在本例的需求文档中并没有对这些测试点给出明确的规格说明。在实际工作中，经常也会遇到需求文档对需求项的细节描述不是很详细的情况，很多隐含的需求在需求文档中并没有体现出来。在这种情况下，一方面要求测试人员在评审需求文档时更仔细一些，另一方面在设计测试用例或测试软件的过程中要随时同产品经理或自己的领导沟通，找出这些隐含的需求标准，这样才能保证自己设计出来的用例覆盖面会更全面一些。初级软件测试人员相关测试经验较少，如何去找这些隐含的需求呢？可以从以下 4 个方面入手。

（1）要紧扣需求文档，挖掘需求细节，并针对这些需求细节进行用例设计。

（2）除了应用所学的用例设计方法，测试人员还应充分利用自己的发散思维和逻辑推理能力来设计测试用例。

（3）想要更快地获取更多测试思想，比较直接的办法就是通过互联网来获取相应的资料（因为常见功能点的测试网上几乎都有且很全面），以此来夯实自己的基础测试能力，并拓宽视野。

（4）多与测试人员、开发人员、产品人员交流，多看测试人员之前写过的测试用例和相关文档。

本例的用例设计主要考查测试人员对用例设计方法的运用能力以及测试人员的发散思维和挖掘需求的能力。

6.4 测试用例的评审

测试人员依据需求文档将测试用例设计完成后，如何确保设计的测试用例是正确无误的呢？这里有一个很重要的任务就是进行用例评审，通过对测试用例的评审以确保用例是全面的、正确的、没有冗余的。

6.4.1 如何评审测试用例

测试用例的评审严格来讲是需要项目组的全体人员都参与的，但在实际工作中，一般都是只有本项目组的测试人员参与评审。评审测试用例前，测试人员会将自己编写的测试用例以文档的形式提前发送给测试组的全体成员，测试组的其他人员各自以文档批注的形式进行反馈或是由测试经理召开用例评审大会，以会议的形式进行评审。评审完成后，测试人员会依据其他测试人员的评审建议和意见进行修改。

一般情况下，测试人员会从以下 5 个方面对测试用例进行评审。

（1）测试用例是否依据需求文档编写。

（2）测试用例中的执行步骤、输入数据是否清晰、简洁、正确；对于重复度高的执行步骤，是否进行了简化。

（3）每个测试用例是否都有明确的预期结果。

（4）测试用例中是否存在多余的用例（无效、等价、冗余的用例）。

（5）测试用例是否覆盖了需求文档中所有的功能点，是否存在遗漏。

每个项目组评定测试用例的标准可能不尽相同，但最终的目的都是让测试用例变得简洁、全面，使测试人员执行用例时更具有针对性，更能发现问题。

6.4.2 用例设计结束的标准

当测试用例通过测试组的评审后，用例设计工作是不是就结束了？答案是否定的。因为测试用例是依据需求文档编写的，在一定程度上限制了测试人员的想象力，但当测试人员接触了实际开发出来的软件时，便有了更多操作和想象的空间，那么在这个过程中会存在修改和增加用例的可能。另外，在软件开发的过程中也可能因某种原因新增或变更了一些需求细节，导致需要修改用例。所以在产品上线前，测试人员需要一直维护测试用例。

6.5 本章小结

6.5.1 学习提醒

设计测试用例是测试人员最重要的工作之一。测试用例作为测试工作的核心文档，将全面指导测试人员的测试执行工作。

本章通过大篇幅的理论介绍和例子为读者呈现了测试用例的由来、格式、作用、设计方法、测试思路、评审等，目的就是让初级软件测试人员能够尽快进入测试工作流程。

初级软件测试人员在入职后，其设计测试用例的能力还相对薄弱，前期可以先从简单的模块开始尝试设计测试用例，或是从执行已有测试用例开始，待慢慢熟悉了业务后，再来承担测试用例的设计工作。在实际工作中，测试经理会根据每个人的能力安排相应的工作。

注意：功能测试的用例设计方法和黑盒测试的用例设计方法是同一含义。

6.5.2 求职指导

一 | 本章面试常见问题

问题 1：测试用例是你自己写的吗（或是问你是否写过测试用例）？

参考回答：我写过测试用例，一般情况下，我们项目组的测试人员都是各自负责自己模块的用例设计及维护工作。谢谢！

问题 2：测试用例是根据什么来编写的？

参考回答：测试用例都是根据需求文档来写的。谢谢！

问题 3：你们是用什么工具来写测试用例的？

参考回答：一般情况下我们都是用 Excel 表格来写测试用例的。谢谢！（当然有些公司可能是用自己开发的工具来编写，不管是用什么工具来写，写测试用例的步骤和原则是不会变的。）

问题 4：你是怎么设计测试用例的（或是问测试用例是怎么写的）？

参考回答：我觉得设计一个功能模块的测试用例主要基于几个方面：第一，最主要的还是需要参考需求文档，然后尽量挖掘出更多的需求细节进行用例设计；第二，需要凭自己的一些测试经验和常识来设计；第三，可以参考其他同事曾写过的测试用例；第四，可以通过网上的资料做一些补充。基本上我会从这些方面进行用例设计的工作。谢谢！

问题 5：测试用例包括哪些元素（或测试用例包括哪些字段，或测试用例包括哪些属性）？

参考回答：请参考 6.1.1 节的内容。

问题 6：测试用例有哪些设计方法，每个方法的概念是什么，可否就每种方法举个例子？

参考回答：请参考 6.2 节的内容。

问题 7：测试用例是如何评审的?

参考回答：请参考 6.4.1 节的内容。

问题 8：如何保证测试用例的质量（或什么样的用例才称得上是一个好的用例）？

参考回答：我觉得可以从以下 4 个方面来保证测试用例的质量。

第一，要确保测试用例是针对需求文档编写出来的，要确保测试点能覆盖到所有需求点。

第二，要保证操作步骤、具体数据以及预期结果的清晰性、简洁性、明确性，以确保测试用例的可操作性和可复用性（可复用性举例：如测试新版本的时候可直接利用旧版本的测试用例）。

第三，确保有足够多的异常测试用例（如无效等价类的测试点），同时要确保没有多余的重复用例。

第四，对测试用例进行评审。

基本上，我会从以上 4 个方面来确保测试用例的质量。谢谢！

问题 9：如果没有需求文档，直接给你待测软件，你将如何开展测试工作?

参考回答：第一，我会大体地测试一下软件，对于如边界值、输入数据类型等需求不明确的问题，集中反馈给产品经理，待产品经理给出相应的标准后再设计用例。

第二，在测试软件的过程中，如发现有些功能模块需求非常不明确，甚至影响用户对产品功能的正确使用，对于这类重大问题，我会及时反馈给测试经理，然后协助其来解决这类问题。

第三，我会积极参加项目的各种讨论会议；查看已有的测试用例、Bug 库中已有的 Bug、已有的用户手册和帮助文档；咨询产品人员并尽可能多地了解相关的需求信息，并以此为基础来设计测试用例。

第四，可以参考软件的功能直接设计用例，然后提交给测试组（必要的情况下可以提交给整个项目组）进行评审，以得到统一的意见。

基本上，我会从以上 4 个方面来开展测试工作并设计测试用例。谢谢！

二 | 求职技巧

初级软件测试人员应聘时，如果有笔试的话，那么笔试中可能会有设计测试用例的题目，以下问题在笔试中经常出现。

题目：请设计 ATM 取款机的测试用例（或者是请设计 ATM 取款机的测试点）。

分析：这个题目考查的就是测试人员的发散思维和场景想象能力。对于初级软件测试人员而言，可以通过以下三步来设计测试用例。

第一步，根据自己的想象能力和记忆能力列举出 ATM 取款机所有的功能点。例如，常见的功能点有插卡或退卡、密码输入或修改、余额查询、取款、存款、转账等，能想象出来的功能点越多越好。这样在回答本题时就能够说明测试工作做得很详细，测试点覆盖得很广。

第二步，根据自己操作 ATM 取款机的经验，分别制订出每个功能点的需求文档。例如，插卡功能的需求文档：只接受带有银联标识的银行卡；密码修改的需求文档：只允许输入 6 位数字；取款的需求文档：一次最多可取 5 000 元。凭自己的想象能力把所有功能点的需求文档全部制订出来。

第三步，有了需求文档，就可以利用前面所学的用例设计方法和发散思维来设计测试用例了。

类似的笔试题目还有很多，常见的有：请设计自动售票机的测试用例、请设计纸杯的测试用例、请设计三角形的测试用例等。建议大家在应聘前先做一遍，然后结合网上的参考资料尽量整理出较全的测试点，有了这些经验之后再去应聘，成功的概率就会高很多。

最后请大家注意：笔试的时候，如果对测试用例的格式没有特别要求，大家可以直接设计测试点，毕竟如果按测试用例格式作答会影响答题时间，当然如果要求用测试用例格式回答，则请按要求答题。

第7章 测试执行

当设计的测试用例通过评审后，测试人员就会进行测试环境的部署，然后会依据测试用例来测试开发人员开发出的软件系统。测试人员在执行测试用例的过程中，如发现实际结果与预期结果不一致，则意味着出现 Bug（缺陷、错误、问题）。当测试人员发现 Bug 之后，就需要把 Bug 提交给开发人员进行修复。那测试人员应如何记录一个 Bug 呢？测试人员又通过什么工具把 Bug 转发给开发人员呢？测试人员提交完 Bug 后又如何做回归测试呢？本章将对提交 Bug 涉及的各种问题进行详细介绍。提交 Bug 不仅是测试人员价值的体现，也是测试人员与开发人员沟通的重要桥梁，Bug 的数量和质量将会对软件质量的提高起到重要的推动作用。本章内容十分重要，应认真学习。

7.1 部署测试环境

当测试人员依据测试用例来测试开发人员开发出的软件系统时，待测的软件系统一般会部署在哪里呢？

一般而言，测试人员并不会在开发人员的开发环境中测试待测试的软件，而是将待测试的软件系统单独地部署在一个独立于开发环境的测试环境中。这是因为，当开发人员把软件系统开发完成后，还会继续对软件系统的代码进行优化和调试，此时如果测试人员在同一环境里对同一套软件系统进行测试，势必会产生冲突。为什么开发和测试在同一环境内工作就会冲突呢？原因在于开发人员在调试代码时会影响测试人员测试的结果，而测试人员在测试软件时也会影响开发人员对代码的调试。因此开发人员和测试人员在同一环境内共用一套系统工作并不合适。为了解决这个问题，就需要重新搭建一套软件系统供测试人员专门进行测试，这样开发人员和测试人员的工作就不会互相影响了。在测试领域，把在测试环境部署待测软件系统的过程称为测试环境的搭建。

测试环境的搭建是一项相对复杂且技术性强的任务，通常需由测试组中经验丰富的测试人员来负责完成。这是因为测试环境的稳定性、准确性对于后续测试工作的顺利进行至关重要，只有具备丰富经验和专业技能的测试人员才能确保测试环境的搭建质量，从而为整个测试过程奠定坚实的基础。

在本书第 9 章中，笔者将带领大家学习 Linux 操作系统，并以此为基础，逐步构建一个名为 ZrLog 的博客系统，这一过程不仅展示了测试环境搭建的实战应用，更为初学者提供了一个难得的窗口，帮助他们直观地理解并掌握测试环境的搭建流程。鉴于篇幅和重点的考虑，本章将不再对环境搭建的具体细节进行阐述。

环境搭建完成后，测试人员将在自己搭建的环境上执行测试用例，开展测试工作。

7.2 如何记录一个 Bug

当测试人员在执行测试用例的过程中发现 Bug 时，测试人员应该如何记录这个 Bug？如何确保开发人员能理解自己所提交的 Bug？本节将详细解答这些问题。

7.2.1 一个 Bug 所包括的内容

通常情况下，一个 Bug 应包括以下信息点，见表 7-1。

表 7-1 Bug 包括的基本信息点及其含义

Bug 包括的基本信息点	信息点的含义
Bug 的摘要	写清楚每一个 Bug 的主要信息，一般一两句话即可
Bug 的具体描述	把 Bug 从发生到结束的每一个步骤、每一个细节以及发生过程中涉及的具体数据清晰地描述出来
Bug 的严重程度	在禅道系统中，Bug 划分为①②③④ 4 个等级，等级①：致命问题（造成系统崩溃、死机、死循环，导致数据库数据丢失等）；等级②：严重问题（系统主要功能部分丧失、数据库保存调用错误、用户数据丢失，一级功能菜单不能使用，但是不影响其他功能的测试等）；等级③：一般性问题（功能没有完全实现但是不影响使用，功能菜单存在缺陷但不会影响系统稳定性等）；等级④：建议问题（界面、性能缺陷等建议类问题，不影响操作功能的执行）
Bug 的优先级	在禅道系统中，处理 Bug 的优先级同样划分为①②③④ 4 个等级，等级①代表此 Bug 要立即进行处理，等级②代表此 Bug 需要紧急处理，等级③代表此 Bug 以正常的速度处理即可，等级④代表此 Bug 可延后处理

续表

Bug 包括的基本信息点	信息点的含义
Bug 指派给	每个 Bug 都要指定解决这个 Bug 的开发人员
Bug 的状态	在禅道系统中，Bug 的状态有激活、已解决、关闭 3 种。每个 Bug 管理工具设置的状态可能不尽相同，大家根据公司规定流程进行相应的处理便可。有关 Bug 状态的作用，将在 7.3.3 节进行讲解
必要的附件（图片或日志）	当测试人员发现 Bug 时，如果能及时截图则会更有说服力，建议测试人员凡是能截图的地方都截图，因为图片可以直截了当地反映发现 Bug 时的情形。当软件的某一个功能发生错误时，系统一般会为此错误产生一条记录，这个记录称为日志。在某些项目中，如开发人员或测试经理要求测试人员截取日志，则测试人员在提交 Bug 时应附上日志。具体如何截取日志可直接咨询开发人员或测试经理，他们清楚日志的存放位置和截取方法。日志一般是一个 .txt 格式的文本文档。截取日志的过程很简单，大家不用担心
Bug 其他信息点	根据实际测试环境或公司要求进行相应填写即可

每个公司的不同项目中 Bug 应包括的信息点可能存在一些细小的差异，但大体思想是一致的，进入公司后按照公司的要求和模板书写即可。

7.2.2 Bug 记录的正确范例

例 1：某测试人员打开 XYC 邮箱的登录页面，输入正确的用户名和密码后成功登录到 XYC 邮箱内页，然后单击“写信”按钮进入写信页面，随后输入正确的邮件地址、正确的主题、正确的正文，再单击“发送邮件”按钮，但之后页面没有任何反应，无法发送邮件。很明显，这就是一个 Bug，那测试人员应如何记录这个 Bug 呢？

Bug 书写示例见表 7-2。

表 7-2 Bug 示例 1

Bug 的摘要：单击“发送邮件”按钮无响应，无法发送邮件
Bug 的具体描述： （1）通过网址 http://mail.×××.com 打开 XYC 邮箱的登录页面 （2）输入正确的用户名“abc123ky”，输入正确的密码“kitty123”，之后单击“登录”按钮，系统显示登录成功 （3）单击“写信”按钮进入写信页面后，在收件人地址栏中输入一个正确的邮件地址“154×××@qq.com”，在主题栏中输入一个正确的主题“你好”，在正文输入框中输入正文“祝你开心” （4）输入完成后，单击“发送邮件”按钮，单击后系统无反应，无法发送邮件 （5）退出邮箱系统，使用同样的账号并重新尝试了同样的操作步骤，该问题仍然存在 （6）退出邮箱系统，使用另外一个正确的账号（用户名为 John2008，密码为 Andy789）进行同样操作，问题仍然存在

续表

Bug 的严重程度：②	Bug 指派给：李开开
Bug 的优先级：②	Bug 的状态：激活
附件：可以截图的话，建议将截图提供给开发人员，如需要附送日志，也要一并把日志提供给开发人员	
备注：无	

对于 Bug 的记录，需要注意以下 3 点。

（1）Bug 的摘要一定要清晰简洁。

（2）在 Bug 的具体描述中，测试的步骤和使用到的具体数据都要清楚地写出来；在 Bug 的具体描述中尽可能多地提供一些必要信息，如本例具体描述中的第 6 步。

（3）如果可以截图，一定要截图，因为这是最直接的证据，一般的操作系统都有截图软件。

以上 3 点都是要提交给开发人员的关键信息，开发人员需要依据这些关键信息去定位 Bug 的原因。

例 2： 某测试人员打开 XYC 邮箱的登录页面，输入错误的用户名和密码，随后单击“登录”按钮，此时系统无法登录，但系统没有给出任何提示。很明显，这也是一个 Bug。那测试人员应如何记录这个 Bug 呢？

Bug 书写的示例见表 7-3。

表 7-3　Bug 示例 2

Bug 的摘要：错误的用户名和密码无法登录邮箱，但系统没给出任何提示	
Bug 的具体描述： （1）通过网址 http://mail.×××.com 打开 XYC 邮箱的登录页面 （2）输入错误的用户名“kdgls1234”，输入错误的密码“123df8”，单击“登录”按钮，发现无法登录邮箱，同时系统没有给出任何提示 （3）刷新页面并重新尝试了同样的操作步骤，该问题还是存在	
Bug 的严重程度：③	Bug 指派给：李开开
Bug 的优先级：③	Bug 的状态：激活
附件：可以截图的话，建议提供截图给开发人员，如需要附送日志，也要一并把日志提供给开发人员	
备注：无	

其中，对于 Bug 的优先级，相信初级软件测试人员都可以正确判断，提醒大家一点：设置处理 Bug 的优先级的目的是告诉开发人员处理此 Bug 的优先级别，以便开发人员合理地安排 Bug 修复工作。

例 3： 某测试人员打开 XYC 邮箱的登录页面，输入正确的用户名和密码后成功登录邮箱，然后单击“写信”按钮进入写信页面，测试人员准备在收件人地址栏中输入一个邮箱通讯录中已存在的邮箱地址，但当测试人员输入该邮箱地址的第一个字符时，发现系统并没有自动联想出以该字符开头的所有邮箱地址。

分析：如果该需求文档并没有要求收件人地址栏具备自动联想功能，那么针对此问题，测试人员就可以当作建议性问题提出。测试人员应该如何记录这个建议性的 Bug 呢？

Bug 书写的示例见表 7-4。

表 7-4 Bug 示例 3

Bug 的摘要：建议收件人地址栏加入邮箱地址自动联想功能	
Bug 的具体描述： （1）通过网址 http://mail.×××.com 打开 XYC 邮箱的登录页面 （2）输入正确的用户名“abc123ky”，输入正确的密码“kitty123”，之后单击“登录”按钮，系统显示登录成功 （3）单击“写信”按钮进入写信页面，然后在收件人地址栏中输入一个邮箱通讯录中已存在的邮箱地址 （4）当输入第一个字符“1”时，系统没有自动联想出以“1”开头的所有收件人地址 （5）建议收件人地址栏加入自动联想功能，凡是存在于邮箱通讯录中的邮箱地址，用户只要输入首个字符，系统立即能自动联想出以该字符开头的邮箱地址。这样可以为用户带来良好的体验	
Bug 的严重程度：④	Bug 指派给：李开开
Bug 的优先级：④	Bug 的状态：激活
附件：无	
备注：无	

描述 Bug 的发生过程并记录相关数据，这对一名初级软件测试人员而言并不是一件很困难的事情。初级软件测试人员在记录一个 Bug 时，应尽可能多地提供一些详细的信息和截图。本书所列的 Bug 示例也许并不是最好的，初级软件测试人员入职后应多参考其他同事曾提交过的 Bug 示例单，并学习其中的优点。

总之，提交清晰的 Bug 示例单是初级软件测试人员十分重要的一项工作。如果 Bug 示例单中的内容缺少关键步骤和具体数据等重要信息，那么不仅会给开发人员修复 Bug 带来困难，还有可能会被直接退回并要求重新书写 Bug 示例单。

7.3 利用测试管理工具追踪 Bug

Bug 跟踪模块对于测试人员来说是最重要的模块之一，同时也是测试人员和开发人员最需要关注的模块之一。每名测试人员在执行测试用例的过程中，发现的 Bug 少则几个，多则几十甚至上百个，这些 Bug 是如何及时转发给开发人员的呢？测试人员又是如何跟踪这些 Bug 的后续修复及验证工作的呢？这里就需要用到测试管理工具。测试管理工具是每个测试组必须具备的工具之一，它的主要作用之一是对测试人员提交的 Bug 进行集中管理、转发和维护。

7.3.1 测试管理工具简介

目前主流的 Bug 管理工具有很多，如 Test Director（简称 TD）、Quality Center（简称 QC，它是 TD 的升级版）、JIRA、禅道、Mantis 以及各公司自行开发的 Bug 管理工具等。这些都是常用的 Bug 管理工具，每个工具都有各自的优势。虽然每个公司使用的 Bug 管理工具不同，但是它们对 Bug 的处理流程都大同小异，学会了其中一种，就很容易理解和操作其他 Bug 管理工具。

禅道由青岛易软天创网络科技有限公司开发，是一个国产开源项目管理软件。它整合了 Bug 管理、测试用例管理、发布管理、文档管理等功能，完整地覆盖了软件研发项目的整个生命周期。在禅道软件中，明确地将产品、项目、测试三者概念区分开，产品人员、开发团队、测试人员，三者分立，互相配合，又互相制约，通过需求、任务、Bug 来进行交相互动，最终通过合作使产品达到合格标准。

7.3.2 禅道系统基本使用流程

禅道系统由管理员（admin）建立部门和用户，由产品经理建立产品与需求，由项目经理关联需求并立项、组建团队、分配任务，由研发人员实现产品功能并提交测试版本，由测试人员设计产品的测试用例并提交 Bug。

为了让初级软件测试人员清楚地知道与 Bug 衔接的各项流程，本节简要地介绍一下禅道系统管理项目的基本流程。

一｜新建部门和用户

（1）在禅道的首页选择“开源版”，如图 7-1 所示。

（2）进入禅道登录页面，如图 7-2 所示。

■ 图 7-1　禅道首页

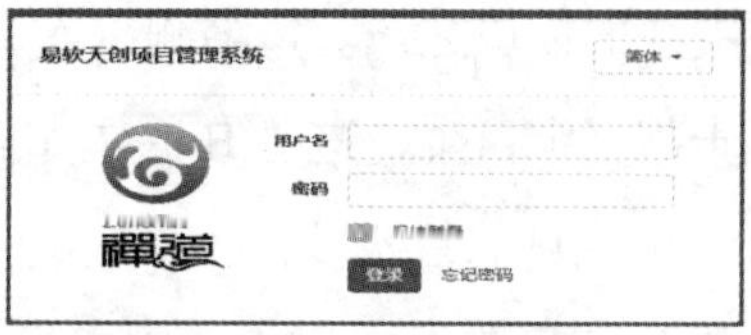

■ 图 7-2　登录页面

（3）使用管理员（admin）账户登录后将出现如图 7-3 所示的页面。

■ 图 7-3　登录成功

（4）进入“组织”→“部门”的链接页面，新建 3 个部门并保存，如图 7-4 所示。

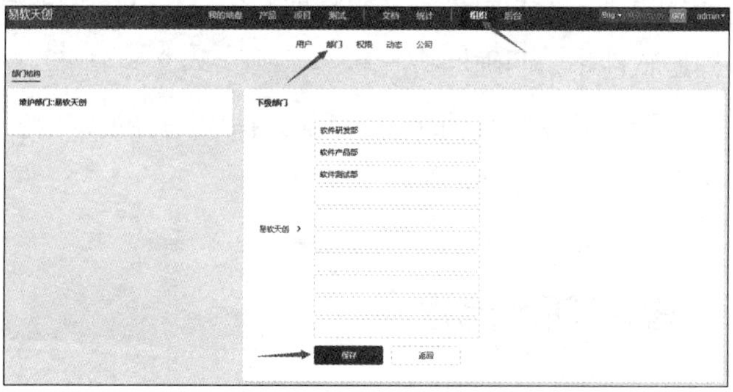

■ 图 7-4　添加 3 个部门

（5）进入“组织”→“用户”→“+ 添加用户”的链接页面，添加“项目经理”账户并保存，如图 7-5、图 7-6 所示（邮箱和源代码账号可为空，其中“你的系统登录密码”为管理员 admin 的密码）。

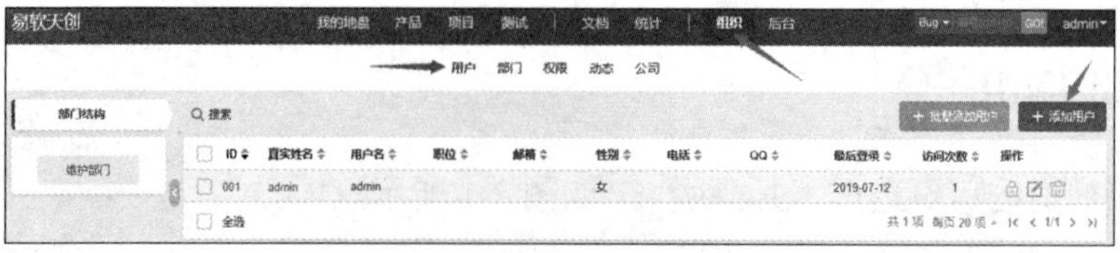

■ 图 7-5　添加用户

（6）添加“产品经理”账户并保存，如图 7-7 所示。

图 7-6　添加“项目经理”

图 7-7　添加“产品经理”

（7）添加“开发人员”账户并保存，如图 7-8 所示。

（8）添加“测试人员”账户并保存，如图 7-9 所示。

图 7-8　添加“开发人员”

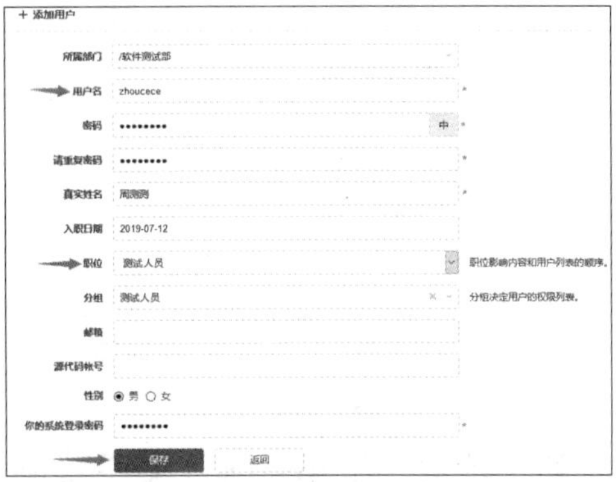

图 7-9　添加“测试人员”

二 | 建立产品和需求

（1）产品经理张产产登录禅道系统，进入“产品”→“+ 添加产品”的链接页面，新建产品并保存，如图 7-10、图 7-11 所示。

（2）产品添加成功后系统自动跳转到需求模块的页面，进入“需求”→“+ 提需求”的链接页面，添加需求并保存，如图 7-12、图 7-13 所示。

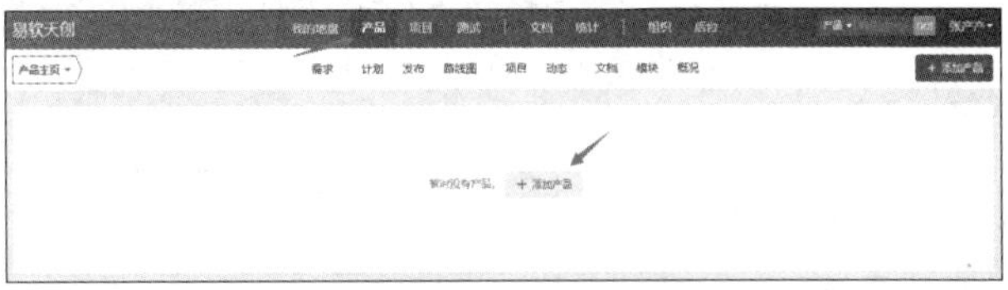

图 7-10　添加产品

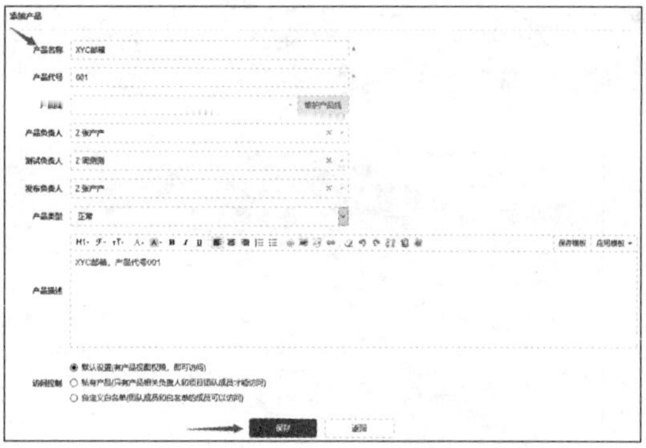

图 7-11　添加“XYC 邮箱”产品

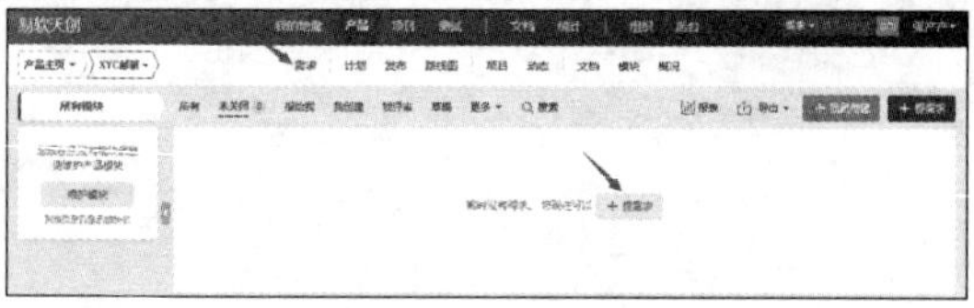

图 7-12　提需求

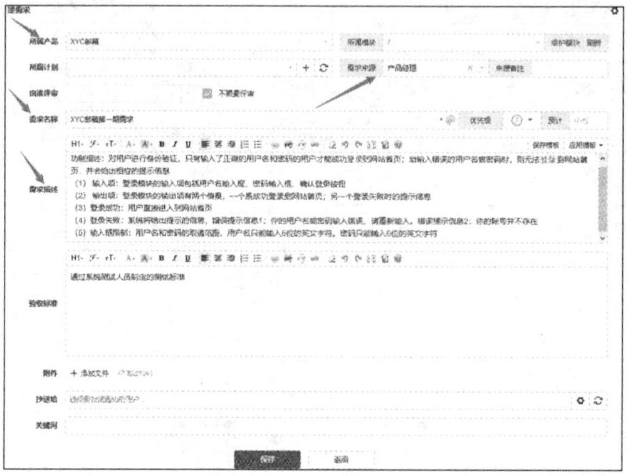

图 7-13　添加“XYC 邮箱”的需求

三｜新建项目、组建团队、关联需求、分配任务

由于产品经理已经在“XYC 邮箱”这个产品下建立了该产品的需求文档，那么项目经理就要着手建立起一个项目并组建团队，关联项目的需求，分配相关的任务。

（1）项目经理王项项登录禅道系统，进入“项目”→“+ 添加项目”的链接页面，新建项目并保存，如图 7-14、图 7-15 所示。

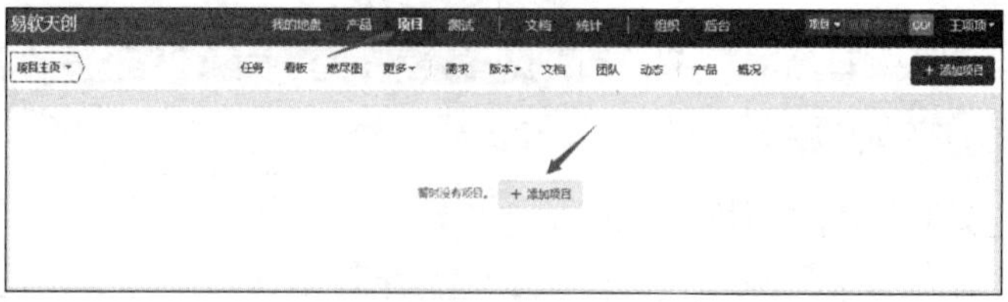

图 7-14　添加项目

（2）当项目添加成功后，系统将自动弹出如图 7-16 所示的提示。

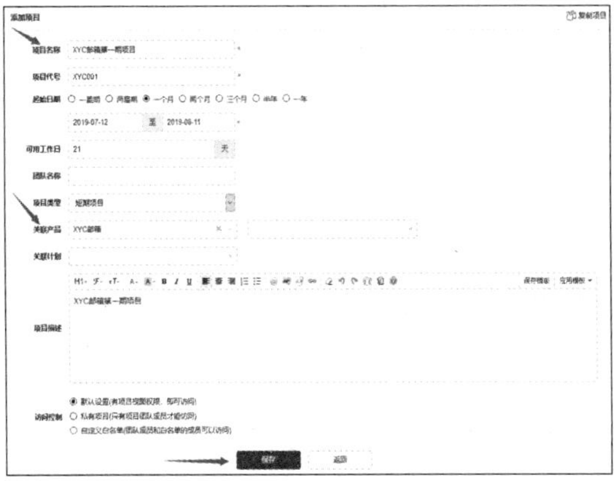

■ 图 7-15 添加“XYC 邮箱第一期项目”

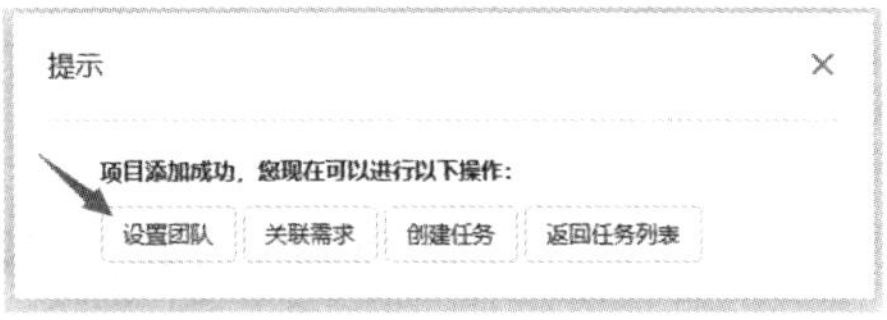

■ 图 7-16 提示

（3）单击图 7-16 中“设置团队”链接进入“团队成员”页面，如图 7-17 所示。

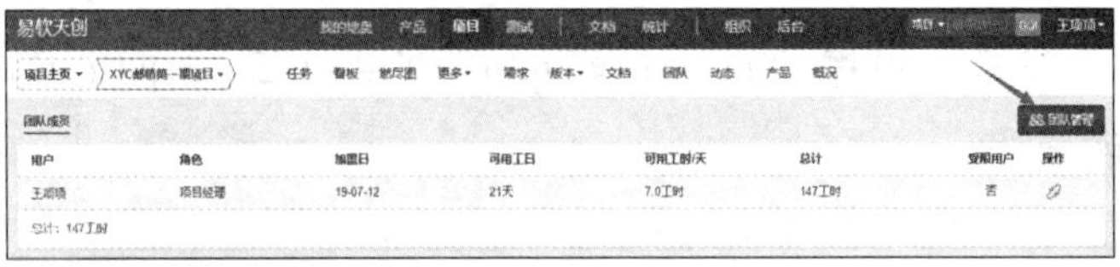

■ 图 7-17 团队成员

（4）单击图 7-17 中“团队管理”链接进入“团队管理”页面，添加团队成员并保存，如图 7-18 所示。

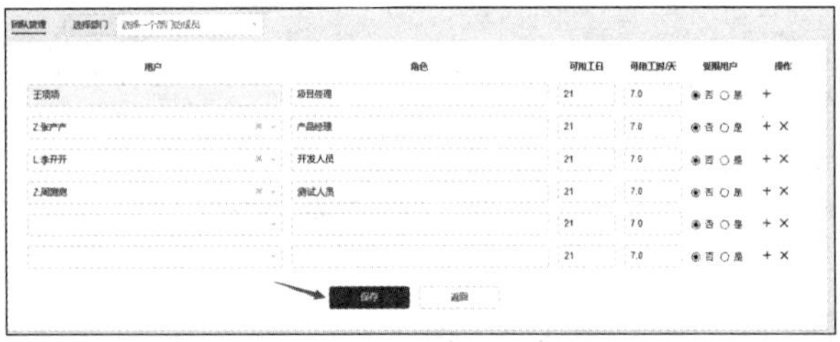

■ 图 7-18 设置团队成员

（5）进入“项目”→“需求”→“关联需求”的链接页面来关联该项目的需求并保存，如图 7-19、图 7-20 所示。

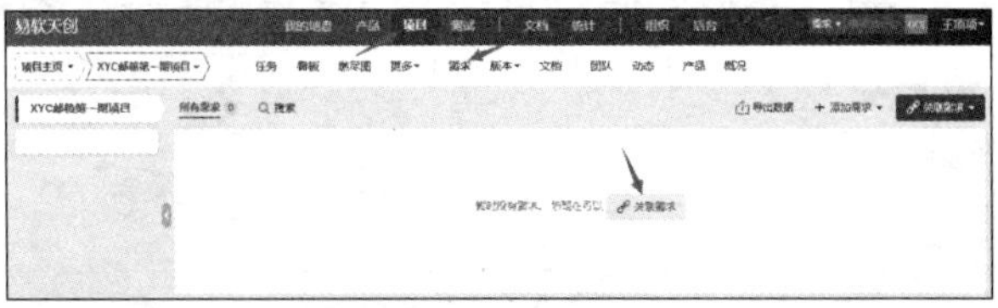

■ 图 7-19 关联需求

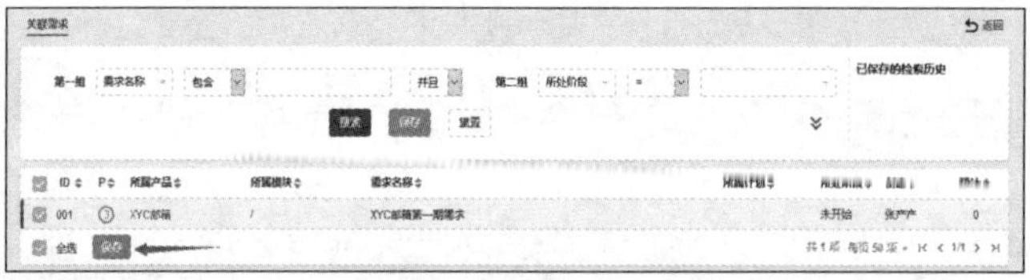

■ 图 7-20　单击保存

（6）单击图 7-20 中“保存”按钮后可以看到 XYC 邮箱第一期项目所关联的需求，如图 7-21 所示。

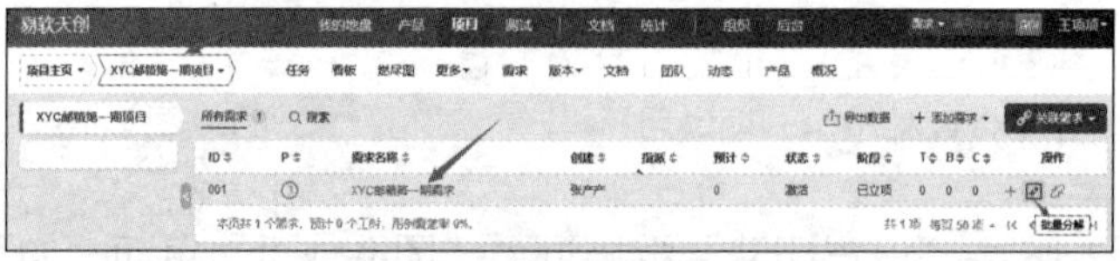

■ 图 7-21　项目关联需求成功

（7）单击图 7-21 中“批量分解”链接进入“批量创建”页面，并进行任务的指派、保存，如图 7-22 所示。

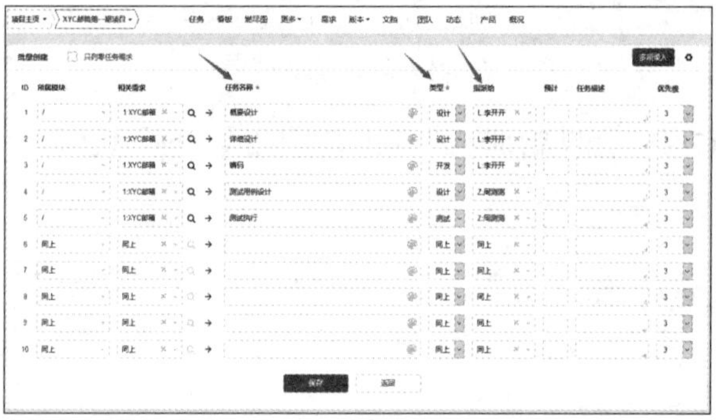

■ 图 7-22　批量创建任务

四｜开发人员领取任务，并提交测试版本

（1）开发人员李开开登录禅道系统，进入“我的地盘”→“任务”的链接页面就可以查看项目经理分配给开发人员李开开的任务，如图 7-23 所示。

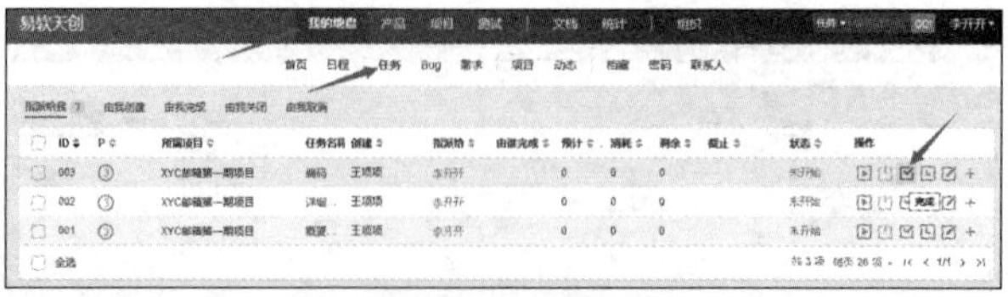

■ 图 7-23　查看任务

（2）当开发人员李开开完成其中一项任务时，可单击图 7-23 右侧的“完成”按钮，

在弹出的对话框中设置消耗的时间并保存，即代表该任务完成，如图 7-24 所示。

（3）当开发人员李开开的三项任务全部完成时，便可提交相应的测试版本，进入“项目”→“版本”的链接页面进行版本的创建，如图 7-25 所示。

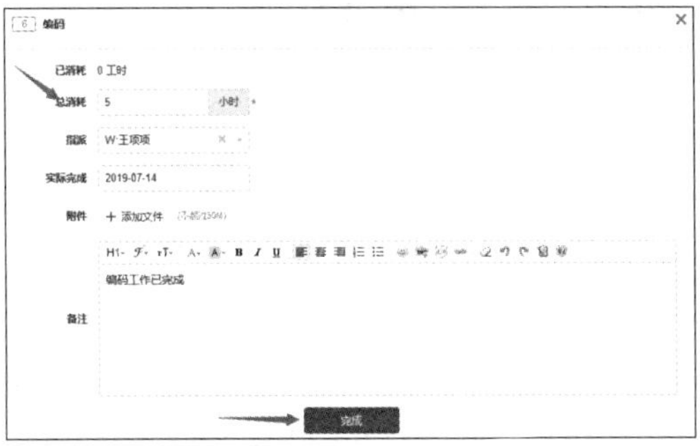

■ 图 7-24　完成任务

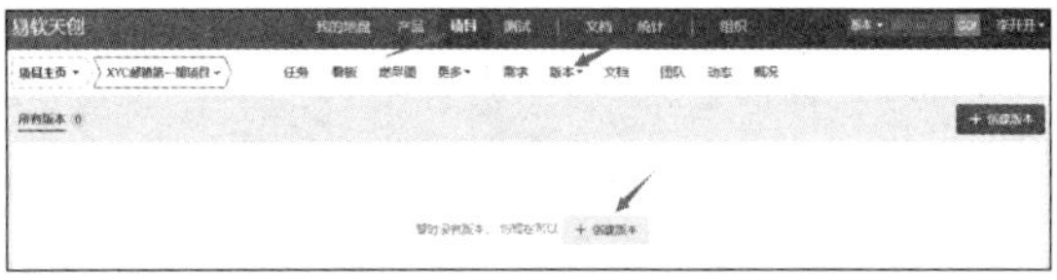

■ 图 7-25　创建版本

（4）单击图 7-25 中的“+ 创建版本”链接进行版本的创建，并保存，如图 7-26 所示（图中源代码地址、下载地址、上传发行包为开发人员提供的软件安装包的位置）。

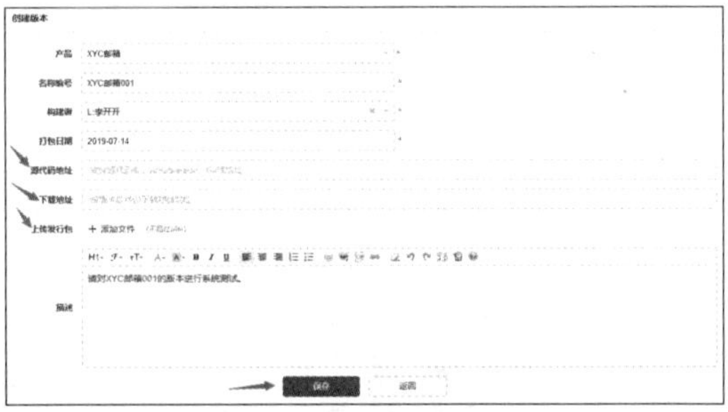

■ 图 7-26　创建测试版本

7.3.3　通过禅道系统来追踪 Bug

在 7.3.2 节中，开发人员已通过禅道系统提交了可测试的版本，接下来就由测试人员来执行测试，并提交 Bug。

（1）测试人员周测测登录禅道系统，进入“项目”→“任务”的链接页面，此时就可以查看项目经理分配给测试人员周测测的任务，如图 7-27 所示。

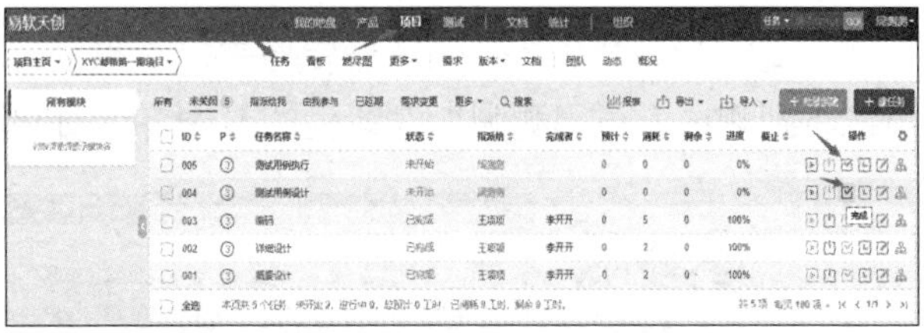

■ 图 7-27　查看任务

（2）假设测试人员周测测已完成测试用例设计与测试用例执行的全部工作，并且在测试中发现了问题，那么测试人员周测测就要通过禅道系统提交 Bug 给开发人员。

（3）测试人员周测测进入“测试”→“Bug”的链接页面，如图 7-28 所示。

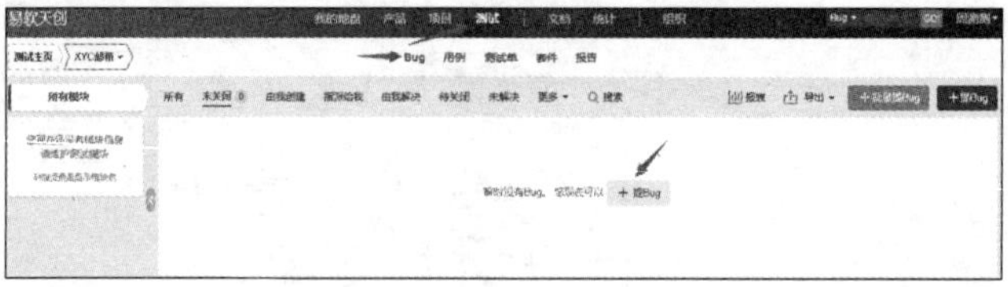

图 7-28 单击“+ 提 Bug”

（4）单击图 7-28 中的“+ 提 Bug”链接进入提交 Bug 的页面，此时可提交 Bug 并进行相应保存，如图 7-29、图 7-30 所示（从图 7-30 中可以看到，此 Bug 的状态为“激活”，此 Bug 指派给了开发人员李开开）。

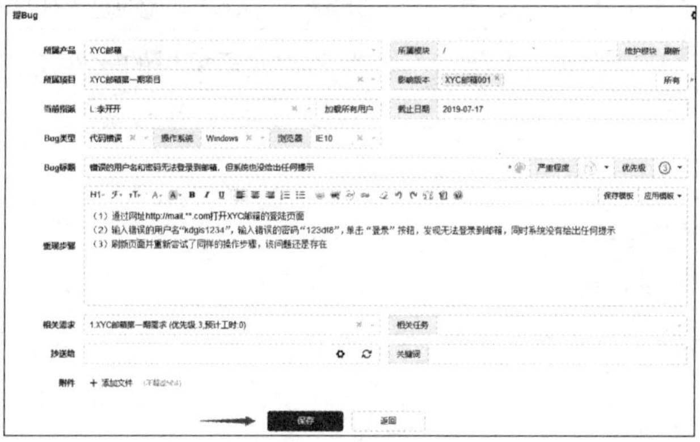

图 7-29 Bug 提交

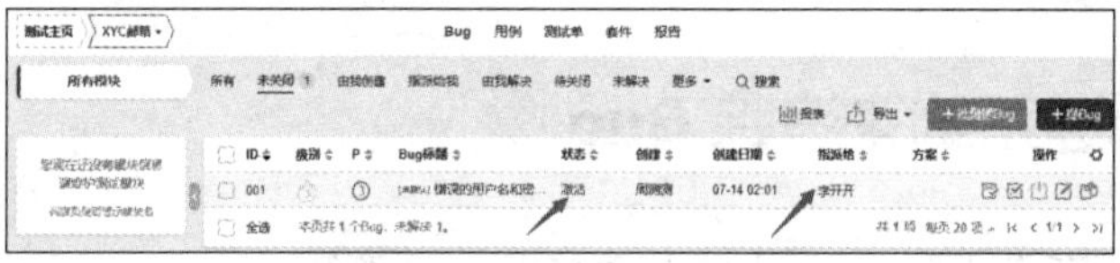

图 7-30 查看 Bug 信息

（5）开发人员李开开登录禅道系统，进入“测试”→“Bug”的链接页面，此时就可以看到测试人员周测测指派给他的 Bug 单，如图 7-31 所示。

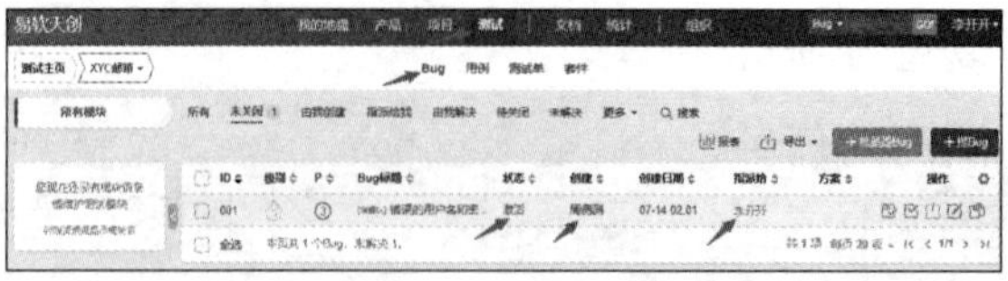

图 7-31 开发人员查看 Bug

（6）开发人员李开开修复好此 Bug 后，就会单击图 7-32 中的“解决”按钮，在弹出的对话框中设置解决时的信息并保存，那么此时 Bug 就已解决完成，如图 7-33 所示。

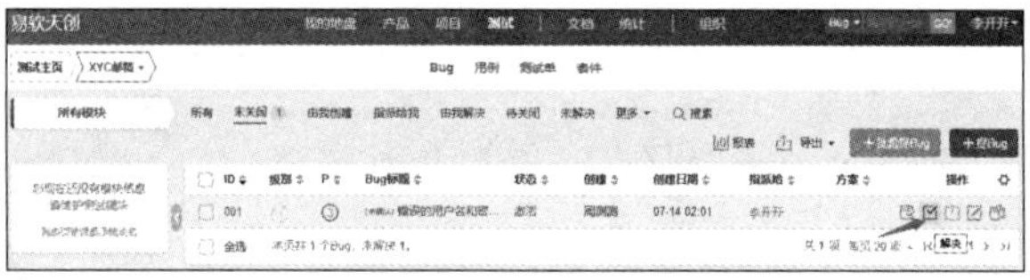

图 7-32　解决问题

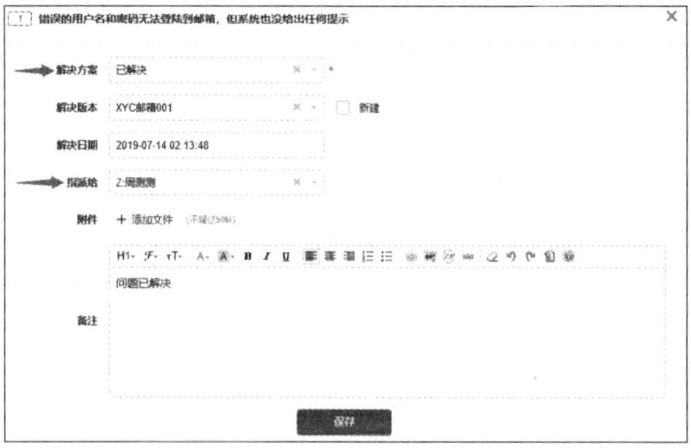

图 7-33　完成解决

（7）测试人员周测测登录禅道系统，并验证所提 Bug 是否被开发人员李开开修复好，如经验证，此 Bug 已被解决，将会单击图 7-34 中的“关闭”按钮，并备注相关信息，如图 7-35 所示。

图 7-34　关闭 Bug

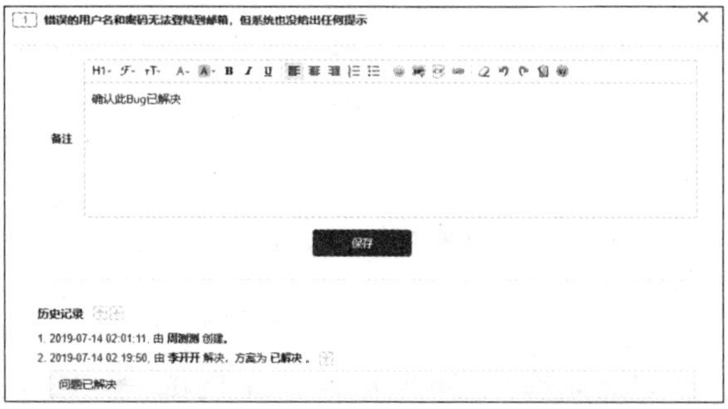

图 7-35　备注信息

（8）当测试人员周测测再次查看此 Bug 时，此 Bug 的状态为“关闭”，如图 7-36 所示。

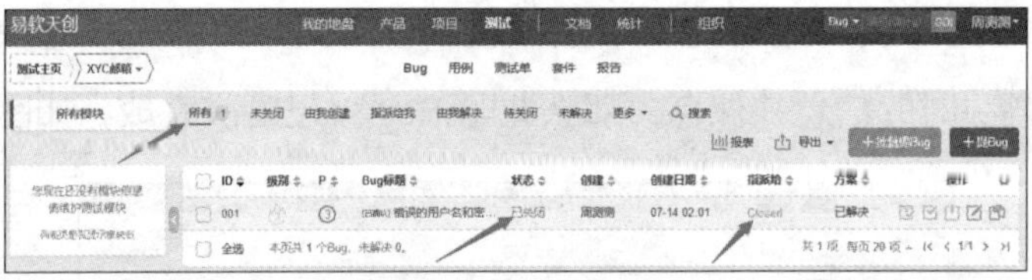

■ 图 7-36　查看 Bug 状态

（9）如果测试人员周测测在验证此 Bug 时发现此 Bug 并没有被解决，就会再次编辑此 Bug，并将 Bug 的状态设置为“激活”，重新指派给开发人员李开开。至此，Bug 的基本处理流程已完成。

有关禅道系统的试用，大家在百度上直接搜索“禅道”便可找到禅道系统试用的入口。初级软件测试人员入职后，不管测试组使用的是哪一款 Bug 管理工具，只要清楚 Bug 管理工具处理 Bug 的基本思想即可，至于工具本身的使用，相信对大家来说都不是难事。

7.4　对 Bug 存有争议时的处理

测试人员和开发人员因 Bug 存有争议的事情常有发生，例如开发人员认为这不算是一个 Bug，或认为这个 Bug 不重要，不需要修改，而测试人员认为这是一个很严重的 Bug，需要开发人员修改，或因其他原因起了争议等。如果出现这些情况，测试人员应如何处理呢？本书给出以下建议。

（1）任何争议都需要“对事不对人”，不能因为 Bug 而激化了双方的矛盾。

（2）有很多初级软件测试人员提交的 Bug 单流转到开发人员那里后，开发人员看不懂。原因在于测试人员提交的 Bug 单没有描述清楚，这是一个非常常见的现象。测试人员提交的 Bug 单一定要描述清楚，并需要有充足的依据和理由。

（3）如果 Bug 单写清楚了，但开发人员还是不愿意修改的话，可以找一个合适的时间，心平气和地与开发人员沟通，说明此 Bug 对产品质量可能产生的不良影响，测试人员在沟通过程中不能意气用事。

（4）经沟通后，如果开发人员还是不愿意修改（当然开发人员不修改也有他们的原因），那么此时可以向测试经理汇报这一情况，由测试经理出面解决，或是由测试经理召开 Bug 评审大会（开发人员、测试人员、产品经理三方人员参与，有时也包括项目经理），共同定夺。

（5）有些初级软件测试人员把 Bug 提交给开发人员后，经过开发人员的各种解释，可能会由于自己对业务逻辑不够熟悉，而误将实际存在的 Bug 视为非 Bug，从而忽略这个问题，这也是经常发生在初级软件测试人员身上的事情。这就要求测试人员在提交 Bug 的过程中具有原则性，必要时多沟通并向有经验的同事请教，结合开发人员意见，综合考虑后再确定解决方案。

（6）测试人员应和开发人员面对面或通过电子邮件、电话等方式保持密切沟通，协商和处理 Bug，以增加测试人员与开发人员之间的信任和了解。直接沟通也应贯穿到产品开发、测试的每个环节中。

7.5 回归测试的策略

当测试人员通过 Bug 管理工具把发现的 Bug 全部提交给开发人员后，开发人员就会对这些 Bug 展开修复工作，待开发人员把 Bug 修复好之后，测试人员就要进行回归测试。回归测试是什么意思呢？简单来说，开发人员把 Bug 修复好之后，测试人员需要重新验证 Bug 是否修复好了，同时在新版本中进行测试，以检测开发人员在修复代码过程中是否引入新的 Bug，此过程就称为回归测试。那测试人员在做回归测试时有什么策略呢？本节将对回归测试的基本流程和回归测试的策略进行说明。

7.5.1 回归测试的基本流程

假如 XYC 邮箱的测试工作已完成，Bug 已全部修复，并已达到上线标准。接下来就以 XYC 邮箱为例来回顾一下 XYC 邮箱回归测试的基本流程，如图 7-37 所示。

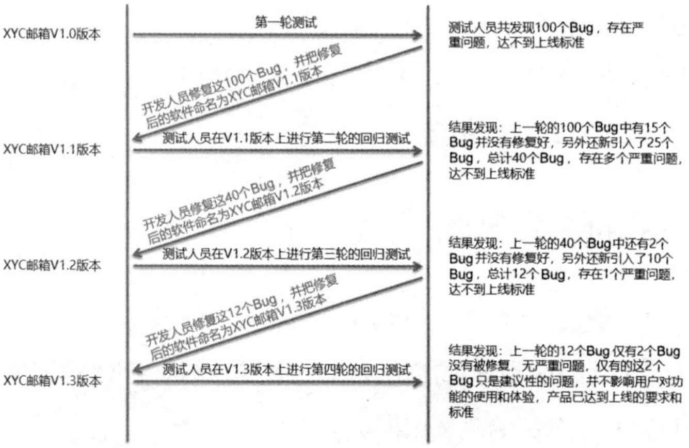

图 7-37 回归测试流程

下面对以上流程图进行简要说明。

（1）开发人员把最初开发出来的 XYC 邮箱命名为 XYC 邮箱 V1.0 版本。测试人员就会针对 XYC 邮箱 V1.0 版本进行第一轮测试。第一轮测试执行完成后，测试人员一共发现了 100 个 Bug，其中存在多个严重问题，XYC 邮箱无法达到上线标准。

（2）开发人员随后对 XYC 邮箱 V1.0 版本的这 100 个 Bug 进行修复。Bug 修复完成后，就把修复后的软件命名为 XYC 邮箱 V1.1 版本，以区别于 V1.0 版本。接着测试人员就会在 V1.1 版本上进行第二轮的回归测试，以验证开发人员是否修复了这 100 个 Bug。结果发现，100 个 Bug 中有 15 个 Bug 并没有修复好，另外还新引入了 25 个 Bug，相当于 XYC 邮箱 V1.1 版本还存在 40 个 Bug，且存在多个严重问题，故达不到上线标准。

（3）开发人员随后对 XYC 邮箱 V1.1 版本的这 40 个 Bug 进行修复，Bug 修复完成后，就把修复后的软件命名为 XYC 邮箱 V1.2 版本，以区别于 V1.1 版本。接着测试人员就会在 V1.2 的版本上进行第三轮的回归测试，以验证开发人员是否修复了这 40 个 Bug。结果发现，40 个 Bug 中有 2 个 Bug 并没有修复好，另外还新引入了 10 个 Bug，相当于 XYC 邮箱 V1.2 版本存在 12 个 Bug，且存在 1 个严重问题，故达不到上线标准。

（4）开发人员随后对 XYC 邮箱 V1.2 版本的这 12 个 Bug 进行修复，Bug 修复完成后，就把修复后的软件命名为 XYC 邮箱 V1.3 版本，以区别于 V1.2 版本。接着测试人员就会在 V1.3 的版本上进行第四轮的回归测试，以验证开发人员是否修复了这 12 个 Bug。结果发现，仅有 2 个 Bug 存在，且这 2 个 Bug 都是建议性的问题，并不影响用户对功能的使用和体验，达到上线标准，此时 XYC 邮箱 V1.3 版本就可以上线让用户使用了。

以上展示的就是一个回归测试的基本流程，从中可以看到：

（1）即使上一轮的 Bug 被修复了，在下一轮的测试中还可能发现新的 Bug，并不是说上一轮的 Bug 修复好了就不会再出现其他问题了。

（2）软件测试并不是测试一轮就完成了，一般情况下，一个软件产品可能需要经过多轮反复测试和验证才能达到上线标准。

7.5.2 回归测试的基本策略

回归测试的策略一般由测试经理或测试组长制订，初级软件测试人员只要按照相应的策略执行测试即可。现以 XYC 邮箱的测试为例，简要介绍一下回归测试的基本策略。

（1）回归测试时执行全部的测试用例。

XYC 邮箱 V1.0 版本的第一轮测试中发现 100 个 Bug，那么在第二轮的回归测试中，除了测试这 100 个 Bug 之外，其他所有功能点的测试用例需要重新再执行一遍，这样做的原因在于，回归测试的 V1.1 版本是在修改了 V1.0 版本存在的 100 个 Bug 的基础上建立起来的。修复大量的 Bug，就意味着要改动大量的代码，当多处代码被改动后谁也不能保证其他功能点不受影响，所以对所有的功能点进行测试是比较保险的，也是比较周密的，不会遗漏任何测试点。使用此策略的时间周期和人力成本也是比较高的，一般情况下，在第一轮测试发现的 Bug 数量过多的情况下，第二轮回归测试应该执行全部的测试用例。

（2）选择重要的功能点、常用的功能点、与 Bug 相关联的功能点进行回归测试。

XYC 邮箱的第二轮回归测试中又发现了 40 个 Bug，那么在第三轮的回归测试过程中，除了要测试这 40 个 Bug，还应当把重要的功能点、常用的功能点、与 Bug 相关联的功能点的测试用例再执行一遍，其他次要的测试用例可在时间充足的情况下选择性执行。

（3）选择性执行关键功能点的测试用例。

XYC 邮箱的第三轮回归测试中又发现了 12 个 Bug，那么在第四轮的回归测试过程中，除了测试这 12 个 Bug，还可以选择性地执行一些关键功能点的测试用例，其他测试用例可在时间充足的情况下选择性执行。

（4）仅测试出现 Bug 的功能点。

如果测试组认为软件的功能点已经十分稳定了，回归测试的时候可选择仅测试出现 Bug 的功能点。

每个策略都有其适应的场景，不能一概而论，应当以 Bug 的数量和严重程度为导向，深入分析，然后得出适合本项目的回归测试策略。

回归测试是在系统测试人员完成了需求评审、测试计划、用例设计、环境搭建、Bug 提交等关键性的测试工作之后所要开展的工作，可以说此时的测试人员已经完全融入测试体系中，也完全可以胜任相应的测试工作了。至于回归测试的策略，初级软件测试人员可先学习测试经理制订的策略，再在执行回归测试策略过程中进一步提升自己的测试经验。

7.6 本章小结

7.6.1 学习提醒

（1）本章介绍 Bug 所包括的基本信息、测试管理工具的基本使用流程、Bug 的提交与转发、回归测试等内容，目的是让初级软件测试人员尽快融入测试的流程中。

（2）发现 Bug 并提交 Bug 是初级软件测试人员最主要的任务之一。而测试管理工具（本书以禅道为例）是测试人员最为重要的工具之一，测试人员发现的所有 Bug 都要在禅道系统上详细描述，然后提交给开发人员，开发人员需要从禅道系统上获取 Bug 信息，然后进行修改，可以说 Bug 是测试人员和开发人员的交互中心。

（3）初级软件测试人员入职后，应尽快地熟悉测试管理工具、Bug 的处理流程、测试组沟通协作方式等细节问题，以便让自己更快地进入工作状态。

7.6.2 求职指导

一｜本章面试常见问题

问题 1：一个完整的 Bug 包括哪些内容？

参考回答：请参考 7.2.1 节。

问题 2：一个 Bug 包括哪些常用状态？

参考回答：请参考 7.2.1 节。

问题 3：Bug 的处理流程是怎样的？

参考回答：请参考 7.3.3 节。

问题 4：如何提交一个高质量的 Bug？

参考回答：我个人觉得提交一个高质量的 Bug，以下几点很重要。

第一点是 Bug 的摘要，通过 Bug 摘要可以让项目组其他成员知道这个 Bug 单描述的是什么问题；第二点是 Bug 的具体描述，也就是 Bug 重现的步骤，Bug 记录的细节越详细越好，包括出错前后所执行的操作步骤、所涉及的具体数据等；第三点是附上相应的截图和日志，特别是截图，清晰和正确的截图能为此 Bug 提供有力的说明和证据；第四点是所测软件的版本号及测试的环境，不同的版本、不同的环境都可能造成不同的测试结果。当然 Bug 的其他信息点都应当正确描述。

问题 5：如果你发现的这个 Bug 的操作步骤在测试用例中没有提到，你怎么处理？

参考回答：这就需要把发现的这个 Bug 的操作步骤补充到测试用例中，以便下一次测试时能注意到这个问题。

问题 6：如果你和开发人员对 Bug 发生了争议，你怎么处理？

参考回答：请参考 7.4 节。

问题 7：如果你发现了一个 Bug，但之后再也无法重现，你怎么办？

参考回答：遇到这类问题，我首先会截图，并搜集日志，以保留好测试现场。没有重现，可能是因为没有触发引起此 Bug 发生的某个点，所以作为测试人员，我会想方设法尽可能地让这个 Bug 重现。如果实在无法重现，我还是会提交此 Bug 给开发人员，如果有截图和日志，也将一并附上。如果开发人员要求重现，那我就会在后期继续观察，如果最终还是无法重现，则会把此问题反映给测试经理，由测试经理同开发人员进行评审并商量解决的方法。虽然现在没有重现，但是不能保证 Bug 在用户那里不会出现。

问题 8：如果开发人员不修改你发现的 Bug，给出的原因是修改的成本比较高，这个 Bug 只是影响用户体验而已，你怎么办?

参考回答：首先，我觉得凡是影响用户体验的问题都是大问题，如果用户体验没有做好，我觉得这就不是一款好的产品。其次，如果每个问题都因修改成本高而不去修改的话，是无法持续提升产品质量的，我觉得只要是问题，无论大小，测试人员都应当要求开发人员去修改。这是对产品负责，也是对用户负责。

问题 9：你所了解的测试管理工具有哪些，你用的是什么?

参考回答：我所了解的测试管理工具有 TD、QC、禅道、Mantis、JIRA 等。我之前的项目组所使用的测试管理工具是禅道。

问题 10：一个软件版本，你们一般要测试多长时间?

参考回答：一般情况下，一个软件版本要测试三到五轮，每一轮的测试时间也不能一概而论，受很多因素的影响，例如会受需求规模、测试人员、测试技术、软件质量等各方面因素的影响，具体要视实际情况而定。

问题 11：能讲一下回归测试的基本策略吗?

参考回答：请参考 7.5.2 节。

二 | 面试技巧

初级软件测试人员在面试过程中千万不要面试官问一句，就答一句。面试的时候要积极主动地与面试官交流你对此问题的看法，如果面试官问到了你熟悉的问题，此时更要抓住机会主动深入展开对该问题的回答，如果熟悉的领域你不深入展开，不熟悉的领域你又不知道，你觉得面试会通过吗?

如果面试过程中由于紧张，本来能回答的内容一下子全忘了，此时可以跟面试官说："不好意思，有点紧张，我可以重新说一次吗？" 或者说："不好意思，有点紧张，能不能待会儿再回答你这个问题？" 这些都是可以的。

第8章 软件测试报告

回归测试工作完成后，就代表产品即将上线，此时每个测试人员都需要针对自己所测试的模块出具一份测试报告，以此来总结测试结果。可以说测试报告是测试人员在测试阶段的最后一份输出文档。那么初级软件测试人员应如何撰写测试报告呢？本章将对此进行简要介绍。

8.1 软件测试报告的定义

如何理解软件测试报告呢？其实很简单，测试报告是一份描述软件的测试过程、测试环境、测试范围、测试结果的文档，用来分析总结系统存在的风险以及测试结论。接下来，本节简单描述一下这些内容的含义。

（1）测试过程：测试过程需要对测试人员、测试时间、测试地点、测试版本等信息进行描述。其他测试过程中发生的关键信息均可在这里进行描述。

（2）测试环境：测试环境指的是软件环境和硬件环境（主要描述前台环境，此环境同测试计划中的环境），其他相关联的辅助环境均可在这里进行描述。

（3）测试范围：测试范围指的是具体所测模块及分布在该模块上的所有功能点。与之有关联的信息也可在这里进行描述。

（4）测试结果：测试结果主要指测试用例执行情况的汇总、执行结果通过率、Bug的汇总、Bug 的分布情况等。其他有关联的测试结果均可在这里进行描述。

（5）系统存在的风险：系统存在的风险主要指的是系统中遗留的 Bug 会对软件造成什么风险。其他风险信息均可以在这里进行描述。

（6）测试结论：测试结论指在报告的最后给出一个能否上线（通过）的结论。

（7）附件清单：附件清单主要指测试用例的清单和 Bug 清单，这些清单也需要一并放在测试报告中。

8.2 软件测试报告模板

通过 8.1 节，我们了解到编写测试报告需要考虑的内容，那么测试报告中的这些内容将如何在一份测试报告文档中体现出来呢？本节将对通用的软件测试报告模板进行介绍，从而让读者了解如何编写测试报告文档。

以下是一份写信模块的测试报告模板。

一｜编写目的

测试报告中需要描述编写目的。在测试报告中，可以用下面这句话来体现编写目的。

本次测试报告为公司开发的 XYC 邮箱写信模块的系统测试报告，目的在于总结测试阶段的测试情况以及分析测试结果，并检测系统是否符合需求文档中规定的功能指标。

二｜模块功能描述

测试报告中需要对测试模块的功能进行整体性描述，如下文。

用户通过指定收件人地址、主题、附件、正文，添加抄送人地址和密送地址等方式来达到发送邮件的目的，并且测试系统同时支持实时发送、定时发送、存草稿、预览、新窗口写信等功能。

三｜测试过程

模板中采用了表格的形式，将测试过程中的测试时间、测试地点、测试人员、测试版本具体展现出来，见表 8-1。

表 8-1 测试过程模板

测试时间	测试地点	测试人员	测试版本
2018 年 3 月 1 日—28 日	×× 研发部	王五	XYC 邮箱 V1.0 XYC 邮箱 V1.1 XYC 邮箱 V1.2 XYC 邮箱 V1.3

四 | 测试环境

表 8-2 和表 8-3 分别为测试报告中描述系统测试软件环境和硬件环境的模板。

表 8-2 测试环境模板（软件环境）

终端类别	操作系统	应用软件
PC	Windows 10	Windows 10，IE11

表 8-3 测试环境模板（硬件环境）

终端类别	机器名称	硬件配置
PC	联想商务机	CPU：酷睿 i5，内存：三星 8GB，硬盘：三星 500GB

五 | 功能点测试范围

表 8-4 是本例中邮箱写信模块测试报告中功能点测试范围的模板。

表 8-4 测试范围模板

一级模块	二级模块	主要功能点	是否通过
写信	实时发送	单击“发送”按钮后邮件发送成功	通过
	定时发送	可以设置邮件发送时间，邮件在指定时间发送成功	通过
	存草稿	邮件发送前可以执行存草稿操作	通过
	预览	可以预览邮件	通过
	新窗口写信	可以正常打开写信窗口，并能在新开的写信窗口输入收件人地址、主题、附件、正文，添加抄送和密送等信息	通过

六 | 测试执行结果

测试报告中需要对测试执行过程中得到的 Bug 汇总情况及分布情况进行说明，通常会用一段文字概述，如“本次测试邮箱写信模块一共发现 22 个 Bug，这 22 个 Bug 已被开发人员全部修复，现已处于关闭状态”，并附上分布表。Bug 汇总及 Bug 分布情况见表 8-5、表 8-6。

表 8-5 Bug 汇总

	致命	严重	一般	轻微	建议	总数
总数	0	2	10	6	4	22
已关闭数	0	2	10	6	4	22
遗留 Bug 数	0	0	0	0	0	0

表 8-6 Bug 分布

一级模块	二级模块	Bug 数量	其他说明
写信	实时发送	5 个	无
	定时发送	5 个	无
	存草稿	8 个	无
	预览	4 个	无

七 | 风险评估

测试报告中需要根据测试结果评估本次测试存在的风险以及应对策略，表 8-7 为本例模板中的风险分析。

表 8-7 风险评估

风险	应对策略
本次测试的版本中，并没有对上传的附件进行病毒扫描	建议后期的版本中加入病毒扫描功能

八 | 测试结论

测试报告中需要对本次测试进行总结，给出测试结论，如下文。

本次测试的主要功能是 XYC 邮箱的写信模块，本次测试覆盖了写信模块的所有测试用例，功能都已实现，符合需求文档的要求，测试通过，具备上线的条件。

九 | 附件

测试报告中可以附上测试过程中所产出的各类输出文档，如本例中的写信模块的测试用例、写信模块的 Bug 清单。

本报告模板十分简单，并没有引入太多细节性的内容和复杂条件，目的是便于理解。在实际工作中，每个公司都有相应的报告模板，模板格式和内容也不同，只要按照要求去填写测试过程和测试结果即可。随着测试工作的不断深入，初级软件测试人员便慢慢可以在报告中体现出更多更细的内容。

8.3 本章小结

8.3.1 学习提醒

测试报告是项目测试完成后的一个总结性文档，大家需要注意的是，通常整个系统的测试报告由测试经理整理完成，测试人员本身只负责自己所测模块的测试报告。在整个测试流程中，初级软件测试人员并不用过多担心测试报告怎么编写，而应该把自身领域的两件关键事情做好，一件是测试用例的设计工作，另一件是测试用例的执行工作（包含执行测试用例以及提交测试过程中发现的 Bug）。测试工作做好了，测试报告的编写便是水到渠成的事情了。

8.3.2 求职指导

一 | 本章面试常见问题

问题 1：你写过测试报告吗？

*参考回答：*写过，不过我们写的都是我们自己所负责模块的测试报告，整个系统的测试报告由测试经理整理完成。

问题 2：一份测试报告都包括哪些内容？

*参考回答：*请参见 8.1 节。

问题 3：软件测试工作结束的标准是什么？

*分析：*软件测试工作的结束并没有一个固定的标准，都是相对的，对于初级软件测试人员而言，可以从大家熟悉的话题进行阐述。

参考回答：我觉得软件测试结束的标准有以下几个。

第一，我们已按照测试计划中的安排完成了所有的测试工作。

第二，测试用例已全部执行完成，并且执行通过率达到标准。

第三，每个测试人员手上的 Bug 都处于关闭状态。

第四，回归测试全部执行完毕，没有发现会影响产品上线的 Bug，软件产品达到了上线标准。

第五，每个测试人员所负责的测试报告已完成，并提交给了测试经理。

如果上面的工作都已完成，我觉得测试工作就基本结束了。

问题 4：软件的测试流程是怎么样的?

参考回答：一般情况下，一个完整的测试流程包括需求评审、测试计划制订、测试用例设计、用例评审、环境搭建、测试执行（提交 Bug、回归测试）、撰写测试报告等。

问题 5：软件测试是在什么阶段介入的?

参考回答：一般情况下，对于功能测试人员，我们是在进行系统测试的时候介入的。

问题 6：你如何理解测试这一份工作?

参考回答：首先，我觉得软件测试的主要任务是发现软件中的 Bug，所以软件测试对于软件的质量有明显的提高作用。其次，测试人员测试的对象是开发人员开发出来的软件产品，所以对于开发工作能起到一定监督和推动作用。最后，我觉得软件测试能缩短软件开发周期，加速软件发布进程。

问题 7：如果我们录取了你，你将如何更快地进入工作状态?

参考回答：首先，我会熟悉项目组成员情况，包括开发人员、测试人员、产品人员。其次，我会从熟悉需求文档开始，依次熟悉测试组的测试用例、Bug 管理工具以及 Bug 库里已提交的 Bug。最后，我会向测试组的老同事或我的导师请教测试组的基本工作流程等细节问题，并结合测试经理分配的任务熟悉整个测试流程和工作要点。

问题 8：软件测试能否发现所有的 Bug？

参考回答：我觉得软件测试受测试时间、测试人员数量、测试人员技术等方面的因素影响，是没有办法发现所有 Bug 的。有些 Bug 需要在特殊环境下或是长期使用软件的情况下才能被发现。一般情况下，软件交付给用户使用后，都不应该有影响用户使用和体验的 Bug 出现。万一在用户使用的过程中发现了 Bug，那应该迅速打补丁或是升级软件。

问题 9：软件测试应遵循什么原则?

参考回答：我觉得软件测试应遵循 80/20 原则，即容易出现问题的模块或是问题较多的模块要重点测试。

二｜面试技巧

以本节问题 2 为例。

问题： 一份测试报告都包括哪些内容？

参考回答： 测试报告包括的内容有软件的测试环境、测试依据等。测试环境指的是软件环境、硬件环境以及其他相关联的辅助环境。测试依据指的是测试用例和需求文档以及相关联的文档等。

请注意，回答问题的时候不要只顾着回答“大标题”，每个“大标题”中包括的主要内容也要进行回答和分析，因为它代表了你做事情的深入程度，也代表了你对此问题的熟悉程度，回答问题越细致，在面试官那里越容易加分。

第9章 Linux 命令行与被测系统搭建

对 Web 系统而言，前台的大部分服务和请求都是由后台（服务端）处理的。Web 系统功能的实现主要是依赖后台，初级软件测试人员有必要了解一下后台，这就需要从了解后台的操作系统开始，因为后台的各种组件、服务等都是安装在操作系统上的。后台的操作系统主要有两大类，一类是 Windows 系列的操作系统，另一类是 Linux 操作系统。Linux 因其安全、高效、开源、免费等特点，被广泛地应用于后台服务器。根据作者经验，将近 90% 的企业在招聘软件测试人员时都要求应聘者了解 Linux 操作系统的相关知识，而近年来云计算的发展更是增加了企业对 Linux 人才的需求。由此可见，测试人员掌握 Linux 操作系统非常有必要。

本章将阐述测试人员在日常工作中所需熟练掌握的 Linux 命令，并以此为基础，系统地指导如何搭建一套完备的被测系统，确保测试工作的高效进行。

扫码看视频：Linux 命令行与被测系统搭建

9.1 Linux 的安装过程

首先，为了学习 Linux 操作系统，选择一个合适的版本进行安装是至关重要的。在众多 Linux 发行版中，Ubuntu、RedHat、CentOS 和 Fedora 等都是常见的选择。本书将以 CentOS 为例，介绍其安装过程，因为 CentOS 不仅免费，而且在后台服务器领域得到了广泛应用。作者下载的是 CentOS 7.9 版本，但读者也可以选择 7.0 以上的任意版本进行安装。请注意，下载的文件应为镜像文件（以 .iso 为后缀），并确保选择 64 位操作系统以匹配大多数现代计算机的架构。

由于作者的物理计算机已经安装了 Windows 10 操作系统，若要在同一台机器上再安装 Linux，虚拟化软件将是不可或缺的工具。虚拟化软件能够模拟多台计算机的环境，让用户在同一台物理机上运行多个操作系统。VMware Workstation 是一款备受推崇的虚拟化软件，它功能强大且易于使用。例如，当软件测试人员需要在 Windows 10 和 Linux 上分别测试软件时，他们可以通过 VMware Workstation 创建一台虚拟机，并在其中安装 Linux 操作系统。这样，原计算机上的 Windows 10 操作系统不会受到任何影响，两个操作系统可以同时独立运行。

安装完 Linux 操作系统后，为了方便远程管理和操作，测试人员通常需要使用远程连接工具。在这方面，推荐使用 Xshell。Xshell 是一款高效的终端模拟器，能够轻松连接到远程 Linux 服务器并执行各种命令。通过 Xshell，测试人员可以像在本地计算机上一样便捷地操作 Linux 系统，从而提升软件测试工作的效率。

为了帮助读者顺利完成 Linux 系统的安装和配置，本章视频包含 Linux、虚拟化软件以及 Xshell 软件下载和安装的教程。

9.2 Linux 入门命令行

Windows 操作系统以其直观的图形界面而著称，使用户可以轻松地通过单击和拖曳等操作来完成任务。相对地，CentOS 操作系统则是一个基于命令行的操作系统，用户主要通过输入命令来与系统进行交互，完成各种操作。

对于刚开始接触 Linux 的初学者来说，命令行可能会显得有些陌生和复杂。不过，一旦掌握了常用的基本命令，就会发现它们其实非常强大且高效。在本节中，将介绍一些对于初学者来说至关重要的入门命令，这些命令构成了 Linux 系统操作的基础。

这里所列出的命令并非全部，但它们是初学者需要优先掌握的，例如 cd（切换目录）、pwd（显示当前工作目录）、ls（列出目录内容）、cp（复制文件或目录）、rm（删除文件或目录）、echo（显示消息或输出文本）、cat（查看文件内容）、grep（文本搜索）、tail（查看文件末尾内容）、find（查找文件）。

特别需要注意的是，cd、ls 和 pwd 这 3 个命令在日常操作中使用频率极高。掌握这些命令，将大大提升你在 Linux 环境下的工作效率。

在接下来的内容中，将对这些命令逐一进行详细介绍，帮助初学者快速上手并运用它们。

9.2.1 cd 命令的使用场景

为了理解 cd 命令，首先需要了解 Linux 操作系统的目录结构。在这里通过对比 Windows 目录结构的方式帮助大家了解 Linux 操作系统的目录结构，如图 9-1 所示。

与 Windows 不同，Linux 中的所有目录和文件都位于“/”下，这个“/”相当于 Windows 中的盘符（例如 D 盘）。在 Linux 中，这个“/”被称为根目录，并且系统中只有一个这样的根目录。在根目录下，你会找到如 root、home、bin 等子目录。这些子目录可以类比为 Windows 中 D 盘下的 123、abc、xyz 等文件夹。简单来说，Linux 中的“目录”与 Windows 中的“文件夹”概念相同，且目录中还可以包含其他目录。特别值得注意的是，根目录下的 root 目录，它与超级管理员的用户名相同（在安装 Linux 操作系统的过程中，系统会自动创建一个名叫 root 的用户，这个用户拥有最高权限，称为 Linux 的超级管理员）。root 目录是 Linux 系统为超级管理员 root 用户自动分配的一个专用目录，也被称为 root 用户的家目录。在这个目录里，超级管理员 root 可以自由地创建、存储和管理各种文件和目录。

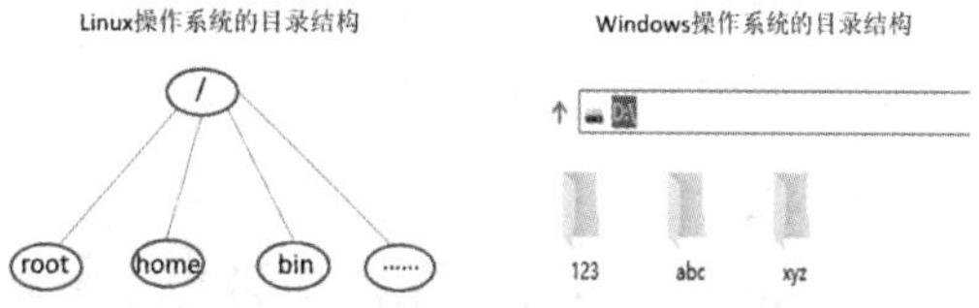

图 9-1　两种操作系统的目录对比

一 | cd 命令

在 Windows 操作系统中，通常通过双击图标来访问不同的磁盘或目录。但在 Linux 操作系统里，这一切都是通过命令行来实现的。特别是当我们想要进入系统的根目录“/”时，只需在命令行界面输入“cd /”命令并按下“Enter”键。这里需要注意的是，cd 命令和根目录“/”之间需要有一个空格。具体命令如下所示。

```
[root@localhost ~]# cd /
[root@localhost /]#
```

【命令分析】

- cd：这是“change directory”的缩写，意为“切换目录”。
- /：在 Linux 中，这代表系统的根目录。所有的文件和目录都是从这里开始的。
- ~：至于“~”目录代表什么，后面会讲到。可以看到原先在“~”目录，随后用户通过“cd /”命令成功切换到了根目录。这个操作相当于 Windows 用户在某个文件夹内，然后直接返回到 C 盘或 D 盘的根目录。但在 Linux 中，只有一个统一的根目录“/”，所有的目录都位于这个根目录之下。

二 | 命令提示符

在 Linux 系统中，命令提示符提供了丰富的信息，帮助用户了解当前的系统环境和状态。命令提示符如下所示。

```
[root@localhost /]#
```

【命令分析】

- root（用户名）：出现在@符号之前的部分，表示当前登录的用户。在这个例子中，用户名为 root，表示当前登录的是超级管理员，拥有对系统的完全控制权限。
- localhost（主机名）：紧接在 @ 符号之后的部分，表示当前机器的主机名。主机名 localhost 通常指代本机，每个主机都会有其独特的主机名。
- /（当前目录）：主机名之后的部分，表示当前用户所在的目录。这里显示的目录是 /，说明用户当前位于根目录下。
- #（提示符符号）：命令提示符的最后一个字符，用于区分用户权限级别。# 符号表示当前登录的是 root 用户，拥有管理员权限。如果此处显示的是 $ 符号，则表示当前登录的是一个普通用户，其权限受到一定限制。

三｜切换到指定目录

在 Windows 操作系统中，用户通常通过双击文件夹图标或磁盘图标来访问不同的目录或磁盘。但在 Linux 操作系统里，当我们想要进入系统的某个特定目录时（比如先进入根目录下的 var 目录，再进入 var 目录下的 log 目录），具体步骤如下。

（1）先使用 ls 命令查看根目录下有没有 var 目录（请注意在 Linux 中，目录一般显示为蓝色），有的话才能进，命令如下。

```
[root@localhost /]# ls
bin  boot  dev  etc  home  lib  lib64  media  mnt  opt  proc  root
run  sbin  srv  sys  tmp  usr  var
```

（2）从查询的结果来看，有一个 var 目录，紧接着使用 cd 命令进入 var 目录，命令如下。

```
[root@localhost /]# cd var
[root@localhost var]#
```

或者执行

```
[root@localhost /]# cd /var
[root@localhost var]#
```

以上这两个命令没有区别，都是进入根目录下的 var 目录。因为 var 目录是直接位于根目录下的，所以可以直接用“cd var”。而“cd /var”的意思是先进入根目录，再进入它下面的 var 目录，这也是可以的。

（3）使用 ls 命令查看一下 var 目录，看 var 目录下有没有 log 目录，有的话才能进入 log 目录，如下所示。

```
[root@localhost var]# ls
account  cache  db  games  kerberos  local  log  nis  preserve  spool
tmp adm  crash  empty  gopher  lib  lock  mail  opt  run  target  yp
```

（4）从查询的结果来看，有一个 log 目录，紧接着使用 cd 命令进入 log 目录。

```
[root@localhost var]# cd log
[root@localhost log]#
```

可以看到已成功进入 log 目录。

但此时不能使用“cd /log”进入 log 目录，如下所示。

```
[root@localhost var]# cd /log
-bash: cd: /log: 没有那个文件或目录
```

执行“cd /log”命令后，系统提示了没有那个文件或目录。“cd /log”表达的意思是进入根目录下的 log 目录，但是根目录下并没有 log 目录，因为 log 目录是在 var 目录下面的。

（5）当前目录正处在 log 目录下，如果此时要返回到根目录，可以直接执行“cd /”命令，如下所示。

```
[root@localhost log]# cd /
[root@localhost /]#
```

可以看到成功地返回到了根目录。当前目录不管在什么目录下，只要执行“cd /”，都会直接返回到根目录。

（6）现在在根目录下，如果想一次性进入根目录下的 var 目录下的 log 目录，那应该怎么进呢？可以执行以下命令。

```
[root@localhost /]# cd /var/log
[root@localhost log]#
```

或者使用

```
[root@localhost /]# cd var/log
[root@localhost log]#
```

可以看到成功地进入 log 目录。“/var/log”中的第一个“/”代表的是根目录，第二个“/”代表的是一个分隔符，它代表的路径就是根目录下的 var 目录、var 目录下的 log 目录。对于“var/log”这种写法，是因为 var 目录本来就在根目录下，所以第一个“/”可以省略不写。需要说明的是，var 目录下一定要存在 log 目录才行。

四 | 使用 .. 表示返回上级目录

（1）当前正处在 log 目录下，如下所示。

```
[root@localhost log]#
```

（2）如果要返回到 log 目录的上一级目录，可以使用 cd .. 命令，如下所示。

```
[root@localhost log]# cd ..
[root@localhost var]#
```

可以看到已成功返回到 log 的上一级目录 var 目录中。

（3）如果要返回到 var 目录的上一级目录呢？同样可以执行 cd .. 命令，如下所示。

```
[root@localhost var]# cd ..
[root@localhost /]#
```

可以看到已返回到 var 的上一级目录根目录中。

（4）如果要返回到根目录的上一级目录，会出现什么情况呢？如下所示。

```
[root@localhost /]# cd ..
[root@localhost /]#
```

可以看到根目录的上一级目录还是根目录，因为根目录上面已经没有目录了。

五 | 使用 ../../ 从当前工作目录向上移动两级

（1）当前正处在根目录下，如下所示。

```
[root@localhost /]#
```

（2）一次性进入根目录下的 var 目录下的 log 目录，命令如下。

```
[root@localhost /]# cd /var/log
[root@localhost log]#
```

（3）接下来使用“cd ../../”返回到根目录，也就是向上移动两级目录，命令如下。

```
[root@localhost log]# cd ../../
[root@localhost /]#
```

从结果可以看到，向上移动两级后就回到了根目录下。如果使用“cd ../../../”，就是从当前工作目录向上移动三级，依此类推。

六 | 切换到上一次访问的目录

（1）当前正处在根目录下，如下所示。

```
[root@localhost /]#
```

（2）使用“cd -”切换到上一次访问的目录，上一次访问的是 log 目录，命令如下。

```
[root@localhost /]# cd -
/var/log
[root@localhost log]#
```

可以看到已成功切换到上一次访问的目录，也就是 log 目录。

七 | 切回到当前用户的家目录

（1）当前正处在 log 目录下，如下所示。

```
[root@localhost log]#
```

（2）如果在命令提示符后面直接执行 cd 命令，会出现什么样的情况呢？具体命令如下。

```
[root@localhost log]# cd
[root@localhost ~]#
```

可以看到，执行 cd 命令后，root 用户所处的目录变成了“～”目录。那么这个“～”目录代表什么目录呢？接下来可以执行 pwd 命令，pwd 命令可以显示当前工作目录的完整路径，命令如下。

```
[root@localhost ~]# pwd
/root
```

可以看到“～”目录代表的是 /root，也就是根目录下的 root 目录。前面介绍过，根目录下的 root 目录是系统为超级管理员 root 用户分配的专用目录，也称为超级管理员的家目录。

需要说明的是，不管当前用户是普通用户还是超级管理员，不管当前用户是在哪个目录下，只要直接执行 cd 命令，都会进入当前用户的家目录，并且用“～”表示。如果不知道“～”表示的是什么目录，用户可以通过执行 pwd 命令来显示家目录的完整路径。

（3）由于执行了 cd 命令，所以当前目录回到 root 用户的家目录，如下所示。

```
[root@localhost ~]#
```

（4）接下来执行“cd /var/log”命令，直接进入 log 目录，如下所示。

```
[root@localhost ~]# cd /var/log
[root@localhost log]#
```

可以看到已成功进入 log 目录。

（5）接下来想退回到当前用户的家目录中，只需要执行 cd 命令即可，如下所示。

```
[root@localhost log]# cd
[root@localhost ~]#
```

如上所示，只要出现了“～”目录，它就是当前用户的家目录。

（6）如果想知道“~”目录代表的是什么目录，就可以使用 pwd 命令来显示“~”目录的全路径，如下所示。

```
[root@localhost ~]# pwd
/root
```

可以看到，“~”目录代表的是根目录下的 root 目录，也就是超级管理员的家目录。

9.2.2 pwd 命令的使用场景

pwd（即“print working directory”的缩写）命令，是一个在 Linux 操作系统中常用的命令行工具。它用于显示当前工作目录的完整路径。

有了 cd 命令的基础，再来学习 pwd 命令就简单很多，以下演示 pwd 命令的使用场景。

（1）当前正处在当前用户的家目录下，如下所示。

```
[root@localhost ~]#
```

（2）使用“cd /opt/rh”命令直接进入根目录下的 opt 目录下的 rh 目录，如下所示。

```
[root@localhost ~]# cd /opt/rh
[root@localhost rh]#
```

可以看到已经进入 rh 目录。

（3）如果此时你忘记了 rh 目录的上一级目录，想显示 rh 目录的全路径，就可以使用 pwd 命令，如下所示。

```
[root@localhost rh]# pwd
/opt/rh
```

从命令输出的结果可以看到 rh 目录的完整路径。

这里需要说明的是，当前用户不管处在什么目录下，只要执行 pwd 命令，都能显示该目录的完整路径。

9.2.3 ls 命令的使用场景

ls 是“list”的缩写，意为“列出”。它是 Linux 系统中常用的一个命令，用于列出指定目录下的文件和目录。接下来以 cd 命令和 pwd 命令作为基础，来学习 ls 命令的使用场景。

一｜列出当前目录下的文件和目录

（1）当前正处在 /opt/rh 目录中，如下所示。

```
[root@localhost rh]#
```

（2）使用 cd 命令退回到当前用户的家目录，如下所示。

```
[root@localhost rh]# cd
[root@localhost ~]#
```

（3）使用 pwd 命令显示当前目录的完整路径，如下所示。

```
[root@localhost ~]# pwd
/root
[root@localhost ~]#
```

（4）此时如果想知道 /root 目录下有哪些内容，就可以使用 ls 命令来查看，如下所示。

```
[root@localhost ~]# ls
anaconda-ks.cfg  initial-setup-ks.cfg 公共 模板 视频 图片 文档 下载 音乐 桌面
```

可以看到，通过 ls 命令列出 /root 目录下所有的文件和目录。

二 | 列出指定目录下的文件和目录

（1）当前正处在 /root 目录中，如下所示。

```
[root@localhost ~]#
```

（2）如果想在 /root 目录中查看 /var/log 目录下的文件及目录，可以使用“ls /var/log”命令查看，如下所示。

```
[root@localhost ~]# ls /var/log
anaconda  chrony  firewalld  lastlog   ntpstats  rhsm  speech……
```

由于查询到的内容太多，省略了一部分。

可以看到，虽然当前用户处在 /root 目录下，但是通过 ls 命令加上要查询目录的全路径，一样可以查询到该目录下的所有文件和目录信息。

三 | 列出详细信息

（1）当前正处在 /root 目录下，如下所示。

```
[root@localhost ~]#
```

（2）如果想查看 /root 目录中所有的文件及目录的详细信息，可以使用“-l”选项查看，如下所示。

```
[root@localhost ~]# ls -l
总用量 8
-rw-------. 1 root root 1571 1月  28 23:05 anaconda-ks.cfg
```

```
-rw-r--r--. 1 root root 1619 1 月  28 23:09 initial-setup-ks.cfg
drwxr-xr-x. 2 root root    6 1 月  29 10:47 公共
drwxr-xr-x. 2 root root    6 1 月  29 10:47 模板
drwxr-xr-x. 2 root root    6 1 月  29 10:47 视频
drwxr-xr-x. 2 root root    6 1 月  29 10:47 图片
drwxr-xr-x. 2 root root    6 1 月  29 10:47 文档
drwxr-xr-x. 2 root root    6 1 月  29 10:47 下载
drwxr-xr-x. 2 root root    6 1 月  29 10:47 音乐
drwxr-xr-x. 2 root root    6 1 月  29 10:47 桌面
```

【命令分析】

- -l：是 ls 命令的选项，用于显示详细信息，包括所有者、大小、修改时间、权限等详细信息。
- “ls -l”命令可以简写成“ll”。

四｜显示文件和目录大小

（1）当前正处在 /root 目录中，如下所示。

```
[root@localhost ~]#
```

（2）如果想查看 /root 目录中所有的文件及目录的大小，可以使用“-sh”选项查看，如下所示。

```
[root@localhost ~]# ls -sh
总用量 8.0k
4.0k anaconda-ks.cfg  4.0k initial-setup-ks.cfg  0 公共  0 模板  0 视频  0 图片  0 文档  0 下载  0 音乐  0 桌面
```

【命令分析】

- -sh：是 ls 命令的选项，用于显示文件和目录大小。

可以看到，以上每个文件和目录的前面都列出了其大小。

五｜列出隐藏文件和目录

（1）当前正处在 /root 目录中，如下所示。

```
[root@localhost ~]#
```

（2）如果想查看 /root 目录中的隐藏文件和隐藏目录，可以使用“-a”选项查看，如下所示。

```
[root@localhost ~]# ls -a
.   anaconda-ks.cfg  .bash_profile  .cache  .cshrc  .esd_auth
initial-setup-ks.cfg  .tcshrc  .Xauthority  模板  图片  下载  桌面
```

```
.. .bash_logout  .bashrc  .config  .dbus  .ICEauthority  .local
.xauth2N8dQq  公共  视频  文档  音乐
```

【命令分析】

- -a：是 ls 命令的选项，用于显示隐藏文件和隐藏目录，以点“.”为前缀的后面带字符串的文件和目录都是隐藏文件和隐藏目录。

9.2.4 cp 命令的使用场景

cp 命令是 Linux 系统中常用的一个命令，用于复制文件和目录。接下来以 cd 命令、pwd 命令以及 ls 命令作为基础，学习 cp 命令的使用场景。

一 | 复制文件到指定目录

（1）当前正处在 /root 目录中，如下所示。

```
[root@localhost ~]#
```

（2）如果想查看 /root 目录中所有的文件及目录，可以使用 ls 命令，如下所示。

```
[root@localhost ~]# ls
anaconda-ks.cfg  initial-setup-ks.cfg  公共  模板  视频  图片  文档  下载
音乐  桌面
```

（3）如果想把 /root 目录中 anaconda-ks.cfg 文件（在 Linux 系统中，文件一般用黑色字体表示）复制到 /opt/rh 目录下，可以使用“cp anaconda-ks.cfg /opt/rh”命令进行复制，如下所示。

```
[root@localhost ~]# cp anaconda-ks.cfg /opt/rh
```

cp 命令后面直接跟要复制的文件，这个文件要复制到哪个目录呢？文件后面直接跟上目标目录即可，此时就可以将 anaconda-ks.cfg 文件复制到 /opt/rh 目录下。请注意，cp 命令与文件之间、文件与目录之间都有空格。

（4）接下来可以通过“ls /opt/rh”命令来查看 /opt/rh 目录下是否有 anaconda-ks.cfg 文件，如下所示。

```
[root@localhost ~]# ls /opt/rh
anaconda-ks.cfg
```

可以看到，/opt/rh 目录下存在 anaconda-ks.cfg，这说明文件复制成功。

二 | 复制文件并重命名

（1）当前正处在 /root 目录中，如下所示。

```
[root@localhost ~]#
```

（2）如果想查看 /root 目录中所有的文件及目录，使用“ls”命令查看，如下所示。

```
[root@localhost ~]# ls
anaconda-ks.cfg  initial-setup-ks.cfg  公共  模板  视频  图片  文档  下载  音乐  桌面
```

（3）如果想把 /root 目录中 anaconda-ks.cfg 文件在当前目录中备份一下，并重命名，可以使用“cp anaconda-ks.cfg anaconda-ks.cfg.backup”命令，如下所示。

```
[root@localhost ~]# cp anaconda-ks.cfg anaconda-ks.cfg.backup
```

通过执行 cp 命令，将名为 anaconda-ks.cfg 的文件进行备份，并将备份文件命名为 anaconda-ks.cfg.backup。

（4）接下来可以通过 ls 命令查看 /root 目录下是否新增了备份文件，如下所示。

```
[root@localhost ~]# ls
anaconda-ks.cfg  anaconda-ks.cfg.backup  initial-setup-ks.cfg  公共  模板  视频  图片  文档  下载  音乐  桌面
```

可以看到，/root 目录下存在 anaconda-ks.cfg.backup 这个新的备份文件。

三 | 递归复制目录

（1）当前正处在 /root 目录中，如下所示。

```
[root@localhost ~]#
```

（2）使用“cd /”命令进入根目录，如下所示。

```
[root@localhost ~]# cd /
[root@localhost /]#
```

（3）使用 ls 命令查看根目录的文件和目录，如下所示。

```
[root@localhost /]# ls
bin  boot  dev  etc  home  lib  lib64  media  mnt  opt  proc  root  run  sbin  srv  sys  tmp  usr  var
```

可以看到根目录下存在一个叫 opt 的目录。

（4）接下来想把 opt 目录（包括目录下的所有文件和子目录）复制到 /root 目录下，可以使用“-r”选项，如下所示。

```
[root@localhost /]# cp -r opt /root
```

【命令分析】

- -r：是 cp 命令的选项，代表递归复制，也就是复制的时候会把目录下的所有文件和子目录一起复制。

（5）复制完成后，可以使用“ls /root”和“ls /root/opt”这两条命令来查看是否复制成功，如下所示。

```
[root@localhost /]# ls /root
anaconda-ks.cfg   anaconda-ks.cfg.backup   initial-setup-ks.cfg   opt
公共  模板  视频  图片  文档  下载  音乐  桌面
[root@localhost /]# ls /root/opt
rh
```

从以上两条命令运行的结果可以看到，opt 目录以及它下面的子目录都成功复制到了 /root 目录下。

这里需要说明一下，使用“-r”选项时，cp 命令会递归地复制目录及其内容。如果目录下还有子目录，子目录内的文件和目录也会被复制。这样可以实现将整个目录树复制到目标目录中。不带“-r”选项时，cp 命令默认只复制文件，不复制目录。如果尝试复制目录而不使用“-r”选项，cp 命令会显示错误。

9.2.5　rm 命令的使用场景

rm 命令是 Linux 系统中常用的一个命令，用于删除文件和目录。下面是 rm 命令一些常用的场景及相应的例子。

一｜删除单个文件

（1）当前正处在根目录中，如下所示。

```
[root@localhost /]#
```

（2）直接执行 cd 命令进入当前用户的家目录，也就是 /root 目录，如下所示。

```
[root@localhost /]# cd
[root@localhost ~]#
```

（3）使用 ls 命令查看 /root 目录下的所有文件和目录，如下所示。

```
[root@localhost ~]# ls
anaconda-ks.cfg   anaconda-ks.cfg.backup   initial-setup-ks.cfg   opt
公共  模板  视频  图片  文档  下载  音乐  桌面
```

（4）接下来想删除 /root 目录下的 anaconda-ks.cfg.backup 文件，可以使用“rm anaconda-ks.cfg.backup”，如下所示。

```
[root@localhost ~]# rm anaconda-ks.cfg.backup
rm：是否删除普通文件 "anaconda-ks.cfg.backup"？ y
[root@localhost ~]#
```

删除单个文件时，直接在 rm 命令后面跟文件名即可。从以上命令可以看到，删除过程中系统给出了确认信息，输入 y 表示继续删除，输入 n 表示不删除。本次示例中选择了 y，这代表要删除它。

（5）删除完成后可以使用 ls 命令来验证是否删除了，如下所示。

```
[root@localhost ~]# ls
anaconda-ks.cfg  initial-setup-ks.cfg  opt  公共  模板  视频  图片  文档  下载  音乐  桌面
```

从输出的结果可以看到，/root 中已不存在 anaconda-ks.cfg.backup 文件，这说明它已被删除了。

另外，如果要删除多个文件，只需要在 rm 命令后添加多个文件名即可。请注意，rm 命令与文件名之间、文件名与文件名之间都有空格，例如，rm file1.txt file2.txt file3.txt。

二｜递归删除目录

（1）当前正处在根目录中，如下所示。

```
[root@localhost ~]#
```

（2）使用 ls 命令查看 /root 目录下的所有文件和目录，如下所示。

```
[root@localhost ~]# ls
anaconda-ks.cfg  initial-setup-ks.cfg  opt  公共  模板  视频  图片  文档  下载  音乐  桌面
```

可以看到，/root 目录包括了 opt 目录以及它里面的子目录和文件。

（3）可以使用“-r”选项来删除 opt 目录，如下所示。

```
[root@localhost ~]# rm -r opt
rm：是否进入目录"opt"？ y
rm：是否进入目录"opt/rh"？ y
rm：是否删除普通空文件 "opt/rh/anaconda-ks.cfg"？ y
rm：是否删除目录 "opt/rh"？ y
rm：是否删除目录 "opt"？ y
[root@localhost ~]#
```

【命令分析】

- -r：是 rm 命令的选项，代表递归删除（目录下的所有文件和子目录也都要删除）。

在删除的过程中，一步一步询问是否要进入，是否要删除，到最后把 opt 目录及其文件和子目录给全部删除。删除目录时必须使用“-r”选项，如果直接使用 rm 删除目录，则会报错。

（4）删除完成后可以使用 ls 命令来验证是否删除了 opt 目录，如下所示。

```
[root@localhost ~]# ls
anaconda-ks.cfg  initial-setup-ks.cfg  公共  模板  视频  图片  文档  下载  音乐  桌面
```

从运行的结果可以看到，opt 目录已被删除了。

三｜强制删除文件或目录

（1）当前正处在 /root 目录中，如下所示。

```
[root@localhost ~]#
```

（2）使用 ls 命令查看 /root 目录下的所有文件和目录，如下所示。

```
[root@localhost ~]# ls
anaconda-ks.cfg  initial-setup-ks.cfg  公共  模板  视频  图片  文档  下载  音乐  桌面
```

（3）可以使用“-rf”选项来强制删除音乐这个目录，如下所示。

```
[root@localhost ~]# rm -rf 音乐
[root@localhost ~]#
```

【命令分析】

- -rf：是 rm 命令的选项，前面讲过“-r”选项是用于递归删除目录，而“-f”选项代表强制删除，“-rf”联合起来使用就是强制删除目录。删除过程中不会有任何提示，直接删除，包括音乐这个目录下的所有文件和子目录都会删除。

（4）删除完成后可以使用 ls 命令来验证是否删除了音乐这个目录，如下所示。

```
[root@localhost ~]# ls
anaconda-ks.cfg  initial-setup-ks.cfg  公共  模板  视频  图片  文档  下载  桌面
```

从输出的结果可以看到，音乐目录已被删除了。

这里要特别强调的是，强制删除文件，同样可以使用“-rf”选项，如“rm -rf 文件名”。

9.2.6 echo 命令的使用场景

echo 命令是 Linux 系统中常用的一个命令，可以用于显示文本或变量的内容。下面是 echo 命令使用的一些常见的场景及相应的例子。

一 | 回显字符串

（1）当前正处在 /root 目录中，如下所示。

```
[root@localhost ~]#
```

（2）如果想查看或回显一个字符串的内容，可以使用 echo 命令来显示，如下所示。

```
[root@localhost ~]# echo "Hello, World!"
Hello, World!
```

可以看到，通过 echo 命令将字符串“Hello, World!”打印输出到终端。

二 | 回显变量

（1）当前正处在 /root 目录中，如下所示。

```
[root@localhost ~]#
```

（2）如果想显示一个变量的内容，例如定义了一个名为“message”的变量，可以使用 echo 命令加上“$”符号来引用该变量，如下所示。

```
[root@localhost ~]# message = "Welcome to Linux"
[root@localhost ~]# echo $message
Welcome to Linux
```

可以看到，通过执行“echo $message”命令，将变量“message”的值“Welcome to Linux”显示出来。

以上都是 echo 命令的使用场景，通过灵活运用 echo 命令，可以方便地显示文本和变量的内容，并满足不同的输出需求。

9.2.7 cat 命令的使用场景

cat 命令是 Linux 系统中常用的一个命令，主要用于查看文件内容。下面是 cat 命令使用的一些常见的场景及相应的例子。

一｜查看文件的全部内容

（1）当前正处在 /root 目录中，如下所示。

```
[root@localhost ~]#
```

（2）如果想查看 /root 目录下 anaconda-ks.cfg 文件的内容，可以使用 cat 命令来显示文件内容，如下所示。

```
[root@localhost ~]# cat anaconda-ks.cfg
```

通过该命令，anaconda-ks.cfg 文件的所有内容将会在终端上显示。

二｜逐页显示文件内容

（1）当前正处在 /root 目录中，如下所示。

```
[root@localhost ~]#
```

（2）由于 anaconda-ks.cfg 文件较大，如果想逐页显示 anaconda-ks.cfg 文件的内容，可以使用 cat 命令与 less 命令进行配合，如下所示。

```
[root@localhost ~]# cat anaconda-ks.cfg | less
```

【命令分析】

- “|”为管道命令，管道命令的作用是将一个命令的输出作为另一个命令的输入。当你在一个命令后面加上管道符和另一个命令时，第一个命令执行的结果（也就是它本来要显示在屏幕上的信息），会被当作第二个命令的输入数据。这里的操作就是将 cat 命令执行的结果传递给 less 命令。
- less 命令则提供了一个交互式的文本浏览环境，允许用户查看文件内容时一页一页地滚动，而不是一次性全部输出。这样你就不需要担心屏幕溢出或者无法回滚查看前面内容的问题。

另外，在分页浏览文件的内容时，如果要退出浏览，直接按 q 键即可退出。

三｜显示文件内容的行号

（1）当前正处在 /root 目录中，如下所示。

```
[root@localhost ~]#
```

（2）除了简单地显示文件内容，cat 命令还支持其他选项，例如“-n”选项，如下所示。

```
[root@localhost ~]# cat -n anaconda-ks.cfg
```

【命令分析】

- -n：是 cat 命令的选项，可以在显示文件内容的同时显示每一行的行号。

以上都是 cat 命令的使用场景，通过灵活运用 cat 命令，可以方便地显示文件内容，并根据需要进行分页、添加行号等操作。

9.2.8 grep 命令的使用场景

grep 命令是 Linux 系统中常用的一个命令，用于过滤文件的内容。下面是 grep 命令使用的一些常见的场景及相应的例子。

一 | 搜索并显示所有匹配到的行

（1）当前正处在 /root 目录中，如下所示。

```
[root@localhost ~]#
```

（2）如果想查看 /root 目录下 anaconda-ks.cfg 文件中是否包含特定的字符串，可以使用 grep 命令来进行搜索和匹配，如下所示。

```
[root@localhost ~]# grep "java" anaconda-ks.cfg
```

该命令会在 anaconda-ks.cfg 文件中搜索并显示所有匹配到的行，其中“java”是要搜索的字符串。

（3）如果想从一组文件中搜索匹配的内容，可以使用通配符来指定文件名模式，如下所示。

```
[root@localhost ~]# grep "java" *.cfg
```

这个命令将在当前目录下所有以“.cfg”结尾的文本文件中搜索并显示匹配到的行，其中“java”是要搜索的字符串。

二 | 不区分大小写的搜索

（1）当前正处在 /root 目录中，如下所示。

```
[root@localhost ~]#
```

（2）除了简单地搜索和匹配文本，grep 命令还支持使用不同的选项来实现更复杂的匹配方式和输出格式。例如，可以使用“-i”选项进行不区分大小写的搜索，如下所示。

```
[root@localhost ~]# grep -i "java" anaconda-ks.cfg
```

【命令分析】

- -i：是 grep 命令的选项，通过添加“-i”选项，可以忽略大小写，从而实现不区分大小写的搜索。

以上都是 grep 命令的使用场景，通过灵活运用 grep 命令，可以方便地以不同模式匹配和搜索文本内容，并满足不同的查询需求。

9.2.9 tail 命令的使用场景

tail 命令是 Linux 系统中常用的一个命令，用于显示文件的末尾部分内容。下面是 tail 命令使用的一些常见的场景及相应的例子。

一｜查看文件末尾十行

（1）当前正处在 /root 目录中，如下所示。

```
[root@localhost ~]#
```

（2）如果想查看 /root 目录下 anaconda-ks.cfg 文件的末尾部分内容，可以使用 tail 命令来显示，如下所示。

```
[root@localhost ~]# tail anaconda-ks.cfg
```

通过该命令，anaconda-ks.cfg 文件的末尾内容将会在终端上显示，默认情况下显示文件的最后 10 行。

二｜动态显示文件信息

（1）当前正处在 /root 目录中，如下所示。

```
[root@localhost ~]#
```

（2）如果想实时监视一个日志文件的变化，可以使用“-f”选项，如下所示。

```
[root@localhost ~]# tail -f /var/log/messages
```

【命令分析】

- -f：是 tail 命令的选项，用于实时跟踪文件的变化。

messages这个日志文件就是系统的日志文件，它存放在/var/log目录下，通过添加“-f”选项，tail命令将会持续输出文件新增的内容，适用于实时查看日志文件更新或监控系统日志。如果要退出实时查看，直接按“Ctrl+C”快捷键终止。

三｜显示指定的行数

（1）当前正处在/root目录中，如下所示。

```
[root@localhost ~]#
```

（2）除了查看文件末尾内容，tail命令还支持使用各种选项，例如“-n”选项，如下所示。

```
[root@localhost ~]# tail -n 20 anaconda-ks.cfg
```

【命令分析】

- -n：是tail命令的选项，用于指定显示行数。

通过添加“-n 20”选项，可以显示anaconda-ks.cfg文件末尾的最后20行内容。

以上都是tail命令的使用场景，通过灵活运用tail命令，可以方便地查看文件末尾内容，也可以实时监视文件变化或筛选需要的行数。

9.2.10 find命令的使用场景

find命令是Linux系统中非常实用的一个命令，它可以帮助你在文件系统中搜索符合条件的文件。以下是find命令使用的一些常见的场景及相应的例子。

一｜通过文件名查找

（1）当前正处在/root目录中，如下所示。

```
[root@localhost ~]#
```

（2）如果你需要在根目录下查找名为“anaconda-ks.cfg”的文件，可以使用find命令，如下所示。

```
[root@localhost ~]# find / -name anaconda-ks.cfg
```

【命令分析】

- -name：是find命令的选项，用于匹配文件名。
- /：代表的是根目录。

本命令会在整个文件系统中搜寻名为“anaconda-ks.cfg”的文件，并将其结果展示在终端上。

（3）如果你需要找到所有在 10 天前被修改的 .txt 文件，可以使用 find 命令结合“-mtime”选项，如下所示。

```
[root@localhost ~]# find / -name "*.txt" -mtime +10
```

此命令会在文件系统中搜索所有扩展名为 .txt 且最后修改日期超过 10 天的文件。“-mtime +10”表示搜索修改时间超过 10 天的文件。

二｜通过文件类型查找

（1）当前正处在 /root 目录中，如下所示。

```
[root@localhost ~]#
```

（2）find 命令还支持按照文件类型进行搜索，如下所示。

```
[root@localhost ~]# find / -type d
```

【命令分析】

- -type d：是 find 命令的选项，表示我们只查找目录类型的文件。
- 如果要查找非目录文件，可以使用“-type f”选项。

三｜通过文件大小查找

（1）当前正处在 /root 目录中，如下所示。

```
[root@localhost ~]#
```

（2）如果你想找出文件大小超过 10MB 的文件，可以使用 find 命令结合“-size”选项，如下所示。

```
[root@localhost ~]# find / -size +10M
```

【命令分析】

- -size：是 find 命令的选项，表示通过文件的大小来查找。

此命令会找出所有大小超过 10MB 的文件。“-size +10M”表示搜索大于 10MB 的文件。如果要找出所有小于 10MB 的文件，可以使用“-size -10M”的选项。

通过灵活应用 find 命令，你可以轻松地在文件系统中搜寻符合各种条件的文件。

9.3 Linux 高级命令行

对于已经熟练掌握 Linux 基础命令的测试人员来说，进一步学习和运用一些高级命令将极大地提升他们的系统管理与故障排查能力。虽然这里列举的命令并非 Linux 系统中所有的高级命令，但它们在实际工作中具有很高的实用价值。这些命令包括：wget（文件下载的命令）、yum（软件安装卸载的命令）、systemctl（系统服务启停的命令）、netstat（查看监听端口信息的命令）、ps（查看系统进程的命令）、kill（终止进程的命令）、top（实时查看进程资源占用的命令）。本章视频包含所有高级命令的使用教程。

9.3.1 wget 命令的使用场景

wget 命令是 Linux 系统中常用的一个命令，用于从网络上下载文件。下面是 wget 命令使用的一些常见的场景及相应的例子。

一 | 从网络上下载文件

（1）当前正处在 /root 目录中，无论当前目录是哪个目录，都可以执行 wget 命令，因为它是系统级的命令。

```
[root@localhost ~]#
```

（2）如果想从网络上下载一个 .rpm 格式的文件，可以使用 wget 命令，如下所示。

```
[root@localhost ~]# wget http://dev.mysql.com/get/mysql57-community-release-el7-10.noarch.rpm
```

该命令将会从指定的下载地址下载文件到当前目录，下载完成后可以通过 ls 命令查看是否下载成功。

二 | 下载文件到指定目录

如果想将下载的文件保存到特定目录，可以使用“-P”选项，如下所示。

```
[root@localhost ~]# wget -P /opt/rh http://dev.mysql.com/get/mysql57-community-release-el7-10.noarch.rpm
```

【命令分析】

- -P（大写）：是 wget 命令的选项，通过添加“-P”选项以及目标目录，可以将下载的文件保存到指定的目录。

本例中下载的 .rpm 格式文件将保存到指定的目录 /opt/rh 目录下。

三 | 下载文件后重命名

除了基本的下载功能，wget 命令还支持其他选项，例如“-O”选项，如下所示。

```
[root@localhost ~]# wget -O mysql57.rpm http://dev.mysql.com/get/
mysql57-community-release-el7-10.noarch.rpm
```

【命令分析】

- -O（大写）：是 wget 命令的选项，通过添加“-O”选项可以将下载的文件保存为新的文件名。

本例中下载之后的文件被重新命名为 mysql57.rpm。

以上都是 wget 命令的使用场景，通过灵活运用 wget 命令，可以方便地从网络上下载文件，并保存到指定的目录。

9.3.2 yum 命令的使用场景

yum 是 Linux 系统中常用的一个软件管理工具，用于安装、卸载软件等。下面是 yum 命令使用的一些常见场景及相应的例子。

一 | 在线安装服务器软件

（1）当前正处在 /root 目录中，无论当前目录是哪个目录，都可以执行 yum 命令，因为它是系统级的命令。

```
[root@localhost ~]#
```

（2）如果想安装一个软件，比如 httpd（Apache 服务器软件，Apache 服务器是一个广泛使用的 Web 服务器软件，也可称为网页服务器，主要是用于接收来自浏览器的请求，并根据这些请求提供相应的网页内容给浏览器），可以使用 yum 命令来安装，如下所示。

```
[root@localhost ~]# yum -y install httpd
```

【命令分析】

- -y: 是 yum 命令的选项，使用 yum 命令安装软件时，系统会自动从网上下载软件，随后进行自动安装，在安装软件时，系统通常会询问用户是否继续操作，用户需要手动输入“yes”或“no”来确认。而使用 -y 选项后，系统会自动确认并继续执行操作，用户无须手动干预。这可以大大简化安装过程。

- install：是 yum 命令的一个子命令，用于指示 yum 要执行安装操作。

本例中 install 指示 yum 要安装的软件是 httpd。

二｜卸载服务器软件

除了安装软件，yum 命令还支持其他选项，如 remove 选项，如下所示。

```
[root@localhost ~]# yum -y remove httpd
```

【命令分析】

- remove：是 yum 命令的子命令，用于指示 yum 要卸载的软件。
- 加了“-y”选项的作用就是卸载过程中不会有任何提示，直接一步卸载完成。

本例中要卸载的软件是 httpd。

以上是 yum 命令的两个基本使用场景，通过灵活运用 yum 命令，可以方便地管理 Linux 系统中的软件，包括安装、卸载等操作。

9.3.3 systemctl 命令的使用场景

systemctl 是 Linux 系统中常用的服务器管理工具，用于启动、停止系统服务等。下面是 systemctl 命令使用的一些常见场景及相应的例子。

一｜启动服务器

（1）当前正处在 /root 目录中，无论当前目录是哪个目录，都可以执行 systemctl 命令，因为它是系统级的命令。

```
[root@localhost ~]#
```

（2）可以使用“systemctl start httpd”命令启动 Apache 服务器，如下所示。

```
[root@localhost ~]# systemctl start httpd
```

Apache 服务器安装好，需要启动它才能运行，如果你的 Apache 服务器已删除，请使用“yum -y install httpd”命令重新安装。使用“systemctl start httpd”命令启动 Apache 服务器之后，系统不会给出任何提示。

二 | 查看服务器运行状态

如果想查看 Apache 服务器是否被成功启动，可以使用“systemctl status httpd”命令来查看，如下所示。

```
[root@localhost ~]# systemctl status httpd
```

该命令将显示 Apache 服务器的详细状态信息，包括是否正在运行、最后一次启动的时间等。

三 | 停止服务器运行

如果想停止 Apache 服务器的运行，可以使用“systemctl stop httpd”命令，如下所示。

```
[root@localhost ~]# systemctl stop httpd
```

该命令将停止 Apache 服务器运行。停止之后，系统不会给出任何提示。此时你可以再次使用“systemctl status httpd”来查看 Apache 服务器的运行状态，以验证 Apache 服务器是否已停止。

这些是 systemctl 命令的使用场景，通过灵活运用 systemctl 命令，可以方便地管理 Linux 系统中的各种服务，包括启动、停止、重启服务等操作。

9.3.4 netstat 命令的使用场景

netstat 是 Linux 系统中常用的网络工具，常用于查看服务器端口等信息。下面是服务器端口的介绍以及 netstat 命令使用的一些简单场景和例子。

一 | 什么是服务器的端口

在 Linux 系统中，可以部署多种服务器软件，如 Apache 服务器和 MySQL 数据库服务器等。这些服务器软件就像 Linux 系统中的独立房间，当它们启动后，每个房间的门都会打开，而每扇门上的独特编号即为服务器的端口号。

想象一下，当你想要浏览一个网页时，浏览器会向 Linux 系统发送一个网页请求。然而，Linux 上运行着多个服务器软件，每个服务器都有自己的端口号。因此，选择正确的端口号至关重要，因为错误的端口号会导致请求无法被正确处理。

Apache 服务器是一个专注于提供网页服务的服务器软件。它的默认端口号是 80，这就像是 Apache 服务器的门牌号。只有当你的网页请求被发送至 80 端口时，Apache 服务器才会接收并处理该请求，从而为你呈现所需的网页内容。在请求到达 80 端口时，Apache 服务器就会监听自己的端口，并检查该请求是否合法，只有在确认请求合法后，才会进行后续的处理工作。

简而言之，每个服务器软件都有自己的端口号，服务器的端口号就像是每个房间的门牌号，它指示了请求应该进入哪个服务器软件进行处理。

二 | 查看所有被监听的端口

（1）当前正处在 /root 目录中，无论当前目录是哪个目录，都可以执行 netstat 命令，因为它是系统级的命令。

```
[root@localhost ~]#
```

（2）可以使用 netstat 命令查看正在被监听的端口，如下所示。

```
[root@localhost ~]# netstat -nltup
```

【命令分析】

- -nltup：是 netstat 命令的选项，用于显示当前系统上所有正在运行的服务器，以及该服务器所对应的端口号等信息。

三 | 查看指定的端口是否被监听

如果想查看某个端口是否被特定服务器监听，可以结合使用管道命令“|”和 grep 命令来查找，如下所示。

```
[root@localhost ~]# netstat -nltup | grep 80
```

此命令首先通过“netstat -nltup”查询出所有正在运行的服务器和对应的端口信息，然后通过管道符号“|”将结果传递给 grep 命令，筛选出包含 80 端口的相关信息。

通过灵活运用 netstat 命令，可以方便地查看系统上正在监听的端口，监控端口的使用情况等。

9.3.5 ps 命令的使用场景

ps 是 Linux 系统中常用的进程查看工具，用于显示当前系统上运行的进程信息。下面是进程的介绍以及 ps 命令使用的一些简单场景和例子。

一 | 什么是进程

在 Linux 系统安装了 Apache 服务器之后，Apache 服务器可以被形象地比喻为一间房子。当 Apache 服务器启动后，这间房子的"门"就打开了，而它的门牌号是 80。这就像是在告诉所有想要访问这个房子的"客人"（浏览器）："请通过 80 号门进入。"

一旦"客人"通过 80 号门进入这个房间，他们会发现里面有四五个"工人"正在忙碌地工作。其中，一个"工人"担任着"主管"的角色，他负责监听 80 号门，检查每一个进入的请求是否合法。这就像是一个门卫，确保只有合法的请求才能进入这个房间。

其他的三到四个"工人"则忙于接收和处理这些请求。他们根据请求的内容，在房间里寻找相应的网页，并将其返回给"客人"。这就像是一个服务员，根据客户的需求，找到正确的物品并交付给他们。

这些"工人"和"主管"在 Linux 系统中被称为"进程"。当 Apache 服务器启动时，它会生成五个进程：一个是主进程，主要负责监听 80 端口；另外四个是工作进程，主要负责接收并响应浏览器的请求。

这五个进程共同构成了 Apache 服务器的核心。没有它们，Apache 服务器就无法正常工作。它们就像是一个团队，协同工作，确保每一个请求都能得到及时、准确的响应。

二 | 查看系统所有的进程

（1）当前正处在 /root 目录中，无论当前目录是哪个目录，都可以执行 ps 命令，因为它是系统级的命令。

```
[root@localhost ~]#
```

（2）可以使用 ps 命令查看系统的进程及其详细信息，如下所示。

```
[root@localhost ~]# ps -aux
```

【命令分析】

- -aux：是 ps 命令的常用选项，用于显示所有的进程的详细信息，包括进程 ID 号（类似人的身份证号码）、CPU 和内存占用率等。

也可以使用"-ef"选项来查看进程的相关信息，"-ef"选项与"-aux"选项的作用大致相同。

三 | 筛选特定进程的信息

如果想筛选出特定进程的信息，可以结合使用管道命令"|"和 grep 命令，如下所示。

```
[root@localhost ~]# ps -aux | grep httpd
```

该命令将首先通过“ps -aux”查询出所有当前运行的进程信息，然后通过管道符号“|”将结果传递给 grep 命令，筛选出包含“httpd”的相关进程信息。

通过灵活运用 ps 命令，可以方便地查看系统上运行的进程信息，并进行进程管理、资源监控等操作。结合 grep 命令可以更精确地筛选出特定进程或相关信息。

9.3.6 kill 命令的使用场景

kill 命令是 Linux 系统中用于终止运行中进程的命令。下面是 kill 命令使用的一些简单场景及相应的例子。

一｜终止指定的进程

（1）当前正处在 /root 目录中，无论当前目录是哪个目录，都可以执行 kill 命令，因为它是系统级的命令。

```
[root@localhost ~]#
```

（2）可以使用 kill 命令来强制终止指定进程，如下所示。

```
[root@localhost ~]# kill -9 1234
```

【命令分析】

- -9：是 kill 命令的常用选项，代表的是强制终止的信号。
- 1234：代表是进程的 ID（PID）。

该命令会向 ID 为 1234 的进程发送一个强制终止的信号，该命令执行后，将会立即结束该进程的运行。使用 kill 命令时需要提供正确的进程 ID（PID），否则可能会终止错误的进程。建议在使用 kill 命令终止进程之前，先使用“ps -aux”命令查找并确认要终止的进程的 PID。

二｜终止特定名称的进程

如果想要终止所有具有特定名称的进程，可以使用 killall 命令，如下所示。

```
[root@localhost ~]# killall -9 httpd
```

【命令分析】

- -9：也是 killall 命令的常用选项，代表的是强制终止的信号。

- httpd：进程的名称。

该命令将终止所有名称为 httpd 的进程。

总的来说，使用“kill -9 <PID>”命令可以强制终止指定进程，而使用“killall -9 <process_name>”命令可以终止所有具有特定名称的进程。但要注意谨慎使用，避免意外终止重要的进程。

9.3.7 top 命令的使用场景

top 命令是 Linux 系统中用于实时查看系统状态和运行中的进程的命令。下面是 top 命令使用的一些简单场景及相应的例子。

一 | 实时查看系统的负载状态

（1）当前正处在 /root 目录中，无论当前目录是哪个目录，都可以执行 top 命令，因为它是系统级的命令。

```
[root@localhost ~]#
```

（2）可以使用 top 命令来实时查看系统的负载情况，如下所示。

```
[root@localhost ~]# top
```

执行该命令后，将会打开一个交互式的界面，会显示实时的系统概览信息，包括 CPU 使用率、内存占用、进程数量等。你可以通过 top 命令来监测系统的整体性能，判断系统是否正常运行并了解资源的利用情况。另外，top 命令还提供了实时监测进程状态的功能。在 top 界面中，你可以看到每个进程的 PID、用户、CPU 占用率、内存占用、运行时间等信息。通过观察这些信息，你可以了解每个进程的运行状态，如是否在运行、是否占用过多资源等。

二 | 查看进程的资源消耗情况

在 top 命令界面中，按“Shift + M”快捷键，可以按照内存使用量对进程进行排序，从而找出占用内存最多的进程。类似地，按下“Shift + P”快捷键，可以按照 CPU 使用率对进程进行排序。这些操作可以帮助你定位造成系统负载较高的进程，并采取相应措施优化系统性能。

总的来说，top 命令可以用于实时监测系统资源和进程的状态。通过 top 命令，你可以查看系统整体资源使用情况、查找占用资源较多的进程，并动态监测进程的状态。这对于评估系统性能、定位问题进程以及优化系统运行非常有帮助。

9.4 搭建 ZrLog 博客系统

在对 Linux 基础和高级命令行操作有一定了解的基础上，本节将通过一系列实践步骤，指导大家逐步搭建起一个功能全面且适用于测试实践的 ZrLog 博客系统。这一过程不仅能够帮助大家进一步巩固和拓展 Linux 命令行的使用技巧，同时还能够让大家更加直观地了解 Web 项目环境搭建的基本流程和关键环节。

成功搭建的 ZrLog 博客系统，将作为后续本书（第 11 章与第 14 章）探讨 Web 自动化与接口自动化测试的重要基础。我们将以这个实际项目为例，逐步引入并讲解自动化测试的各项关键技术，以及它们在实际测试场景中的具体应用。通过这样的学习方式，大家不仅能够更加深入地理解理论知识，更能够将所学知识应用到实际操作中，从而真正提升自己的实战能力。

本节内容主要涵盖以下 4 个方面：ZrLog 博客系统的介绍、MySQL 数据库的部署、Tomcat 服务器的部署以及 ZrLog 博客系统项目包的部署。本章视频包含 ZrLog 博客系统整个搭建过程的教程，并提供 ZrLog 博客系统项目包的下载链接。

9.4.1 ZrLog 博客系统的简介

ZrLog 博客系统是一款用 Java 开发的具有简约、易用、免费、开源等优势的博客系统，深受大众欢迎和喜爱。本书之所以将 ZrLog 博客系统作为被测环境搭建的实例，其原因在于：ZrLog 博客系统部署过程相对简单，功能和业务逻辑不复杂，其登录过程简单，接口资源包含了增删改查等常用操作，服务端响应的数据也是标准的 JSON 格式，这些条件均为学习 Web 自动化和接口自动化测试框架提供了便利。

9.4.2 部署 MySQL 数据库

鉴于 MySQL 数据库的广泛应用、开源特性以及易于学习的优势，本书决定采用

MySQL 作为 ZrLog 博客系统的数据库支持。MySQL 存在多个版本，其中 5.6、5.7 和 5.8 等社区版是主流选择，尤其适合初学者使用。本书特别选取了 MySQL 5.7 社区版作为示范。接下来将介绍 MySQL 5.7 的安装步骤，以确保你能够顺利搭建博客系统的数据库环境。

一｜下载 MySQL 5.7 的仓库配置文件

（1）当前正处在 /root 目录中，如下所示。

```
[root@localhost ~]#
```

（2）使用 wget 命令下载 MySQL 5.7 的仓库配置文件，如下所示。

```
[root@localhost ~]# wget http://dev.mysql.com/get/mysql57-community-
release-el7-10.noarch.rpm
```

这条命令使用 wget 工具从指定的 URL 下载 MySQL 5.7 的仓库配置文件，文件后缀为 .rpm，.rpm 是一种文件格式。为什么要下载这个配置文件？因为这个配置文件知道该从哪里下载 MySQL 5.7 数据库。

二｜安装 MySQL 5.7 的仓库配置文件

使用 yum 命令安装 MySQL 5.7 的仓库配置文件，如下所示。

```
[root@localhost ~]# yum -y install mysql57-community-release-
el7-10.noarch.rpm
```

只有先安装 MySQL 5.7 的仓库配置文件，系统才能从 MySQL 5.7 的仓库配置文件中找到 MySQL 5.7 数据库的下载路径。

三｜下载并安装 MySQL 5.7 数据库

使用 yum 命令下载并安装 MySQL 5.7 数据库，如下所示。

```
[root@localhost ~]# yum -y install mysql-community-server
--nogpgcheck
```

yum 命令将从 MySQL 5.7 的仓库配置文件提供的下载路径中下载并自动安装 mysql-community-server 软件包（即 MySQL 数据库服务器）。其中“--nogpgcheck”选项表示不检查这个安装包的来源是否可信。

四｜启动 MySQL 数据库

使用“systemctl start mysqld”命令启动 MySQL 数据库，如下所示。

```
[root@localhost ~]# systemctl start mysqld
```

【命令分析】

- mysqld：指的是 MySQL 数据库的程序名称，启动 mysqld 就是启动 MySQL 数据库服务器。

五｜查看 MySQL 运行状态和端口

（1）使用“systemctl status mysqld”命令查看 MySQL 数据库的运行状态，如下所示。

```
[root@localhost ~]# systemctl status mysqld
```

（2）可以使用“netstat -nltup ｜ grep 3306”命令查看 MySQL 数据库的端口是否被监听，如下所示。

```
[root@localhost ~]# netstat -nltup | grep 3306
```

MySQL 数据库的默认端口号是 3306，如果 3306 这个端口在被 MySQL 数据库进程监听，这说明 MySQL 数据库运行是正常的。

六｜查看 MySQL 的初始密码

使用“grep "password" /var/log/mysqld.log”命令查看 MySQL 数据库的初始密码，如下所示。

```
[root@localhost ~]# grep "password" /var/log/mysqld.log
```

在安装并成功启动 MySQL 数据库之后，初始密码会自动生成并保存在名为 mysqld.log 的日志文件中。此日志文件通常位于系统根目录下的 var 目录下的 log 目录中。用户可以通过查看这个文件来检索数据库的初始密码。

七｜使用初始密码登录数据库

使用“mysql -uroot -p”命令登录 MySQL 数据库，如下所示。

```
[root@localhost ~]# mysql -uroot -p"WmY+IdX%u8d&"
```

【命令分析】

- mysql：是 MySQL 客户端程序的名称，用于与 MySQL 服务器进行交互。

- -uroot：这部分指定了要用于连接的 MySQL 用户名，这里是 root 用户。“-u”是一个选项，表示“user”（用户），后面紧跟的是用户名。
- -p"WmY+IdX%u8d&"：这部分指定了要用于连接的 MySQL 密码，“-p”是一个选项，表示“password”（密码），后面直接跟了密码 WmY+IdX%u8d&。

执行上述命令后，将会成功登录到 MySQL 数据库。

八 | 修改 MySQL 数据库的默认密码

修改密码命令如下所示。

```
mysql> ALTER USER "root"@"localhost" IDENTIFIED BY"1qaz@WSX";
```

【命令分析】

- ALTER USER：这是一个 SQL 语句，用于修改数据库用户的属性。在 MySQL 中，你可以使用它来更改用户的密码等。
- "root"@"localhost"：这指定了要修改的用户。root 是用户名，而 localhost 是该用户被允许从哪个主机连接到 MySQL 服务器。在这个例子中，root 用户只能从本地主机（即 MySQL 服务器自身）连接。
- IDENTIFIED BY：这部分指定了新的密码。IDENTIFIED BY 后面跟着的字符串（在本例中是“1qaz@WSX”）就是新密码。
- "1qaz@WSX"：这是你为 "root"@"localhost" 用户设置的新密码。密码应该足够复杂，如包含大写字母、小写字母、数字和特殊字符，以提高安全性。

九 | 创建一个存储 ZrLog 博客系统内容的数据库

创建数据库的命令如下所示。

```
mysql> CREATE DATABASE zrlog;
```

【命令分析】

- CREATE DATABASE：这是 SQL 语句的关键部分，用于创建一个新的数据库。
- zrlog：这是想要创建的新数据库的名称。在这个例子中，数据库被命名为“zrlog”。

十 | 查看 zrlog 数据库是否创建成功

查看命令如下所示。

```
mysql> SHOW DATABASES;
```

输入“SHOW DATABASES”命令时，MySQL 服务器将列出所有当前存在的数据库。

十一｜为 root 用户添加远程访问权限

添加远程访问权限的命令如下所示。

```
mysql> GRANT ALL PRIVILEGES ON *.* TO "root"@"%" IDENTIFIED BY "Test1234." WITH GRANT OPTION;
mysql> FLUSH PRIVILEGES;
```

【命令分析】

- GRANT ALL PRIVILEGES：这表示授予所有权限。也就是说，该用户可以对数据库执行任何操作，包括读取、写入、修改和删除数据，以及管理用户和权限等。
- ON *.*：这指定了权限的作用范围。星号表示“所有”，所以这个权限适用于所有数据库和所有表。第一个星号代表数据库名，第二个星号代表表名。
- TO "root"@"%"：这指定了权限被授予哪个用户和从哪些主机可以连接。“root”是用户名，“%”是一个通配符，表示任何主机都可以连接。这意味着，从任何地方都可以使用 root 用户和提供的密码来连接到 MySQL 服务器。
- IDENTIFIED BY"Test1234."：这设置了用户的密码为“Test1234.”。
- WITH GRANT OPTION：这允许该用户授予或撤销其他用户的权限。也就是说，root 用户不仅可以管理数据库内容，还可以管理其他用户的访问权限。
- FLUSH PRIVILEGES：这条命令表示刷新 MySQL 的权限表，使更改立即生效。

十二｜退出 MySQL 数据库

退出数据库的命令如下所示。

```
mysql> EXIT
```

十三｜关闭 Linux 防火墙

关闭防火墙的命令如下所示。

```
[root@localhost ~]# systemctl stop firewalld
```

【命令分析】

- “systemctl stop firewalld”命令用于停止 firewalld 服务。firewalld 是 Linux 系统中的一个防火墙服务，用于管理网络包过滤规则，以保护系统不受未经授权的访问。

- 当你想要远程连接到 MySQL 数据库时，防火墙可能会阻止远程计算机与 MySQL 服务器的通信。这是因为防火墙通常配置为仅允许特定类型的网络流量通过，以减少潜在的安全风险。
- 关闭防火墙（在这个情况下是 firewalld）可以允许所有类型的网络流量通过，从而可能使远程连接到 MySQL 数据库成为可能。

十四 | 临时关闭 SELinux

SELinux（Security-Enhanced Linux）是一个 Linux 内核的安全模块，用于提供强制访问控制，在实际工作中一般都会将其关闭，以防止它影响网站的正常访问，临时关闭 SELinux 的命令如下所示。

```
[root@localhost ~]# setenforce 0
```

9.4.3 部署 Tomcat 服务器

ZrLog 博客系统是一个基于 Java 语言开发的平台，因此，为了使其能够正常运行，我们需要安装一个能够解析和执行 Java 代码的服务器环境。在这里，我们选择 Tomcat 服务器作为 Java 应用服务器。这样，当用户访问我们的博客时，Tomcat 服务器将处理请求，并与 ZrLog 博客系统交互，最终将动态生成的网页内容返回给用户。部署 Tomcat 服务器的步骤如下。

一 | 下载并安装 Tomcat 服务器

（1）当前正处在 /root 目录中，如下所示。

```
[root@localhost ~]#
```

（2）使用 yum 命令直接下载并安装 Tomcat 服务器，如下所示。

```
[root@localhost ~]# yum -y install tomcat
```

二 | 启动 Tomcat 服务器

使用“systemctl start tomcat”命令启动 Tomcat 服务器，如下所示。

```
[root@localhost ~]# systemctl start tomcat
```

【命令分析】

- tomcat：指的是 Tomcat 服务器的程序名称，启动 tomcat 就是启动 Tomcat 服务器。

三｜查看 Tomcat 服务器运行状态和端口

（1）使用“systemctl status tomcat”命令查看 Tomcat 服务器的运行状态，如下所示。

```
[root@localhost ~]# systemctl status tomcat
```

（2）可以使用“netstat -nltup ｜ grep 8080”命令查看 Tomcat 服务器的端口是否被监听，如下所示。

```
[root@localhost ~]# netstat -nltup | grep 8080
```

Tomcat 服务器的默认端口号是 8080，如果 8080 这个端口在被 Tomcat 服务器进程监听，这说明 Tomcat 服务器运行是正常的。

9.4.4 部署 ZrLog 博客系统

接下来，我们要部署的是 ZrLog 博客系统，它的项目安装包以 .war 为文件后缀。这个文件实际上是一个经过压缩的 Web 应用程序档案，它包括了构成完整 Web 应用程序所需的所有文件。

当我们要在 Tomcat 服务器上部署 ZrLog 博客系统时，只需将这个 .war 文件放置到 Tomcat 服务器的 webapps 目录中。Tomcat 服务器会自动检测到此文件，并自动将其解压为一个新的 Web 应用程序目录。一旦解压完成，我们就可以通过访问特定的 URL 来访问和运行 ZrLog 博客系统了。

部署 ZrLog 项目的流程如下。

（1）将 ZrLog 项目包（root.war）上传到当前用户的家目录，上传方法请大家直接观看本章视频。

（2）将此包复制到 Tomcat 服务器的 /usr/share/tomcat/webapps 目录下，如下所示。

```
[root@localhost ~]# cp root.war /usr/share/tomcat/webapps
```

（3）通过浏览器访问 http://192.168.81.132:8080/install，进入 ZrLog 项目的安装页面，如图 9-2 所示。

（4）填写数据库信息：需要分别填写数据库服务器的 IP 地址、数据库名、数据库用户名、数据库密码、数据库端口。填写数据库信息的页面如图 9-3 所示。

（5）填写网站信息：需要分别填写 ZrLog 博客系统的管理员账号、管理员密码、管理员邮箱、网站标题、网站子标题等信息。填写网站信息的页面如图 9-4 所示。

（6）在图 9-4 中单击“下一步”按钮，完成安装，如图 9-5 所示。

■ 图 9-2　ZrLog 博客系统的安装向导

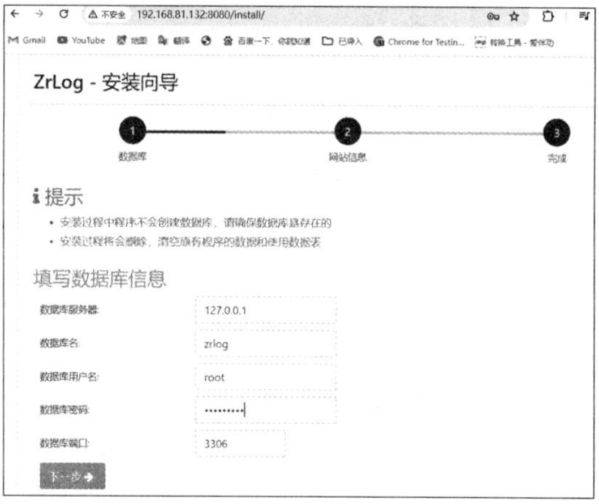

■ 图 9-3　填写数据库信息

■ 图 9-4　填写网站信息

■ 图 9-5　完成安装

（7）通过 http://192.168.81.132:8080/admin/login 访问 ZrLog 博客系统后台登录页面。后台登录页面如图 9-6 所示。

■ 图 9-6　后台登录页面

9.5 本章小结

9.5.1 学习提醒

对于初级软件测试人员来说，Linux 以其出色的安全性、高效性及开源特性，已成为后台服务器的首选操作系统。掌握 Linux 基础对软件测试人员而言，是提升技能、拓宽职业发展道路的关键一步。除了基础命令，还应深入学习如 vim 编辑器、权限管理（如 chmod 命令、chown 命令）、备份管理（如 tar 命令、zip 命令）、系统监测工具（如 top 命令的更多用法、free 命令、vmstat 命令、df 命令）、shell 脚本以及常见服务器的搭建（如 Nginx 服务器、Redis 服务器、Docker 容器、K8s 容器编排）等，这些都是日常工作中不可或缺的技能。

9.5.2 求职指导

一｜本章面试常见问题

问题 1： Linux 用得多吗？你对 Linux 熟悉吗？

参考回答：我对 Linux 相对还是比较熟悉的，经常会使用一些常见的命令行，例如查看日志、下载安装文件、安装软件、启停服务、查看进程、终止进程、实时监控进程资源占用情况，等等。

问题 2： 你都熟悉 Linux 哪些命令行？

参考回答：cat、grep、tail、find、wget、echo、yum、systemctl、netstat、ps、kill 以及 top 等命令都用过。

问题 3： 你是如何分析 Linux 系统中的日志的？

参考回答：对于 Linux 系统中的日志分析，我主要使用 grep 和 tail 这两个命令。grep 命令用于快速筛选出日志中的关键信息；而 tail 命令则用于实时查看最新的日志内容，特别适合监控和调试。

问题 4： 你搭建过测试环境吗？

参考回答：我虽然还没有独立完成过整个测试环境的搭建，但是我具备在 Linux 环境下进行基本文件操作和系统管理的能力。比如我能通过 echo、cat 和 grep 命令处理文本信息，以及通过 tail 命令查看日志文件末尾内容以便进行问题排查。虽然我没有直接负责过大规模软件包的安装和卸载，但我了解 yum 工具可以用来管理 Linux 系统中的软件包，并且我有使用它进行一些基础软件安装的经历，例如 Apache 服务器、Tomcat 服务器和 MySQL 数据库的安装。对于服务管理，我掌握了 systemctl 命令的基础用法，能够启动、停止或重启服务。我理解测试环境的搭建包括但不限于设置虚拟机、配置网络环境、部署应用服务以及准备测试数据等多个环节。如果有机会，我希望能够进一步提升这方面的能力。

问题 5：常见服务器的端口号有哪些？

*参考回答：*Apache 服务器默认端口号是 80，nginx 服务器（类似于 Apache 服务器的软件）默认端口号也是 80，MySQL 数据库服务器默认的端口号是 3306，Tomcat 服务器（解析 Java 语言的服务器）默认的端口号是 8080，Redis 服务器默认的端口号是 6379。

二 | 求职技巧

对 Linux 操作系统的考查一般有两种形式，一种是面试官直接问你对 Linux 操作系统的掌握程度，不限于命令行；另一种是笔试，如果有笔试的话，基本上都会有 Linux 命令行的题目，主要考查基础命令行的基本使用方法。当然，很多面试官有可能直接让你写出你所知道的所有命令行。

第10章 MySQL 数据库 SQL 语句与索引

数据库在 Web 系统中的重要性不言而喻。测试人员在前台页面所做的操作，无论是查询数据，还是增加数据等其他操作，其实都是对后台数据库进行的操作。这是因为前台页面显示的这些数据大多是从后台数据库查询出来的，在前台增加的数据最终也是存放在数据库里。如果要判断从前台传递给数据库的数据是否正确，或者说要检查前台页面上显示的数据与后台数据库显示的数据是否一致，就需要通过 SQL 语句来直接操作数据库进行求证，这就是初级软件测试人员要学习数据库的主要原因。根据作者的经验，近 95% 的企业在招聘软件测试人员时都要求求职者对数据库有所了解。

扫码看视频：
MySQL 数据库
SQL 语句与索引

本章将介绍测试人员在日常工作中需熟练掌握的 SQL 语句，旨在帮助大家在实际测试过程中熟练运用 SQL 语句，高效地进行测试数据的分析和问题的准确定位。

10.1 安装 Navicat 客户端工具

9.4.2 节已经详细介绍了 MySQL 数据库的安装及部署流程。然而，对于测试人员来说，仅仅安装数据库并不够，还需要一个方便高效的客户端工具来进行远程管理和操作。因此，在安装完 MySQL 数据库后，测试人员通常会选择使用专业的 MySQL 客户端软件。这些客户端软件提供了图形化界面，使得数据库管理变得更加直观和简单。在这方面，推荐使用 Navicat 作为强大的数据库管理工具。Navicat 支持连接和管理各种数据库，包括 MySQL 数据库。就像 Xshell 对于远程管理和操作 Linux 系统的便捷性，Navicat 提供了类似的便利性，使测试人员能够轻松地管理和操作 MySQL 数据库。本章视频包含 Navicat 工具的下载和安装教程。

10.2 SQL 基础语句

对于刚开始接触 MySQL 的初学者来说，SQL（Structured Query Language）查询语句可能会显得有些复杂和难以理解。不过，一旦掌握了常用的基本查询语句，就会发现它们其实非常直观且功能强大。在本节中，将介绍一些对于初学者来说至关重要的入门查询语句，这些语句构成了在 MySQL 数据库中进行数据检索和操作的基础。

这里列出的查询语句并非全部，但它们是初学者需要优先掌握的：SELECT（从数据库表中检索数据）、WHERE（过滤结果集）、ORDER BY（对结果集进行排序）、INSERT INTO（向表中插入新数据）、UPDATE（更新表中的数据）、DELETE（从表中删除数据）等。

特别需要注意的是，SELECT、WHERE 和 ORDER BY 这 3 个查询语句在日常操作中使用频率极高。SELECT 语句用于从数据库表中检索数据，它可以根据需要选择特定的列或所有列。WHERE 语句用于过滤结果集，只返回满足指定条件的行。而 ORDER BY 语句则用于对结果集进行排序，可以按照一个或多个列进行升序或降序排列。

掌握这些查询语句，将使你能够操作 MySQL 数据库中的数据，为测试结果和数据分析提供支持。

10.2.1 表和列

想要使用关键字 SELECT 来查询数据，首先就要了解数据库中两个比较重要的概念：“表”和“列”。“表”和“列”在数据库中代表什么意义呢？接下来就用实体仓库和数据仓库进行对比，帮助大家理解“表”和“列”的概念，最后再使用关键字 SELECT 来查询数据库中的数据。

一｜实体仓库图

某工厂是一个 IT 电器的生产商，主要生产手机、笔记本电脑、台式计算机等 IT 设备，该工厂有一个名叫 AB 的实体仓库，该仓库存放的是各个设备的配件，如图 10-1 所示。

（1）AB 实体仓库一共划分成了 3 个区域，并分别命名为“手机”“笔记本电脑”“台式计算机”。

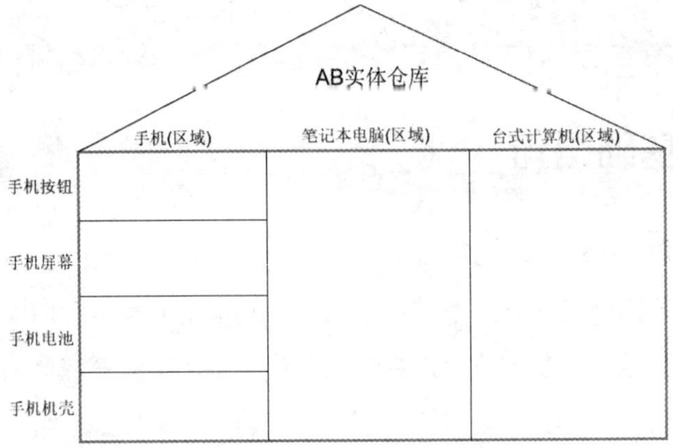

图 10-1 AB 实体仓库图

（2）“手机”这个区域又被划分成了 4 个区域，并分别命名为“手机按钮”“手机屏幕”“手机电池”“手机机壳”，很明显“手机按钮”这个区域是存放手机按钮的，其他 3 个区域分别存放手机屏幕、手机电池、手机机壳。

（3）“笔记本电脑”区域、“台式计算机”区域同样也会各自划分出更小的区域，然后在每个小区域中存放相关的配件。

（4）配件存放好之后就可以被生产车间调用，例如，当生产车间需要用到“手机屏幕”时，只能从“手机”区域才能调到“手机屏幕”这个配件，而不能从“笔记本电脑”区域和“台式计算机”区域去调，因为这两个区域里面存放的并不是与手机相关的配件。

二 | 数据仓库图

数据仓库和实体仓库的区别就在于一个是存放数据的，一个是存放实体产品的。

某公司为了更好地管理员工信息、部门信息、工资级别信息，特地把这三部分信息存放在一个名叫 CD 的数据仓库里，如图 10-2 所示。

（1）CD 数据仓库同样被划分成了 3 个区域，并分别命名为“员工”“部门”“工资级别”。

（2）“员工”这个区域又被划分成了 4 个区域，并分别命名为“员工姓名”“员工工号”“员工职位”“入职日期”。“员工姓名”这个区域存放着公司所有员工的姓名信息，其他 3 个区域分别存放着公司全体员工的工号、职位以及入职日期等信息。

（3）“部门”“工资级别”这两大区域同样也会各自划分出更小的区域，然后在每个区域中存放部门及工资级别的相关信息。

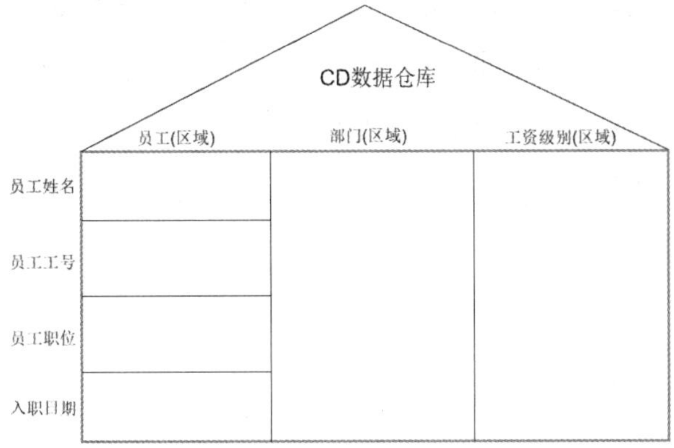

■ 图 10-2 CD 数据仓库图

（4）当数据全部存放好之后，如果公司领导想查看公司所有员工的姓名，那应该如何查看呢？同实体仓库一样，要想查看所有员工的姓名，只能在“员工”这个区域才能查到，因为员工的姓名存放在“员工”区域里，而不能从“部门”区域或“工资级别”区域查找。前面介绍过，在数据库里是用 SQL 语句来操作数据的，在本例中，如果要查询所有员工的姓名，就要使用 SQL 语句，具体的 SQL 语句如下。

```
SELECT  员工姓名   FROM   员工;
```

“FROM”是“从”的意思，而“FROM 员工”意思是从“员工”这个区域去查；“SELECT”是“查询”的意思，而“SELECT 员工姓名”意思是要查询员工姓名；整个语句的意思是从“员工”这个区域查询所有员工的姓名。

（5）在数据库中，把大区域叫作“表”，小区域叫作“列”，那么在本例的数据仓库中就有 3 个表，表名分别为员工、部门、工资级别。在本例的员工表中，一共有 4 列，列名分别为员工姓名、员工工号、员工职位、入职日期。可以说数据库就是由若干个表（大区域）组成的，而表是由若干列（小区域）组成的，SQL 语句其实就是操作表和列的过程。那么从语法的角度看，就可以说，该语句指的是从员工表中查询列名为“员工姓名”的信息。

这里为了方便大家理解，把表名和列名都写成了中文，在实际工作中，数据库里的表名和列名应全部使用英文。

10.2.2 构造查询的数据

安装完 MySQL 数据库后，系统会自带 4 个用于存储自身特性信息的系统数据库，而其他数据库则是空的。因此，若要使用 SELECT 语句，需要先创建一个自己的数据库，并在其中建立数据表。接下来，需要向表中插入数据，这样数据库中才会有可供查询的内容。简而言之，数据库中的数据是由我们自行创建的，只有插入了数据，才能进行 SELECT 查询操作。

一 | 创建数据库

创建数据库的命令如下：

```
CREATE DATABASE test_db;
```

【语法解析】

- CREATE：这是 SQL 的关键字，表示创建操作。
- DATABASE：这是 SQL 的关键字，表示要创建的是一个数据库。
- test_db：是数据库的名称，你可以根据需要自定义一个有意义的名称。
- 默认情况下，SQL 关键字都要大写。

简单来说，这个命令就是告诉数据库管理系统，要创建一个名为“test_db”的数据库，以供后续在其中存储数据和执行相关操作。通过创建数据库，可以开始在其中建立表、插入数据，并使用 SQL 语句对数据进行查询、修改和删除等操作。

二 | 创建数据库中的表

test_db 数据库创建完成后，它里面是空的，需要继续在里面创建表和列，以便进行各类数据的存储。

创建表的命令如下：

```
CREATE TABLE test_table (
    name VARCHAR(50),
    age INT,
    birthdate DATE
);
```

【语法解析】

- CREATE：这是 SQL 的关键字，表示创建操作。
- TABLE：这是 SQL 的关键字，表示要创建的是一个数据表。
- test_table：是数据表的名称，你可以根据需要自定义一个有意义的名称。
- 在括号内的每一行都代表数据表的一个列。

- name：列名，用于标识该列的名称。
- VARCHAR(50)：定义列的数据类型的关键字，指定该列存储的数据类型为字符型，并设置最大长度为 50 个字符。
- age：列名，用于标识该列的名称。
- INT：定义列的数据类型的关键字，指定该列存储的数据类型为整数型。
- birthdate：列名，用于标识该列的名称。
- DATE：定义列的数据类型的关键字，指定该列存储的数据类型为日期型。

简单来说，这个命令就是告诉数据库管理系统，在数据库中创建一个名为“test_table”的数据表，并定义了 3 个列，分别是 name（姓名）、age（年龄）和 birthdate（出生日期），指定了这些列各自的数据类型，用于规定表中每个字段所能存储的数据的类型和格式。

通过创建数据表，可以在其中存储和组织具有不同属性的数据，例如姓名、年龄和生日等。随后，可以使用 SQL 语句向数据表中插入数据行，并通过查询语句检索、过滤和操作数据。

三 | 向表中插入数据

数据库的表建立完成后，就可以向表中插入数据。

向表中插入数据的命令如下：

```
INSERT INTO test_table (name, age, birthdate) VALUES
('Alice', 25, '1998-01-01'),
('Bob', 30, '1993-05-10'),
('Charlie', 35, '1988-09-20'),
('David', 40, '1983-02-15'),
('Eva', 28, '1995-08-08'),
('Frank', 22, '2001-03-17'),
('Grace', 27, '1996-07-07'),
('Henry', 45, '1978-11-11'),
('Isabella', 31, '1992-04-01'),
('Jack', 33, '1990-06-25'),
(Null, 33, '1990-06-25');
```

【语法解析】

- INSERT INTO：这是 SQL 的关键字，表示插入操作。
- test_table：表示要插入数据的目标数据表。

- (name, age, birthdate)：指定要插入数据的列，即 name、age 和 birthdate 列。
- VALUES：这是 SQL 的关键字，表示接下来要插入的具体数值。
- ('Alice', 25, '1998-01-01')：表示第一条要插入的数据行，其中“Alice”是 name 列的值，25 是 age 列的值，“1998-01-01”是 birthdate 列的值。继续类似地插入更多的数据行，每个数据行用逗号分隔。

简单来说，这个命令就是告诉数据库管理系统，将多个数据行插入名为“test_table”的数据表中。每个数据行都包含了 name、age 和 birthdate 列的值，用于在表中创建新的数据行。

通过执行这个命令，可以将具体的数据信息插入数据表中，以便后续使用查询语句进行检索和分析。这样，数据表就开始拥有了实际的数据内容，可以进行更多有意义的操作和分析。

10.2.3 SELECT 语句的使用场景

对于初级软件测试人员来说，SELECT 子句是 SQL 语句中最重要的语法之一，测试人员应该熟练地操作它。以下是一些基于 test_table 表的常见 SELECT 查询语句示例。

一 | 查询表中所有的数据

查询语句如下：

```
SELECT * FROM test_table;
```

【语法解析】

- SELECT：这是 SQL 的关键字，表示选择或提取数据。
- *：星号，表示“所有”。这里表示选取所有的列。
- FROM：这是 SQL 的关键字，指定从哪个表提取数据。
- test_table：表名，即数据的来源。

这个语句是说，从 test_table 表中查询所有的列和行。

运行结果如图 10-3 所示。

name	age	birthdate
Alice	25	1998-01-01
Bob	30	1993-05-10
Charlie	35	1988-09-20
David	40	1983-02-15
Eva	28	1995-08-08
Frank	22	2001-03-17
Grace	27	1996-07-07
Henry	45	1978-11-11
Isabella	31	1992-04-01
Jack	33	1990-06-25
(Null)	33	1990-06-25

■ 图 10-3　运行结果

二 | 查询表中特定列的数据

查询语句如下：

```
SELECT name, age FROM test_table;
```

【语法解析】

- name, age：列名，用逗号隔开。表示只要选取这两个列。

这个语句是说，从 test_table 表中只查询 name 和 age 两列的数据。

运行结果如图 10-4 所示。

name	age
Alice	25
Bob	30
Charlie	35
David	40
Eva	28
Frank	22
Grace	27
Henry	45
Isabella	31
Jack	33
(Null)	33

图 10-4 运行结果

三 | 带条件的查询

查询语句如下：

```
SELECT * FROM test_table WHERE age > 30;
```

【语法解析】

- WHERE：这是 SQL 的关键字，条件语句，指定哪些行应该被选取。
- age > 30：具体的条件，表示年龄大于 30。

这个语句是说，从 test_table 表中选取所有年龄大于 30 的行。

运行结果如图 10-5 所示。

name	age	birthdate
Charlie	35	1988-09-20
David	40	1983-02-15
Henry	45	1978-11-11
Isabella	31	1992-04-01
Jack	33	1990-06-25
(Null)	33	1990-06-25

图 10-5 运行结果

四 | 排序查询结果

查询语句如下：

```
SELECT * FROM test_table ORDER BY age DESC;
```

【语法解析】

- ORDER BY：这是 SQL 的关键字，用作排序，指定按哪个列排序。
- age：列名，表示按年龄排序。
- DESC：这是 SQL 的关键字，表示降序，从大到小。如果不写，默认是升序（ASC，即从小到大）。

这个语句是说，从 test_table 表中查询所有行，并按年龄从大到小排序。

运行结果如图 10-6 所示。

name	age	birthdate
Henry	45	1978-11-11
David	40	1983-02-15
Charlie	35	1988-09-20
Jack	33	1990-06-25
(Null)	33	1990-06-25
Isabella	31	1992-04-01
Bob	30	1993-05-10
Eva	28	1995-08-08
Grace	27	1996-07-07
Alice	25	1998-01-01
Frank	22	2001-03-17

图 10-6 运行结果

五 | 去重查询

查询语句如下：

```
SELECT DISTINCT age FROM test_table;
```

【语法解析】

- DISTINCT：这是 SQL 的关键字，意思是不同的、唯一的。表示只选取不重复的值。

这个语句是说，从 test_table 表中选取所有不重复的年龄。

运行结果如图 10-7 所示。

age
25
30
35
40
28
22
27
45
31
33

图 10-7　运行结果

六 | 限制查询结果的数量

查询语句如下：

```
SELECT * FROM test_table LIMIT 3;
```

【语法解析】

- LIMIT：这是 SQL 的关键字，限制的意思，指定最多返回多少行。
- 3：数字，表示只返回前三行。

这个语句是说，从 test_table 表中只选取前三行。

运行结果如图 10-8 所示。

name	age	birthdate
Alice	25	1998-01-01
Bob	30	1993-05-10
Charlie	35	1988-09-20

图 10-8　运行结果

10.2.4　WHERE 语句的使用场景

对于初级软件测试人员来说，了解和掌握 SQL 查询中的 WHERE 子句是非常重要的。以下是一些基于 test_table 表的常见 WHERE 查询语句示例。

一 | 基本条件查询

查询语句如下：

```
SELECT * FROM test_table WHERE name = 'Alice';
```

【语法解析】

- SELECT *：选择所有列。

- FROM test_table：从 test_table 表中选取数据。
- WHERE name = 'Alice'：仅选取 name 列值为“Alice”的行。

这个语句是说，从 test_table 表中选取所有列，但只选取那些 name 列的值是“Alice”的行。

运行结果如图 10-9 所示。

name	age	birthdate
Alice	25	1998-01-01

图 10-9　运行结果

二 | 范围查询

查询语句如下：

```
SELECT * FROM test_table WHERE age BETWEEN 25 AND 30;
```

【语法解析】

- BETWEEN...AND：这是 SQL 的关键字，可以通俗地理解为“在……和……之间”。
- BETWEEN 25 AND 30：选取 age 列值在 25 和 30 之间（包括 25 和 30）的行。

这个语句是说，从 test_table 表中选取所有列，但只选取那些 age 列的值在 25 和 30 之间（包括 25 和 30）的行。

运行结果如图 10-10 所示。

name	age	birthdate
Alice	25	1998-01-01
Bob	30	1993-05-10
Eva	28	1995-08-08
Grace	27	1996-07-07

图 10-10　运行结果

三 | 集合查询（IN）

查询语句如下：

```
SELECT * FROM test_table WHERE name IN ('Alice', 'Bob', 'Charlie');
```

【语法解析】

- IN：这是 SQL 的关键字，可以通俗地理解为“在……之中”。
- IN ('Alice', 'Bob','Charlie')：选取 name 列值为“Alice”“Bob”或“Charlie”的行。

这个语句是说，从 test_table 表中选取所有列，但只选取那些 name 列的值是“Alice”“Bob”或“Charlie”中的之一的行。

运行结果如图 10-11 所示。

name	age	birthdate
Alice	25	1998-01-01
Bob	30	1993-05-10
Charlie	35	1988-09-20

图 10-11　运行结果

四 | 模糊查询（LIKE）

查询语句如下：

```
SELECT * FROM test_table WHERE name LIKE 'A%';
```

【语法解析】

- LIKE：这是 SQL 的关键字，模糊匹配的意思，与通配符一起使用。
- A%：这里的“%”是通配符，表示任意数量的任意字符。“A%”表示以“A”开头的任意字符串。

这个语句是说，从 test_table 表中选取所有名字以“A”开头的行。

运行结果如图 10-12 所示。

name	age	birthdate
Alice	25	1998-01-01

图 10-12　运行结果

五 | 空值查询（IS Null）

查询语句如下：

```
SELECT * FROM test_table WHERE name IS Null;
```

【语法解析】

- Null：这是 SQL 的关键字，一般指空值、空的、没有值的。
- name IS Null：选取那些 name 列的值为 Null 的行。注意查询 Null 值时，不能使用“name=Null”或者“name!=Null”，只能用“name IS Null”或者“name IS NOT Null”。

这个语句是说，从 test_table 表中选取所有列，但只选取那些 name 列的值为 Null 的行。

运行结果如图 10-13 所示。因为 name 列只有一行是空值，所以查询的记录只有一条。

name	age	birthdate
(Null)	33	1990-06-25

图 10-13　运行结果

10.2.5　ORDER BY 语句的使用场景

对于初级软件测试人员来说，了解 SQL 中的 ORDER BY 语句是很基本的。ORDER BY 语句用于根据一个或多个列对结果集进行排序。以下是一些基于 test_table 表的常见 ORDER BY 示例。

一 | 按年龄升序排序

查询语句如下：

```
SELECT * FROM test_table ORDER BY age ASC;
```

【语法解析】

- ORDER BY：这是 SQL 的关键字，可以通俗地理解为“按照……排序”。
- ORDER BY age：按照 age 列排序。
- ASC：升序（从小到大）。如果省略，默认也是 ASC（升序）。

这个语句是说，从 test_table 表中选取所有列和所有行，并按照 age 列的升序对结果进行排序。

运行结果如图 10-14 所示。

name	age	birthdate
Frank	22	2001-03-17
Alice	25	1998-01-01
Grace	27	1996-07-07
Eva	28	1995-08-08
Bob	30	1993-05-10
Isabella	31	1992-04-01
Jack	33	1990-06-25
(Null)	33	1990-06-25
Charlie	35	1988-09-20
David	40	1983-02-15
Henry	45	1978-11-11

图 10-14 运行结果

二 | 按年龄降序排序

查询语句如下：

```
SELECT * FROM test_table ORDER BY age DESC;
```

【语法解析】

- DESC：降序（从大到小）。

这个语句是说，从 test_table 表中选取所有列和所有行，并按照 age 列的降序对结果进行排序。换句话说，它会返回表中的所有数据，但是会根据年龄从大到小的顺序来展示结果。

运行结果如图 10-15 所示。

name	age	birthdate
Henry	45	1978-11-11
David	40	1983-02-15
Charlie	35	1988-09-20
Jack	33	1990-06-25
(Null)	33	1990-06-25
Isabella	31	1992-04-01
Bob	30	1993-05-10
Eva	28	1995-08-08
Grace	27	1996-07-07
Alice	25	1998-01-01
Frank	22	2001-03-17

图 10-15 运行结果

三 | 先按年龄升序排序，若年龄相同则按名称升序排序

查询语句如下：

```
SELECT * FROM test_table ORDER BY age ASC, name ASC;
```

【语法解析】

- 首先按照 age 列进行升序排序。

- 如果 age 相同，则按照 name 列进行升序排序。

这个语句是说，从 test_table 表中选取所有列和所有行，并按照两个条件对结果进行排序。首先，它会按照 age 列的升序（从小到大）来排序行。如果有多行具有相同的年龄值，那么这些行将按照 name 列的升序（根据字母顺序，从 A 到 Z）进一步排序。总的来说，这个查询返回整个表的内容，但是行的排列顺序首先考虑年龄，然后在年龄相同的情况下考虑名称。

运行结果如图 10-16 所示。

name	age	birthdate
Frank	22	2001-02-17
Alice	25	1998-01-01
Grace	27	1996-07-07
Eva	28	1995-08-08
Bob	30	1993-05-10
Isabella	31	1992-04-01
(Null)	33	1990-06-25
Jack	33	1990-06-25
Charlie	35	1988-09-20
David	40	1983-02-15
Henry	45	1978-11-11

图 10-16 运行结果

10.2.6 INSERT INTO 语句的使用场景

对于初级软件测试人员来说，了解 INSERT INTO 语句的基本用法是非常重要的。在 10.2.2 节中已讲过它的用法，INSERT INTO 语句主要用于向表中插入新的数据行，下面将以 test_table 表为例，演示两种常见的 INSERT INTO 语句。

一 | 插入完整行数据

插入语句如下：

```
INSERT INTO test_table (name, age, birthdate) VALUES ('John', 32, '1991-02-14');
```

【语法解析】

- INSERT INTO：这是 SQL 的关键字，表示要插入数据到某个表中。
- test_table：这是表名，表示要插入数据的目标表。
- (name, age, birthdate)：这是列名列表，表示要插入数据的列。
- VALUES：这是 SQL 的关键字，后面跟着要插入的具体数据。
- ('John', 32, '1991-02-14')：这是要插入的数据行，每个值对应前面列名列表中的一个列。

这个语句是说，向 test_table 表中插入一条新的数据记录。

二 | 插入多行数据

插入语句如下：

```
INSERT INTO test_table (name, age, birthdate) VALUES
('Lucy', 24, '1999-03-21'),
('Mike', 34, '1989-10-10'),
('Nina', 26, '1997-05-05');
```

【语法解析】

- 可以在一个 INSERT INTO 语句中插入多行数据。
- 每行数据之间用逗号分隔。

这个语句是说，向 test_table 表中插入 3 条新的数据记录。

10.2.7 UPDATE 语句的使用场景

对于初级软件测试人员来说，理解 UPDATE 语句的基本结构和用法是非常重要的。以下是一些基于 test_table 表的 UPDATE 语句示例。

一 | 更新特定行的数据

更新语句如下:

```
UPDATE test_table SET age = 26 WHERE name = 'Alice';
```

【语法解析】

- UPDATE SET：这是 SQL 的关键字，用于修改已经存储在数据库表中的数据。
- UPDATE test_table：指定要更新数据的表名，这里是 test_table。
- SET age = 26：指定要更新的列和新的值，这里是将 age 列的值更改为 26。
- WHERE name = 'Alice'：指定更新的条件，即只更新 name 列值为“Alice”的行。

这个语句是说，将表中 name 为“Alice”的行的 age 字段更新为 26。

二 | 更新多列的数据

更新语句如下:

```
UPDATE test_table SET age = 32, birthdate = '1992-02-29' WHERE name
= 'Bob';
```

【语法解析】

- 可以在 SET 子句中一次更新多列，用逗号分隔。

这个语句是说，将name为“Bob”的行的age更新为32，birthdate更新为“1992-02-29”。

三 | 无条件更新所有行的数据

更新语句如下：

```
UPDATE test_table SET age = age + 1;
```

【语法解析】

- 如果没有 WHERE 子句，UPDATE 语句会更新表中的所有行。

这个语句是说，将表中所有行的 age 值增加 1。

10.2.8 DELETE 语句的使用场景

对于初级软件测试人员来说，了解 SQL 的 DELETE 语句的基本形式和用法是非常重要的。DELETE 语句用于从数据库表中删除记录。下面将以 test_table 表为例，展示一些常见的 DELETE 语句示例。

一 | 删除特定记录

删除语句如下：

```
DELETE FROM test_table WHERE name = 'Alice';
```

【语法解析】

- DELETE：这是 SQL 的删除命令，表示要从表中删除数据。
- FROM test_table：这指定了要从哪个表中删除数据，即 test_table。
- WHERE name = 'Alice'：这是条件子句，它指定了删除的具体条件，即只删除 name 字段值为“Alice”的记录。

这个语句是说，将 name 为“Alice”的记录删除。

二 | 删除满足多个条件的记录

删除语句如下：

```
DELETE FROM test_table WHERE age > 30 AND birthdate < '1990-01-01';
```

【语法解析】

- age > 30：这是第一个条件，表示要删除的记录其 age 字段的值必须大于 30。
- AND：这是一个逻辑运算符，表示同时满足前后两个条件。
- birthdate < '1990-01-01'：这是第二个条件，表示要删除的记录其 birthdate 字段的值必须在“1990-01-01”之前。

这个语句是说，将表中所有 age 大于 30 且 birthdate 早于“1990-01-01”的记录删除。

三｜无条件删除所有记录（谨慎使用）

删除语句如下：

```
DELETE FROM test_table;
```

【语法解析】

- 没有 WHERE 子句，意味着会删除表中的所有记录。

这个语句是说，将 test_table 表中所有的记录都删除。

注意：这种删除非常危险，因为它会清空整个表。在生产环境中，除非你非常确定要这样做，并且有数据备份，否则不要执行这样的操作。

10.3 SQL 高级查询

对于初级软件测试人员而言，掌握多表查询技术是至关重要的。在实际应用中，数据往往分布在多个相关联的表中，从这些表中高效地提取和整合信息是一个挑战。为了应对这一挑战，测试人员需要熟练掌握常用的多表查询方法，它们分别是：相等连接（也称为内连接）、左外连接、右外连接、分组子句以及聚合函数。

10.3.1 构造多表查询的数据

首先，需要在 test_db 数据库中创建两个表：一个是员工表（employees），另一个是部门表（departments）。员工表将包含员工的 ID、员工的姓名、部门 ID 以及员工的工资，而部门表将包含部门 ID 和部门名称。之后，可以向这两个表插入数据，以便在进行多表查询时能够获取相关的数据。

一｜创建员工表（employees 表）

创建表的命令如下：

```
CREATE TABLE employees (
    employee_id INT PRIMARY KEY,
    name VARCHAR(50),
    department_id INT,
    salary INT
);
```

这个 employees 表（员工表）的含义是：它是一个用于存储员工信息的数据库表，其中包含员工 ID（employee_id）、员工姓名（name）、所属部门 ID（department_id）以及员工工资（salary）这 4 个字段。其中，员工 ID（employee_id）被定义成了主键（PRIMARY KEY），定义为主键的列（employee_id）具有两个基本特征。首先，它不能为空，也就是说每个员工的 ID 都必须有一个有效的值。其次，这一列的值不能重复，也就是说每个员工的 ID 必须是唯一的，不能与其他员工的 ID 相同。

二｜创建部门表（departments 表）

创建表的命令如下：

```
CREATE TABLE departments (
    department_id INT PRIMARY KEY,
    department_name VARCHAR(50)
);
```

这个 departments 表（部门表）的含义是：它是一个用于存储部门信息的数据库表。它包含两个字段，一个是部门 ID（department_id），另一个是部门名称（department_name）。其中，部门 ID（department_id）被定义为主键（PRIMARY KEY），意味着每个部门的 ID 都必须有一个有效的值，不能为空，并且这些 ID 值必须是唯一的，不能与其他部门的 ID 重复。

三｜向员工表中插入数据

向表中插入数据的命令如下：

```
INSERT INTO employees (employee_id, name, department_id, salary)
VALUES
    (1, 'Tom', 1, 5000),
    (2, 'Jerry', 2, 6000),
```

```
(3, 'Spike', 1, 4500),
(4, 'Tyke', 2, 6500),
(5, 'Merry', Null, 7500);
```

从插入的数据可以看到，Merry 这个员工是没有部门号的，这个员工可能是新来的，还没有分配部门，所以部门号是 Null（空的）。

四｜向部门表中插入数据

向表中插入数据的命令如下：

```
INSERT INTO departments (department_id, department_name) VALUES
(1, 'Sales'),
(2, 'Engineering'),
(3, 'Marketing');
```

结合员工表的数据可以看到，目前并没有员工属于 3 号部门，也就是市场部（Marketing），这个部门可能刚刚成立。

到这里为止，两个表已创建，数据已填充，除 PRIMARY KEY（主键）外，其他所有语法和关键内容在 10.2 节中均已涵盖。

10.3.2 相等连接的使用

相等连接是 SELECT 语句中一个重要的语法，测试人员应该熟练掌握它。相等连接用于将两个或多个表中的行连接起来，并返回满足连接条件的行。

示例：获取每个员工的姓名及其所在部门的名称。

具体查询语句如下：

```
SELECT employees.name, departments.department_name
FROM employees, departments
WHERE employees.department_id = departments.department_id;
```

由于员工和部门的信息分布在两个表中，需要一个方法将它们组合在一起。相等连接（这里使用的是 WHERE 关键字）允许我们根据一个共同的字段（在这里是 department_id）将两个表的数据整合在一起。这条查询语句的意思是："从员工表和部门表中选取员工的名字和他们所在部门的名字，但只有当员工表中的 department_id 和部门表中的 department_id 一样的时候才选。" 这样，我们就能得到一个列表，里面列出了每个员工和他们所在的部门。

运行结果如图 10-17 所示。

name	department_name
Tom	Sales
Jerry	Engineering
Spike	Sales
Tyke	Engineering

图 10-17 运行结果

从运行结果中可以看到，由于 Merry 员工的 department_id 是 Null，并且 departments 表中没有 department_id 为 Null 的记录，因此 Merry 不会出现在结果中。同样，由于 departments 表中 department_id 为 3 的记录存在，但没有员工的 department_id 与之匹配，所以市场部（Marketing）也不会出现在结果中。

因此，查询结果只包括那些 department_id 在两个表中都存在的员工姓名和对应的部门名称。在这个例子中，就是 Tom、Jerry、Spike 和 Tyke 这 4 位员工的姓名以及他们所在的部门名称。

另外，相等连接也称为内连接，也可以使用 INNER JOIN 关键字来替换 WHERE 关键字进行相等连接，只是在工作中使用 WHERE 关键字的情况比较多。

10.3.3 笛卡儿积

在 10.3.2 节的查询语句中，如果不使用 WHERE 子句进行相等连接，那么查询将执行笛卡儿积（Cartesian product）操作，这是指两个表中的所有行都将被组合在一起，而不仅仅是那些具有匹配 department_id 的行。笛卡儿积会产生所有可能的行组合，这通常会导致大量的结果集，其中包含大量不相关的数据。

具体查询语句如下：

```
SELECT employees.name, departments.department_name
FROM employees, departments;
```

运行结果如图 10-18 所示。

name	department_name
Tom	Sales
Tom	Engineering
Tom	Marketing
Jerry	Sales
Jerry	Engineering
Jerry	Marketing
Spike	Sales
Spike	Engineering
Spike	Marketing
Tyke	Sales
Tyke	Engineering
Tyke	Marketing
Merry	Sales
Merry	Engineering
Merry	Marketing

图 10-18 运行结果

从运行结果中可以看到，不使用 WHERE 子句，查询将返回 employees 表中的每一行与 departments 表中的每一行的组合。这意味着，如果你有 4 个员工和 3 个部门，你将得到 4 × 3 = 12 行结果，即使某些员工并不属于某些部门。总的来说，不使用 WHERE 子句进行相等连接会导致返回大量不相关的数据组合，使得结果集失去意义。正确的做法是使用 WHERE 子句来确保只返回那些具有匹配关联键的行。

10.3.4 左外连接的使用

左外连接（LEFT OUTER JOIN，或简写为 LEFT JOIN）是 SQL 中一种非常有用的连接类型，它允许我们从两个表中检索数据，即使左表中的某些行在右表中没有匹配的行。左外连接返回左表（即连接操作符左边的表）中的所有行，以及满足连接条件的右表（即连接操作符右边的表）中的匹配行。如果右表中没有匹配的行，则结果集中的对应列将包含 Null 值。

示例：获取所有员工的姓名及其所在部门的名称，即使某些员工没有分配到任何部门。

具体查询语句如下：

```
SELECT employees.name, departments.department_name
FROM employees
LEFT JOIN departments ON employees.department_id = departments.
department_id;
```

在这个查询中，我们使用了 LEFT JOIN 关键字来指定左外连接。连接条件是 employees.department_id = departments.department_id。

运行结果如图 10-19 所示。

name	department_name
Tom	Sales
Spike	Sales
Jerry	Engineering
Tyke	Engineering
Merry	(Null)

图 10-19 运行结果

从运行结果中可以看到，即使 Merry 员工的 department_id 是 Null，并且在 departments 表中没有匹配的 department_id，它也仍然会出现在结果中。因为左外连接会返回左表（employees）中的所有行，对于没有匹配的行，右表（departments）的列将包含 Null 值。

因此，左外连接在需要获取主表（通常是左表）的所有记录，并同时获取与之相关的从表（通常是右表）的记录时非常有用，即使有些主表的记录没有在从表中找到匹配项。

10.3.5 右外连接的使用

右外连接（RIGHT OUTER JOIN，或简写为 RIGHT JOIN）是 SQL 中另一种重要的连接类型，与左外连接相反，它返回右表（即连接操作符右边的表）中的所有行，以及满足连接条件的左表（即连接操作符左边的表）中的匹配行。如果左表中没有匹配的行，则结果集中的对应列将包含 Null 值。

示例：获取所有部门的名称及其包含的员工姓名，即使某些部门没有员工。

具体查询语句如下：

```
SELECT employees.name, departments.department_name
FROM employees
RIGHT JOIN departments ON employees.department_id = departments.
department_id;
```

在这个查询中，我们使用了 RIGHT JOIN 关键字来指定右外连接。连接条件是 employees.department_id = departments.department_id。

运行结果如图 10-20 所示。

name	department_name
Tom	Sales
Jerry	Engineering
Spike	Sales
Tyke	Engineering
(Null)	Marketing

图 10-20　运行结果

从运行结果中可以看到，由于 Marketing 部门的 department_id 在 employees 表中没有匹配的员工，因此员工姓名是 Null。然而，因为右外连接会返回右表（departments）中的所有行，即使左表（employees）中没有匹配的行，Marketing 部门也仍然会出现在结果中。

因此，右外连接在需要获取右表的所有记录，并同时获取与之相关的左表的记录时非常有用，即使有些右表的记录没有在左表中找到匹配项。

10.3.6　分组子句和聚合函数的使用

分组子句（GROUP BY）和聚合函数（如 SUM、AVG、MAX、MIN、COUNT）在 SQL 中紧密合作，使得我们可以对数据进行分组并计算每个分组的汇总信息。结合先前学习的相等连接，我们可以更灵活地从多个表中提取相关数据，并根据需要进行分组和汇总。

一｜分组子句和聚合函数的示例

在本节中，我们先通过一个具体的示例来展示如何结合使用分组子句、聚合函数和相等连接。

示例：计算每个部门的工资总和。

具体查询语句如下：

```
SELECT departments.department_name, SUM(employees.salary)
FROM employees, departments
WHERE employees.department_id = departments.department_id
GROUP BY departments.department_name;
```

首先，通过相等连接（使用 WHERE 关键字）将 employees 表和 departments 表连接起来，确保获取到每个员工及其对应的部门信息。连接的条件是 employees 表中的 department_id 列与 departments 表中的 department_id 列相等。这样，我们可以将员工的工资与其所在部门的名称相关联。

接下来，使用 GROUP BY 子句按照 departments.department_name 进行分组。这意味着查询结果将按照部门的名称进行分组，相同部门的所有员工会被归到同一组中。

在分组后，我们应用聚合函数 SUM 来计算每个部门中所有员工工资的总和。SUM(employees.salary) 将计算每个部门分组内所有员工工资的总和，并将其作为结果集中的一列返回。

另外，需要特别注意的是，SELECT 语句后面所选择的列，必须在 GROUP BY 子句中出现。在本例中，由于我们在 SELECT 后选择了 departments.department_name 这一列，因此相应地，在 GROUP BY 子句中也需要包含这一列，以确保查询结果的准确性和分组逻辑的正确性。这样的编写方式符合 SQL 查询的规范，能够避免潜在的错误和歧义。

运行结果如图 10-21 所示。

department_name	SUM(employees.sala
Engineering	12500
Sales	9500

图 10-21　运行结果

综上所述，通过相等连接和分组子句，可以轻松地计算每个部门的工资总和，并获得每个部门名称及其对应的工资总和的结果集。这样的查询对于分析和理解部门间的工资分布情况非常有用。

二 | 分组子句和聚合函数的关系

分组子句（GROUP BY）：分组子句用于将结果集按照一个或多个列进行分组。通过指定要进行分组的列名，相同值的行被归为一组。分组后，我们可以对每个组应用聚合函数来计算该组内的数据。

聚合函数（SUM、AVG、MAX、MIN、COUNT）：聚合函数用于对一组数据执行计算，并返回单个结果。这些函数通常与分组子句一起使用，计算每个组的汇总值。以下是聚合函数的含义。

SUM：计算指定列中数值的总和。

AVG：计算指定列中数值的平均值。

MAX：查找指定列中的最大值。

MIN：查找指定列中的最小值。

COUNT：计算行数或指定列中非空值的数量。

分组子句和聚合函数的关系如下：

使用分组子句（GROUP BY）按照指定列进行分组，将具有相同值的行归为一组。

在每个分组内部，可以使用聚合函数对该组的数据进行计算。

聚合函数将根据分组的结果，对每个组的数据进行计算，并返回汇总值（如总和、平均值、最大值等）。

结果集中的每一行代表一个分组，其中包含分组列的值和聚合函数计算的结果。

通过使用分组子句和聚合函数，我们可以对数据进行更细粒度的分析，按照特定的条件将数据分组，并计算汇总值以获取有关数据集的统计信息。

三｜分组之后的限制

示例：计算每个部门的平均工资，并且只显示平均工资大于 5000 元的部门的名称及该部门的平均工资。

具体查询语句如下：

```
SELECT departments.department_name, AVG(employees.salary)
FROM employees,departments
WHERE employees.department_id = departments.department_id
GROUP BY departments.department_name
HAVING AVG(employees.salary)>5000;
```

该 SQL 语句的目的是筛选出那些平均工资超过 5000 元的部门，并显示这些部门的名称及其平均工资。

这个查询与前面的示例类似，使用了相等连接，并进行分组，随后使用了 AVG 聚合函数来计算平均工资，并且添加了 HAVING 子句来过滤出平均工资大于 5000 元的部门。需要注意的是，HAVING 子句用于对分组后的结果进行过滤，而不是对原始数据进行过滤，分组之后的筛选只能用 HAVING 子句而不能用 WHERE 子句。

运行结果如图 10-22 所示。

department_name	AVG(employees.sala
Engineering	6250.0000

图 10-22 运行结果

10.3.7 子查询的使用

子查询，也被称为内部查询或嵌套查询，是嵌入在另一个 SQL 查询中的查询。外部查询，也被称为主查询或外部选择，使用子查询的结果作为其数据源。子查询可以用于选择、插入、更新或删除操作，并且它们可以返回单个值、单个行、多个行或完整的表。

示例：获取工资高于平均工资的所有员工的姓名和工资。

具体查询语句如下：

```
SELECT name, salary
FROM employees
WHERE salary > (
    SELECT AVG(salary)
    FROM employees
);
```

在这个查询中，子查询 (SELECT AVG(salary) FROM employees) 计算了 employees 表中所有员工的平均工资。主查询则选择了那些工资高于这个平均工资的员工的姓名和工资。

运行结果如图 10-23 所示。

从运行结果中可以看到，只有 Jerry、Tyke 和 Merry 的工资高于平均工资。子查询首先执行，计算出平均工资，然后再执行主查询，从而过滤出高于平均工资的员工。

name	salary
Jerry	6000
Tyke	6500
Merry	7500

图 10-23　运行结果

子查询在处理复杂查询时非常有用，它们允许你在一个查询中引用另一个查询的结果，从而构建出更强大、更灵活的查询逻辑。然而，需要注意的是，过度使用子查询可能会导致查询性能下降，特别是在处理大型数据集时。因此，在使用子查询时，应该仔细考虑其对性能的影响，并在可能的情况下寻找更高效的查询策略。

10.4　索引

在 MySQL 中，索引是一种至关重要的数据结构，对于优化数据库查询性能起着决定性作用。在实际应用中，随着数据量的不断增长，直接从表中检索数据可能会变得非常缓慢。为了解决这个问题，MySQL 提供了索引机制，以加快对表中数据的访问速度。

对于测试人员来说，了解和掌握 MySQL 中的索引机制是十分重要的。索引不仅影响查询性能，还直接关系到数据库的整体效率和响应速度。测试人员需要知道如何合理地创建和使用索引，以确保数据库查询的高效性和准确性。

接下来将通过实例来演示一个常规索引的建立与使用过程，具体流程如下。

一｜创建表并设定主键

假设要在 test_db 数据库中创建一个名为 users 的表，其中包含 id、username 和 email

这 3 个字段，并且希望 id 字段作为主键。

创建表的命令如下：

```
CREATE TABLE users (
    id INT AUTO_INCREMENT,
    username VARCHAR(50) NOT Null,
    email VARCHAR(100) UNIQUE,
    PRIMARY KEY (id)
);
```

【语法解析】

- id 字段被定义为一个整数类型（INT），并且设置为自动递增（AUTO_INCREMENT），这意味着每当向表中插入新记录时，id 字段的值会自动增加，不用手动插入，确保每个用户都有一个唯一的标识符。
- username 字段是一个最大长度为 50 的字符串，不允许为空。
- email 字段是一个最大长度为 100 的字符串，并且被定义为唯一（UNIQUE），这意味着表中不能有两条记录具有相同的电子邮件地址。
- 最后，通过 PRIMARY KEY (id) 语句将 id 字段设置为主键。前面讲过，定义为主键的列有两个基本特征：首先，它不能为空；其次，这一列的值不能重复。主键主要就是用来唯一地标识数据库表中的每一行数据，通俗一点讲就是，只要知道 id 号，就能知道这一行所有的信息。就像通过身份证号码能够迅速查询到一个人的姓名、出生年月等详细信息一样，因为身份证号码是一个人身份的唯一标识。

二 | 为表添加常规索引

假设我们想要提高根据 username 字段查询的效率，可以为这个字段添加一个常规索引，具体命令如下：

```
CREATE INDEX idx_username ON users (username);
```

【语法解析】

- CREATE INDEX 语句用于创建索引。
- idx_username 是给索引起的名字，这个名字应该是描述性的，以便日后维护和理解。
- ON users (username) 指定了索引将被创建在 users 表的 username 字段上。

三｜向 user 表中插入数据

向表中插入数据的命令如下:

```
INSERT INTO users (username, email) VALUES ('john_doe', 'john.doe@example.com');
```

由于 id 字段被设置为自动递增，不需要手动为其指定值。

四｜查询数据

当根据 username 字段查询数据时，数据库将利用创建的 idx_username 索引来提高查询效率，查询命令如下:

```
SELECT * FROM users WHERE username = 'john_doe';
```

由于在 username 这个字段上添加了常规索引，所以如果以此字段进行数据查询，它的查询速度较没有添加索引时要快很多，尤其是在处理大量数据时，其效果更为显著。通过索引，数据库能迅速定位到与查询条件匹配的数据行，避免了全表扫描的耗时操作，从而大大加快了查询速度。

虽然索引可以提高查询效率，但它们也会占用额外的磁盘空间。因此，在添加索引之前，应该仔细考虑其对性能的影响。另外，除常规索引外，数据库领域还提供了许多其他类型的索引，如唯一索引、复合索引、全文索引、空间索引等，每一种都有其特定的应用场景和优化效果。这些索引在应对不同的查询需求和数据模式时，能够显著提高数据库的性能和效率。本节的介绍只是索引世界的一个小小入口，旨在向大家展示索引的基本概念和重要性，以激发大家对 SQL 高级语法的学习和探索兴趣。

10.5 本章小结

10.5.1 学习提醒

数据库作为 Web 系统的数据存储和查询中心，其重要性不言而喻。对于初级软件测试人员来说，首先要确保对本章所讲述的增、删、改、查及多表查询等基本操作有深入的理解和实践。在此基础上，应继续深入学习和实践多表联合查询、子查询、主键、外键、索引以及存储过程等高级 SQL 语法。这些技能将帮助你在处理复杂数据查询和分析时更加游刃有余。

10.5.2 求职指导

一｜本章面试常见问题

问题 1： 数据库你用得多吗？你都用过哪些数据库？工作中，你什么时候会用到数据库？

参考回答：在我的工作中，数据库的使用频率还是比较高的，尤其是 MySQL 数据库。在进行功能和接口测试时，例如执行增删改查操作，我们经常需要与数据库交互。验证前台页面的数据变动时，我会直接查询数据库以确认数据的准确性。此外，当需要在数据库中修改某些前台数据的状态时，我也会使用数据库。

问题 2： 你对 SQL 语句熟悉吗？你都用过哪些 SQL 语句？

参考回答：我对 SQL 语句相对来说还是比较熟悉的，并且在日常工作中经常使用。常见的 SQL 语句，如 SELECT 用于从数据库表中检索数据，WHERE 用于过滤结果集，ORDER BY 用于对结果集进行排序，INSERT INTO 用于向表中插入新数据，UPDATE 用于更新表中的数据，DELETE 用于从表中删除数据，等等。这些 SQL 语句都有用过。

另外，多表查询这一块也经常用到，如多表连接查询、分组子句、聚合函数，以及子查询都有用到。

问题 3： 什么是左外连接，什么是右外连接？

参考回答：简单一点说，左外连接就是左边表的信息全部显示，而右边表只显示与左边表相匹配的信息。右外连接则相反，右边表的信息全部显示，而左边表只显示与右边表相匹配的信息。

问题 4（知识扩展）： 什么是数据库的事务？

参考回答：在 MySQL 数据库中，事务（transaction）是一组逻辑上相关联的数据库操作，它们被当作一个单一的执行单元来处理。这些操作要么全部成功执行，要么全部不执行，即它们是一个不可分割的工作单位。事务的主要目的是确保数据库中数据的完整性和一致性。通过事务，可以在并发访问数据库时避免数据的不一致和错误。

事务具有 4 个属性，分别如下。

原子性：事务中的所有操作都被视为一个原子操作，它们要么全部成功执行，要么全部回滚（撤销）。

一致性：事务必须保证数据库从一个一致的状态转变到另一个一致的状态。

隔离性：在并发环境中，事务的执行必须与其他并发事务隔离开来，以防止数据的不一致和冲突。

持久性：一旦事务成功提交，其对数据库的更改将是永久性的。即使在系统崩溃、故障或重新启动后，这些更改也不会丢失。

问题 5（知识扩展）： 悲观锁和乐观锁的区别是什么？

参考回答：在多用户环境中，在同一时间可能会有多个用户更新相同的记录，这会产生冲突。这就是著名的并发性问题。悲观锁假设数据冲突很可能会发生并采取措施避免冲突；而乐观锁则假设数据冲突不太可能发生并在数据提交更新时检查是否发生了冲突。

问题 6： 什么是索引以及索引有哪些优缺点？

参考回答：索引是一种数据结构，用于快速查找和检索数据库中的数据，类似于图书的目录，它提供了对数据条目的快速访问路径。

索引的优点：可以提高数据检索的速度。可以帮助实现数据的唯一性约束，保护表数据的完整性。

索引的缺点：索引需要占用额外的磁盘空间和维护成本。当对表中的数据进行增加、删除和修改操作的时候，索引也要动态地维护，降低了数据的维护速度。

二 | 求职技巧

对于数据库的考查也有两种表现方式：一种是面试官直接问你对数据库的掌握程度，不限于 SQL 语句；另一种是笔试，如果有笔试的话，很可能会有 SQL 语句的题目，主要考查点还是表的增、删、改、查这 4 个方面的内容，大部分 SQL 笔试题都会涉及多表查询、分组子句和聚合函数、子查询这三块，初学者尤其要注意，并多加练习。

第11章 Web 自动化测试框架基础与实战

初级软件测试人员不会一直停留在手工测试（功能测试）上，大多数初级软件测试人员在具有一定的手工测试能力之后都会慢慢接触 Web 自动化测试技术。自动化测试可以理解为通过代码让计算机自动对软件进行测试。随着市场需求的变化，95% 的企业在招聘测试人员时，都会提出对 Web 自动化测试的相关要求，可以说 Web 自动化测试技术是初级软件测试人员发展的必经之路。

自动化测试与手工测试相比，最大的区别是要求测试人员掌握一门脚本开发语言，这对很多没有编程基础的人来说也许是一道难题，但其实自动化测试人员的编程工作不同于开发人员的编程工作，自动化测试的编程要容易得多，初学者即便在编程能力不是很强的情况下，通过自学也可以胜任相关的自动化测试工作。

本章将介绍 Web 自动化测试框架的构建，包括 HTML 基础、XPath 定位、Python 面向对象编程、pytest 测试框架以及 Selenium 工具的应用，最终通过页面对象模型实现高效、可维护的自动化测试。

扫码看视频：
Web 自动化测试
框架基础与实战

11.1 HTML 基础

当学习 Selenium 工具时，将 HTML 语言作为入门点是一个很好的选择。因为 HTML 语法简单、即学即用，可以提升初学者的信心。

为什么需要从学习 HTML 语言开始呢？原因很简单，Selenium 自动化测试工具操作的对象是网页元素，而网页元素是由 HTML 语言编写的，所以了解 HTML 语言对于理解和操作网页元素非常重要。

现在让我们来看几个实例，来帮助我们更容易地理解 HTML 语言。

例 1： 打开一个文本编辑器（如记事本），创建一个简单的网页。

```
<html>
<head>
</head>
<body>
我的第一个网页
</body>
</html>
```

【代码分析】

- 一个完整的 HTML 文档以 <html> 标签开始，以 </html> 标签结束。
- 网页的内容放在 <body> 和 </body> 标签之间，<body> 标签被称为正文标签，凡是在网页正文中直接展示的内容都需要放在 <body> 和 </body> 标签内。
- <html> 和 </html>、<body> 和 </body> 标签都是成双成对的，所以也称它们为双标签。
- 将以上代码保存为名为"1.html"的文件，如图 11-1 所示，通过谷歌浏览器打开该文件，就可以看到网页的效果，如图 11-2 所示，网页的正文是"我的第一个网页"，它会显示在网页中。

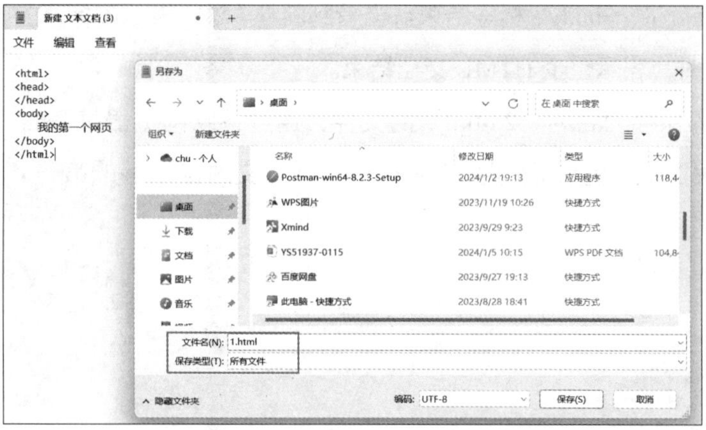

图 11-1 保存为 1.html 文件

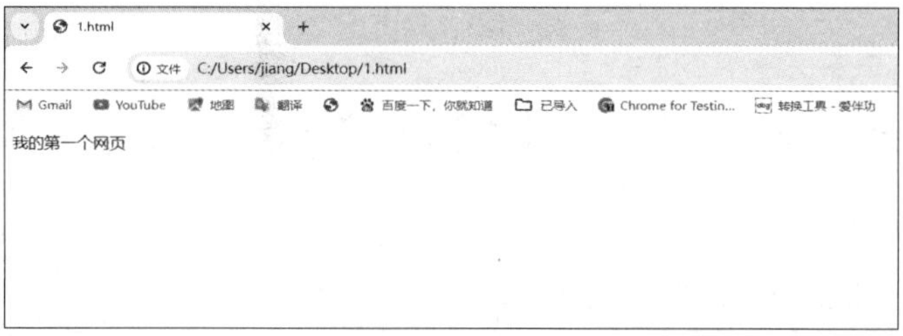

图 11-2 网页正文

例 2：打开一个文本编辑器（如记事本），创建一个带有网页标题的网页。

```
<html>
<head>
    <title> 制作网页 </title>
</head>
<body>
我的第一个网页
</body>
</html>
```

【代码分析】

- <title> 和 </title> 是用来设置网页标题的双标签。在这个例子中，网页的标题被设置为 “制作网页”。
- <title> 和 </title> 标签被放置在 <head> 和 </head> 标签之间。<head> 和 </head> 被称为头部标签，用于存放不需要直接在网页正文中显示的内容。由于网页标题不会直接显示在网页正文中，所以将 <title> 和 </title> 标签放置在头部标签内。
- 可以这样理解一个 HTML 文档的结构：在一个 HTML 文档中，整个文档以 <html> 标签开始，头部内容位于 <head> 标签内，以 </head> 标签结束。正文内容以 <body> 标签开始，以 </body> 标签结束。当看到斜杠 / 时，表示该标签的内容结束。当看到 </html> 标签时，表示整个 HTML 文档结束。

将以上代码保存为名为“2.html”的文件，通过谷歌浏览器打开后，展示的效果如图 11-3 所示，页面上方显示了标题 “制作网页”，正文内容 “我的第一个网页”显示在网页中。

■ 图 11-3　网页正文

例 3：打开一个文本编辑器（如记事本），创建一个带有文本输入框的网页。

```
<html>
<head>
    <title> 信息输入标签 </title>
</head>
<body>
```

```
请输入用户名：<br>
用户名：<input id = "u2" maxlength = "8" name = "w2" type = "text">
</body>
</html>
```

【代码分析】

-
 标签是换行标签，它是单个出现的，所以它被称为单标签。如果不使用换行标签的话，正文所有的信息都会显示在一行中。
- <input> 标签用于提示用户在此处输入数据，而 id、maxlength、name、type 这 4 个属性是 <input> 标签的属性。
- type="text" 表示这个输入框是一个文本输入框，用户可以在其中输入文本数据。
- id="u2" 表示给这个文本输入框指定一个 id，其 id 是“u2”。当页面上有多个文本输入框时，通过这个 id 可以快速识别出特定的输入框，类似于人的身份证号码，具有唯一性。
- name="w2" 表示给这个文本输入框命名，就像给一个人起名字一样，其名字为“w2”。
- maxlength="8" 表示这个文本输入框最多可以输入 8 个字符。
- <input> 标签是单个出现的，所以它被称为单标签，因为输入框直接显示在网页的正文中，所以将 <input> 标签放置在 <body> 和 </body> 正文标签之间。

将以上代码另存为文件名是“3.html”的文件，通过谷歌浏览器打开后，展示的效果如图 11-4 所示，“用户名”输入框显示在网页中。

图 11-4 “用户名”输入框

例 4：打开一个文本编辑器（如记事本），创建一个带有“密码”输入框及“登录”按钮的网页。

```
<html>
<head>
    <title>信息输入标签</title>
</head>
<body>
请输入用户名和密码：<br>
用户名：<input id = "u2" maxlength = "8" name = "w2" type = "text"><br>
```

```
密码：<input id = "p2" maxlength = "12" name = "w3" type = "password"><br>
<button type = "submit">登录</button>
</body>
</html>
```

【代码分析】

- type="password" 表示这个输入框是一个密码输入框，用户输入的内容会以密文形式显示，用于保护密码的安全性。

id="p2" 表示给这个文本输入框指定一个 id，其 id 是“p2”。

name="w3" 表示给这个文本输入框命名（就像给一个人起名字一样），其名字为“w3”。

maxlength="12" 表示这个文本输入框最多可以输入 12 个字符。

- <button> 标签用来创建按钮，通过 type="submit" 属性指定它是一个提交按钮，按钮上面会显示“登录”这两个字，通常用于提交用户名和密码的数据。

以上代码中加入了“密码”输入框和“登录”按钮。通常用户可以在“用户名”输入框和“密码”输入框中输入相应的信息，并单击“登录”按钮进行提交操作。

将以上代码另存为文件名是“4.html”的文件，通过谷歌浏览器打开后，展示的效果如图 11-5 所示。

图 11-5 “密码”输入框及“登录”按钮

例 5：打开一个文本编辑器（如记事本），创建一个带有超链接的网页。

```
<html>
<head>
    <title>信息输入标签</title>
</head>
<body>
请输入用户名和密码：<br>
用户名：<input id = "u2" maxlength = "8" name = "w2" type = "text"><br>
密码：<input id = "p2" maxlength = "12" name = "w3" type = "password"><br>
<button type = "submit">登录</button><br>
<a href = "https://www.ptpress.com.cn/">人民邮电出版社</a>
</body>
</html>
```

【代码分析】

- <a> 标签用于创建超链接，通过 href 属性指定链接的目标地址。

href="https://www.ptpress.com.cn/" 指定超链接的目标地址为“https://www.ptpress.com.cn/”。

- 在 <a> 标签中填写文本内容“人民邮电出版社”，这将作为超链接的可单击文字。

以上代码在“登录”按钮下方添加了一个超链接，用户单击该链接时将被导航到指定的网址。

将以上代码另存为文件名是“5.html”的文件，通过谷歌浏览器打开后，展示的效果如图 11-6 所示。

图 11-6　超链接

本节中学习了一些常用的 HTML 标签，包括 <html>、<head>、<body>、<title>、
、<input>、<button>、<a>。需要强调的是，这些标签在 11.2 节的元素定位中会被具体应用。

11.2　XPath 定位技术

Selenium 是一个用于实现网页自动化测试的工具，而要进行自动化测试，首先需要能够准确定位到网页上的元素。只有找到了目标元素，才能执行相关操作，例如自动填写用户名和密码、自动单击“登录”按钮等。如果 Selenium 定位不到网页元素，就无法进行自动化测试。

为了实现精确的元素定位，可以使用 XPath 技术。XPath 是一种在 HTML 文档中定位网页元素的语言。在 11.1 节的基础上，本节将介绍如何利用 XPath 来进行精准的元素定位，并解析 XPath 定位语言的含义。

11.2.1　利用 XPath 进行元素定位

利用 XPath 定位元素的步骤如下：

（1）使用谷歌浏览器打开在 11.1 节中创建的“5.html”网页，如图 11-7 所示。

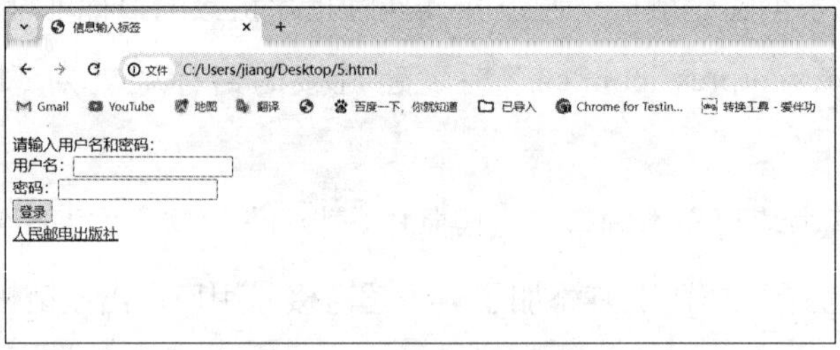

图 11-7　打开网页

（2）找到“用户名”输入框并右击，如图 11-8 所示。

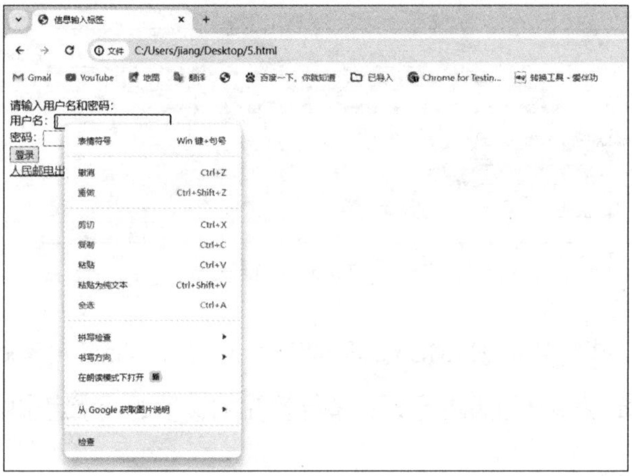

图 11-8　右击后的选项

（3）在弹出的快捷菜单中选择“检查”命令，浏览器底部将显示“用户名”输入框对应的 HTML 代码，并高亮显示，如图 11-9 所示。

图 11-9　“用户名”输入框对应的 HTML 代码

（4）在这段 HTML 代码上右击，在弹出的快捷菜单中选择“Copy”→“Copy XPath”命令即可，如图 11-10 所示。

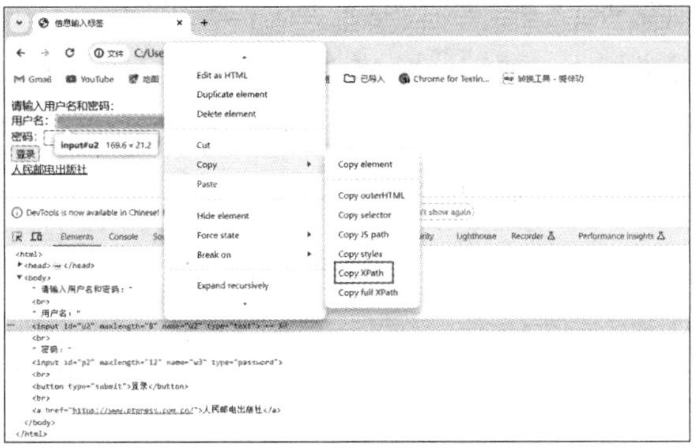

图 11-10　选择 Copy XPath 命令

通过复制“Copy XPath”获得“用户名”输入框的元素定位信息为“//*[@id="u2"]”，这个信息通常被称为 XPath 表达式。重复以上步骤，可以分别获得“密码”输入框、“登录”按钮和“人民邮电出版社”超链接这三个网页元素的元素定位信息，即它们的 XPath 表达式分别为“//*[@id="p2"]”“/html/body/button”和“/html/body/a”。通过这些元素的 XPath 表达式，可以直接定位到网页上的相应元素。11.2.2 节将分析这四个 XPath 表达式，解释它们如何通过元素的层级结构和属性特征来准确定位到网页上的相应元素。

11.2.2　分析 XPath 表达式的含义

一｜用户名输入框的 XPath 表达式

```
//*[@id = "u2"]
```

【表达式分析】

- //：这是一个选择器，表示在整个 HTML 文档中选择元素，而不管它们在文档树中的位置。
- *：这是一个通配符，代表任何标签类型的元素。它表示不在乎元素的名称是什么，只要它满足后面的条件就行。
- [@id="u2"]：这是一个条件表达式，用来进一步筛选元素。
- @id：表示正在查找一个属性名为 id 的元素。在 HTML 文档中，每个元素的 id 都应该是唯一的。

- ="u2"：表示想要找的元素的 id 属性值必须是 u2。所以，这个条件是在说："只要它的 id 是 u2。"

将所有这些组合在一起，"//*[@id="u2"]"这个 XPath 表达式的含义就是：在整个网页文档中查找任何标签类型，只要它的 id 属性值是 u2 的元素。其次，由于 XPath 表达式的精确性，当你指定了 id="u2" 这样的条件时，浏览器或自动化工具就会在整个页面中搜索，直到找到那个唯一拥有这个 id 值的元素。

二｜密码输入框的 XPath 表达式

```
//*[@id = "p2"]
```

分析过程与用户名输入框的 XPath 表达式相同，"//*[@id="p2"]"这个 XPath 表达式的含义就是：在整个网页文档中查找任何标签类型的元素，只要它的 id 属性值是 p2。

三｜登录按钮的 XPath 表达式

```
/html/body/button
```

【表达式分析】

- /：这是一个路径分隔符，在 XPath 中用来表示元素之间的层级关系。它从根元素开始，沿着文档结构向下查找。在这个表达式中，最前面的 / 表示从整个文档的根元素开始查找。
- html：这是 HTML 文档的根元素。所有的网页内容都处于 <html> 元素内部。
- body：这是 HTML 文档的正文部分，包含所有可见的页面内容，如文本、图片、链接、按钮等。指定 body 意味着我们想要查找位于 HTML 正文里面的元素。
- button：这表示我们正在查找一个 <button> 元素。在 HTML 文档中，<button> 元素通常用来表示一个可单击的按钮。通过这个元素名，告诉工具："正在查找一个按钮元素。"

将所有这些部分组合在一起，"/html/body/button"这个 XPath 表达式的含义就是：从 HTML 文档的根开始，沿着文档结构进入 <html> 元素的 <body> 部分，然后查找第一个出现的 <button> 元素。

四｜人民邮电出版社超链接的 XPath 表达式

```
/html/body/a
```

分析过程与登录按钮的 XPath 表达式相同。"/html/body/a"这个 XPath 表达式的含义是：从 HTML 文档的根开始，沿着文档结构进入 <html> 元素的 <body> 部分，然后查找第一个出现的 <a> 元素。

11.2.3 XPath 案例分析

本节会预先展示几个 XPath 表达式，这些表达式将在 11.4 节和 11.5 节以及后续的自动化测试框架中得到应用。基于已学的 XPath 知识，我们将分析这些表达式，以便更深入地理解其含义。

一 | XPath 表达式

```
//*[@id = "userName"]
```

【表达式分析】

- //*：这部分表示在整个文档中寻找所有的元素，不论它们是什么类型。这里的星号（*）是一个通配符，意思是“任何元素名”。
- [@id="userName"]：这部分是对前面找到的所有元素进行进一步筛选。具体来说，它只选择那些具有一个名为 id 的属性，并且这个属性的值恰好是“userName”的元素。

综上所述，整个 XPath 表达式的含义是：在整个文档中找到所有元素，但只保留那些 id 属性值为“userName”的元素。在实际应用中，这样的表达式通常用于定位网页上的特定元素，比如一个用户名输入框，它的 id 属性被设置为“userName”，以便我们能够准确地与之交互，比如输入文本或进行其他操作。

二 | XPath 表达式

```
//*[@id = "login_form"]/div[2]/input
```

【表达式分析】

- //*[@id="login_form"]：此部分表示从文档的任意位置开始查找具有特定 id 属性的元素。具体来说，它会找到 id 属性值为“login_form”的元素，无论这个元素在 XML 或 HTML 文档中的哪个层级。
- /div[2]：紧接着，在找到的元素之后，此表达式进一步指定要查找该元素下的第二个 div 子元素。这里的数字 2 表示在所有 div 子元素中的索引位置（假设索引从 1 开始）。
- /input：最后，表达式指定要查找前面提到的 div 元素下的 input 子元素。

综上所述，整个 XPath 表达式的含义是：在文档中找到 id 为“login_form”的元素，然后在这个元素下找到第二个 div 子元素，最后在这个 div 元素下找到 input 子元素。

三｜XPath 表达式

```
//*[@id = "sidebar-menu"]/div/ul/li[3]/a
```

【表达式分析】

- //*[@id="sidebar-menu"]：此部分表示从 HTML 文档的任意位置开始查找具有特定 id 属性的元素。具体地，它会找到 id 属性值为“sidebar-menu”的元素。
- /div：在找到 id 为“sidebar-menu”的元素之后，此表达式进一步指定要查找该元素下的 div 子元素。
- /ul：接下来，表达式指定要查找前面提到的 div 元素下的 ul 子元素。
- /li[3]：在 ul 元素中，此表达式指定要查找第三个 li 子元素。这里的数字 3 表示在所有 li 子元素中的索引位置（索引从 1 开始）。
- /a：最后，表达式指定要查找前面提到的 li 元素下的 a 子元素。这通常表示一个链接。

综上所述，整个 XPath 表达式的含义是：在文档中找到 id 为“sidebar-menu”的元素，然后在这个元素下找到 div 子元素，接着在这个 div 元素下找到 ul 子元素，再在这个 ul 元素下找到第三个 li 子元素，最后在这个 li 元素下找到 a 子元素。这样的表达式通常用于网页的导航菜单自动化测试，其中精确定位到特定的菜单项链接是至关重要的。

11.3 Python 面向对象的编程思想

Selenium 依赖 HTML 提供的 XPath 表达式来精确定位网页上的元素，比如定位用户名输入框或密码输入框。然而，Selenium 本身就像是一把无人操持的工具，它无法自主地向这些输入框输入内容。这时，Python 就扮演了关键的角色，Python 通过编写脚本来控制 Selenium，决定何时使用它以及如何使用它。因此，在学习了 HTML 及 XPath 表达式之后，学习 Python 语言就成了自动化测试中的核心环节。

为了后续框架构建的顺利进行，本节精心安排了涵盖类与实例、函数及其调用、异常处理、继承以及 pytest 工具等关键知识点的讲解。

11.3.1 类和实例

在学习类和对象之前，请确保计算机已安装 Python 3.11.5 及以上的解释器，以及 PyCharm 社区免费版的 Python 编辑器。这两者是进行脚本编写和输出的必备工具。本章视频包含 Python 解释器和 PyCharm 编辑器的下载、安装、项目新建及运行代码的基本使用教程。

Python 是面向对象的编程语言，本节将通过实例来简述 Python 中两个重要的概念——类和对象。

一 | 新建类

请大家先看一段代码，具体代码如下所示。

```
1 class Ck:
2     def bs_01(self):
3         print('我是bs_01')
4     def qz_02(self):
5         print('我是qz_02')
```

【代码分析】

- class 的含义是类，可以将类（class）理解为一个仓库的标签，打上了 class 标签的就是一个“仓库”。在本例的第 1 行代码中，因为“Ck”前面打上了 class 标签，这表明 Ck 是一个仓库，在后面的学习中，你可以把 Ck 这个仓库看作存放“工具”的地方。
- 要判断仓库中存放的是否为工具，只需观察工具前面是否打上了 def 标签。如果打上了，那它就是一把工具。在本例中，“Ck”这个仓库就有两把工具，它们的名称分别是“bs_01”和“qz_02”，因为它们的前面都打上了 def 标签。
- 那么这两把工具具体是干什么的呢？就看它们下一行的代码。print 是打印的意思，“bs_01”这把工具的作用就是打印出 “我是 bs_01” 这几个字。同理，“qz_02” 这把工具的作用就是打印出 “我是 qz_02” 这几个字。
- 最终，这两把工具被放置在 Ck 仓库中，等待外部调用。

【注意事项】

- 在 Python 语言中，将仓库称为类（class），将工具称为方法（method）。所以“Ck”这个类中存放了两个方法。Ck 是类名，使用 class 这个关键字来定义，bs_01() 和 qz_02() 是方法，使用 def 这个关键字来定义。在后续的讨论中，不再使用仓库和工具来描述类和方法，而是统一使用类、方法等相关术语。如果在学习过程中忘记了类和方法的含义，可以通过回想仓库和工具的概念来帮助理解。

- 类名、方法名后面需要加“:”（英文冒号），这个不要丢了。
- 方法名后面括号内的 self 参数暂时可以不用理解，后面会重点讨论。
- 由于这两个方法属于 Ck 类，所以它们与 Ck 类处于不同的层级。为了在代码中明确表示这个层级关系，在 def 关键字前面会使用缩进，通常是一个 Tab 键的距离。这样的缩进方式可以清楚地表明这两个方法是属于 Ck 类的，是放在 Ck 类内部的。print 是方法要执行的动作，它是属于方法的一部分。因此，为了保持代码层级关系及结构的一致性，在 print 前面同样会使用缩进，也是一个 Tab 键的距离。
- Python 代码对大小写非常敏感，并且要在全英文模式下输入（包括标点符号），初学者要特别需要注意，以免在出现语法错误时找不到原因。

二 | 新建实例

如果要调用 Ck 类里面的方法，那就需要生成一个能拿到方法的“人”，如何生成呢？具体代码如下所示。

```
1 class Ck:
2     def bs_01(self):
3         print('我是 bs_01')
4     def qz_02(self):
5         print('我是 qz_02')
6 ck_son = Ck()
```

【代码分析】

- 第 6 行代码：只需要在 Ck 这个类后面加一对括号，即 Ck()，就可以生成一个拿方法的“人”，而 ck_son 就是这个“人”的名字。既然 ck_son 是 Ck 类所生成的，那它当然可以调用 Ck 类里面的方法。

【注意事项】

- 在 Python 语言中，通常把类生成的这个拿方法的“人”叫实例，或称为对象，这两个概念是互通的。在本例中 ck_son 就是一个实例，它是由类生成的，生成实例的语法很简单，只需要类后面加一对括号就可以，即“实例 = 类名 ()”。在后文的讨论中，不再以“人”相称，将统一使用实例或对象这样的术语。如果在学习过程中忘记了实例的含义，可以通过回想拿方法的“人”的概念来帮助理解实例的概念。
- 第 1 行代码和第 6 行代码处于同一层级，并没有缩进。也就是说，ck_son = Ck() 这行代码并不在 Ck 类的内部，这表明 ck_son 实例是在 Ck 类的外部。

三｜调用实例的方法

既然 ck_son 实例是 Ck 类生成的，那自然 ck_son 实例就可以调用 Ck 类里面的方法，具体代码如下所示。

```
1 class Ck:
2     def bs_01(self):
3         print('我是bs_01')
4     def qz_02(self):
5         print('我是qz_02')
6 ck_son = Ck()
7 ck_son.bs_01()
```

【代码分析】

- 在第 7 行代码中，ck_son.bs_01() 表示实例 ck_son 调用了 Ck 类中的 bs_01() 方法。可以看到它是通过实例名后面加上点（.）再加上具体的方法来实现调用。调用 bs_01() 方法后系统就会执行这个方法，而 bs_01() 这个方法的功能是打印出“我是 bs_01”这几个字。
- 在第 2 行和第 4 行代码中，方法名后面紧跟着一个 self 标签，这个 self 标签可以理解为 ck_son 这个实例的外号，可以这么说，self 和 ck_son 指向的是同一个“人”，之所以在方法名后面打上 ck_son 实例的外号，就是为了明确这个方法属于 ck_son 实例。在本例的代码中，bs_01() 和 qz_02() 方法都属于 ck_son 实例。根据 Python 的语法规则，在类中，凡是在方法名后面打上了 self 标签的方法都是实例方法。请大家牢记这一常规规则。

【注意事项】

- 虽然 self 和 ck_son 是同一个“人”，但当实例被创建后，在 Ck 类的内部要使用 self 代表这个实例，在 Ck 类的外部要使用 ck_son 代表这个实例。
- 代码的运行方式：在最后一行代码的下一行或者是最后一行代码下方的空行右击，在弹出的快捷菜单中选择“运行”命令进行运行即可（一定是最后一行代码下行或是下面的空行），本章所有的代码都是此种运行方式。

【代码运行结果】

运行结果如图 11-11 所示。

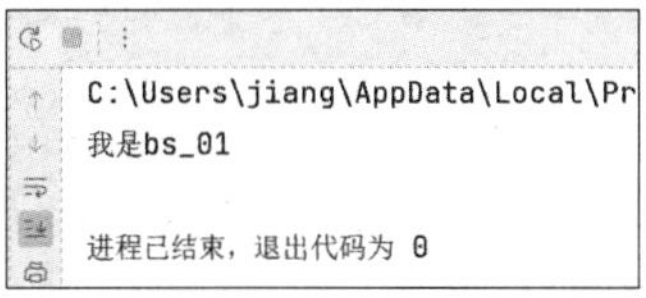

图 11-11　运行结果

从运行结果可以看到，程序成功打印了“我是 bs_01”这几个字，表明程序运行正常。

然而，如果在程序运行过程中发生错误，应该如何处理呢？如图 11-12 所示，程序的运行结果出现了错误。

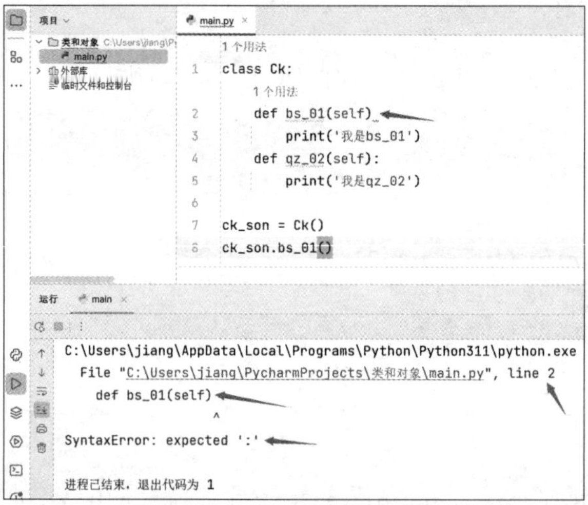

■ 图 11-12　程序运行发生错误

此时，可以根据错误提示来解决问题。图 11-12 中的错误提示指出了语法错误，并指明了错误的位置，即在定义 bs_01() 方法后面缺少了一个冒号。因此，可以根据提示及时添加冒号来修复这个错误。

四 | 实例的属性及调用

通过 Ck 类生成 ck_son 实例后，ck_son 实例就拥有自己的一些属性。这句话可以理解为，当父母生了孩子，那孩子就会展现出自己的一些特征信息，例如身高、体重、皮肤颜色等。在构建一个类时，如果要给后续产生的实例分配某些属性，这些属性会被存储在 __init__() 这个特殊方法中。反之，如果没有给实例分配特定属性的计划，则不需要使用 __init__() 方法。具体代码实现过程如下所示。

```
class Ck:
    def __init__(self):
        self.height = 160
        self.weight = 65
        self.colour = 'yellow'
    def bs_01(self):
        print('我是 bs_01')
    def qz_02(self):
        print('我是 qz_02')
ck_son = Ck()
print(ck_son.height)
print(ck_son.weight)
```

【代码分析】

● 从以上代码可以看到，Ck 类定义了三个方法，其中就使用了 __init__() 这个特殊的方法，这说明 __init__() 方法里面所定义的属性将要分配给后续产生的实例。

● 从第 10 行代码可以看到，Ck 类创建了 ck_son 实例，当实例 ck_son 被创建之时，系统会自动执行 __init__() 方法，从第 3 行代码到第 5 行代码可以看到，这个方法主要是给属性“height”（身高）、属性“weight”（体重）以及属性“colour”（颜色）赋值。而且这三个属性的前面使用了“self.”前缀，这说明程序正在给实例 ck_son 的属性赋值，这些属性是属于 ck_son 实例的，因为 self 和 ck_son 是同一个“人”。

● 在 Ck 类中，既然属性和方法都属于 ck_son 实例，或者说实例 ck_son 将自己的属性和方法都存放在 Ck 类中，那么 ck_son 实例就可以随时调用它们。调用属性的方式与调用方法的方式是一样的，第 11 行代码 print(ck_son.height) 表示实例 ck_son 调用了“height”属性，也是通过实例名后面加上点（.）再加上具体的属性名来实现调用，最后通过 print 将实例属性值打印出来。在第 12 行代码中，用同样的方式调用了“weight”属性。

【注意事项】

● __init__() 方法的主要作用是给实例属性赋予初始值，该方法在创建实例时会自动执行，无须通过实例名加点号（.）的方式来手动调用这个方法，此外，__init__() 是一个特殊方法，其名称是固定的，不可更改。这一规则对于理解和使用 Python 面向对象的编程至关重要。

● 在 Ck 类的外部可以使用 self 来调用“height”属性吗？如 print(self.height)。不行，前面讲过，self 只能在类的内部使用，在类的外部只能使用实例 ck_son 来调用。

● 在 Python 中，单引号（' '）和双引号（" "）都可以用来表示字符串，且它们在大多数情况下是可以互换的。Python 并不区分单引号和双引号在定义字符串时的差别。

比如：

```
s1 = 'Hello, World!'
s2 = "Hello, World!"
```

这两行代码是完全等价的，s1 和 s2 都表示同样的字符串。

【代码运行结果】

运行结果如图 11-13 所示。

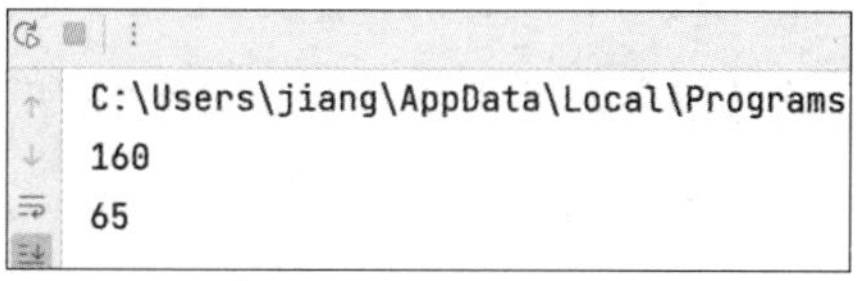

图 11-13 运行结果

五 | 关于 __init__() 方法自动执行的问题

为了直观地展示 __init__() 方法是在实例被创建时自动执行的，我们在该方法内部嵌入了打印代码。当实例被创建时，这段代码将自动执行并输出相应信息，从而清晰地揭示 __init__() 方法的工作机制。具体代码如下所示。

```
1 class Ck:
2     def __init__(self):
3         self.height = 160
4         self.weight = 65
5         self.colour = 'yellow'
6         print('我是自动执行的')
7 ck_son = Ck()
```

【代码分析】

- 从以上代码可以看到，Ck 类只定义了 __init__() 这个特殊的方法。
- 在第 7 行代码中，创建了 Ck 类的一个实例 ck_son，前面讲过，当实例 ck_son 被创建之时，系统会自动执行 __init__() 方法，这意味着 __init__() 方法除了给三个实例属性赋值，还会打印出“我是自动执行的”这几个字。为了验证这个结论，接下来运行这段代码。

【代码运行结果】

运行结果如图 11-14 所示。

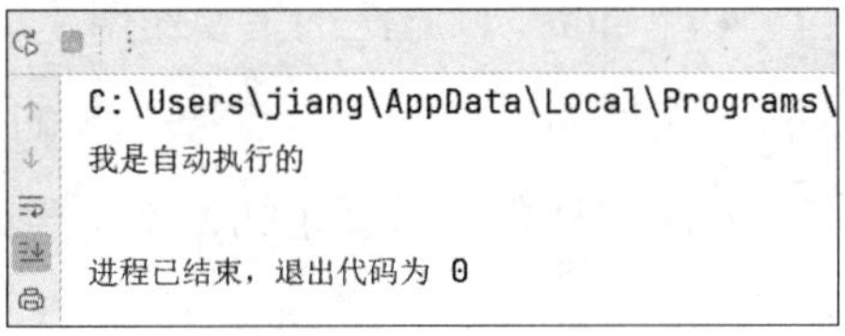

图 11-14 运行结果

从运行结果可以看到，Ck 类只是创建了 ck_son 实例，但并没有调用 __init__() 方法，为什么它输出了“我是自动执行的”这几个字？原因就在于当 ck_son 实例被创建时，系统会自动执行 __init__() 方法。

六 | 定义类的属性

除了实例的属性，类本身也可以拥有属性，这些属性被称为类属性。类属性是直接定义在类层面的，它们不属于任何一个特定的实例，而是被类的所有实例共享，并且可以通过类名或实例名来访问。具体代码如下所示。

```
class Ck:
    x = 10
    y = 'abc'
    def __init__(self):
        self.height = 160
```

```
6         self.weight = 65
7         self.colour = 'yellow'
8     def bs_01(self):
9         print('我是bs_01')
10 ck_son = Ck()
11 print(Ck.x)
12 print(Ck.y)
13 print(ck_son.y)
```

【代码分析】

- 在这段代码中，x 和 y 这两个属性（变量）被定义在类 Ck 的顶层，而不是在任何方法内部。而且它们没有使用 self 前缀，使用了 self 前缀的都是实例属性，实例属性通常在类的 __init__() 方法中定义。在这种情况下，x 和 y 是在类定义中直接给出的，没有使用 self，因此它们被归类为类的属性（也可以称为类的变量），而不是实例属性。
- 类属性可以通过类名加点号（.）加类属性名的方式直接调用，如第 11 行和第 12 行代码所示，其中 Ck.y 和 Ck.x 分别打印出类属性 y 和 x 的值。此外，虽然这些属性属于类本身，但也被类的实例所共享，所以实例也可以访问它们，如第 13 行代码 print(ck_son.y) 所示。

【代码运行结果】

运行结果如图 11-15 所示。

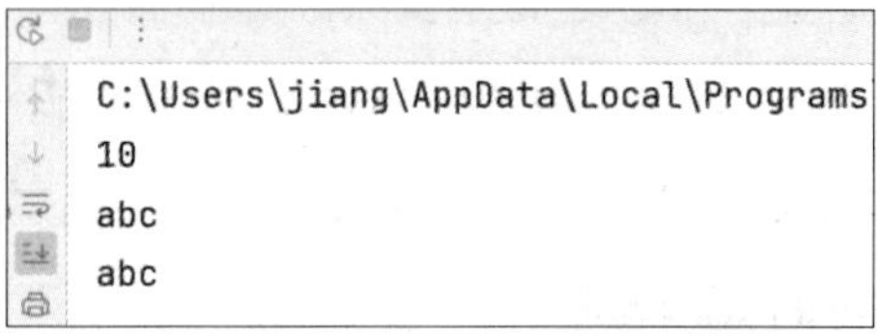

图 11-15 运行结果

11.3.2 函数及其调用

本节将讲解什么是函数、函数的调用以及函数的返回值。

一 | 定义无参函数并调用

在 Python 中，无参函数指的是在定义时不需要任何（变量）参数的函数。这意味着当你在调用这个函数时，不需要提供任何输入值。

以下是无参数函数的一个示例，具体代码如下所示。

```
class Ck:
    def __init__(self):
        self.height = 160
        self.weight = 65
        self.colour = 'yellow'
    def bs_01(self):
```

```
 7         print('我是bs_01')
 8 def love():
 9     print('我爱你')
10 ck_son = Ck()
11 ck_son.bs_01()
12 print(ck_son.height)
13 print(ck_son.weight)
14 love()
```

【代码分析】

- 第 8 行代码使用关键字 def 定义了一个名为 love() 的方法。值得注意的是，该方法没有带 self 参数，这意味着它不属于任何特定的实例。此外，love() 方法位于 Ck 类的同一级别，并没有进行缩进，这表明它是独立于 Ck 类之外的。根据惯例，通常将这样的方法称为函数，也就是说，类外面的方法可以称为函数。
- 调用类里面的方法时，首先需要在类中创建一个实例，例如第 10 行代码创建了一个实例。然后可以通过实例来调用类内的方法，就像第 11 行代码一样。然而，函数位于类外部，也就是公共的，不需要使用实例来调用。因此，可以直接通过函数名加括号来调用 love() 函数，就像第 14 行代码一样（当然，如果不调用这个函数的话，它自己是不会主动运行的）。

【代码运行结果】

运行结果如图 11-16 所示。

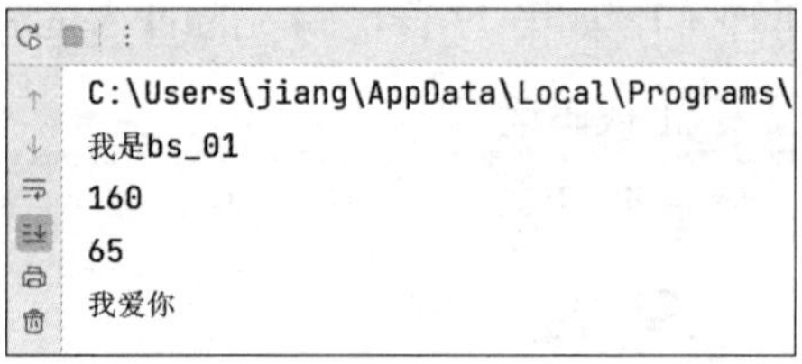

图 11-16 运行结果

二 | 定义有参函数并调用

在 Python 中，有参函数指的是在定义时需要指定变量（参数）的函数。这些变量在函数被调用时必须提供相应的值，除非参数有默认值。

以下是有参数函数的一个示例，具体代码如下所示。

```
class Ck:
    def bs_01(self):
        print('我是bs_01')
    def qz_02(self):
        print('我是qz_02')
def love():
    print('我爱你')
def love2(x,y):
    print(x+y)
```

```
10 ck_son = Ck()
11 ck_son.bs_01()
12 love()
13 love2(1,2)
```

【代码分析】

● 在第 8 行代码中，使用关键字 def 定义了一个名为 love2() 的函数。值得注意的是，love2() 函数的括号里跟了 x,y 这两个变量，既然是变量那肯定要有值才可以，也就是说，如果要调用 love2() 函数，就要给 x 和 y 这两个变量传值。

● 使用函数名加括号就可以直接调用 love2() 函数，如果函数有变量，将变量的值带上即可，有几个变量就要带上几个值，如第 13 行代码所示，调用 love2() 时分别传了 1 和 2 给 x 和 y，按顺序一一对应，也就是 x=1,y=2。函数调用后就要执行 love2() 函数，而这个函数的功能就是打印出 a 加 b 的值。

【注意事项】

● 一般情况下，函数的变量称为函数的参数，因此，love2() 函数就是一个有参函数。

【代码运行结果】

运行结果如图 11-17 所示。

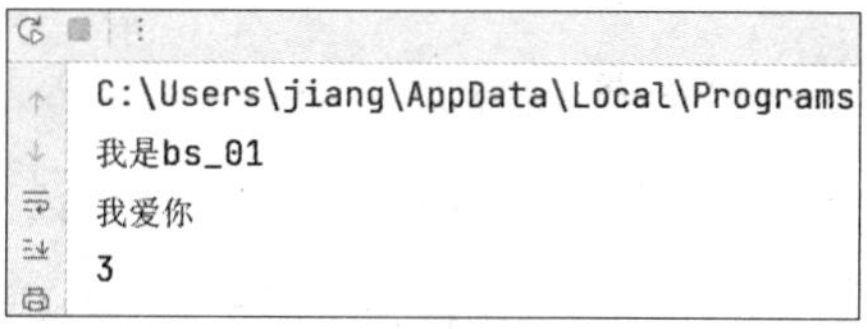

■ 图 11-17 运行结果

三 | 函数传值的另一种方式

以下是函数传值的另一种方式，具体代码如下所示。

```
1 def love2(x,y):
2     print(x+y)
3
4 love2(x = 1,y = 2)
```

【代码分析】

● 这段代码定义了一个名为 love2() 的函数，该函数接受两个变量（参数），即 x 和 y。函数的功能非常简单，就是打印出这两个变量的和。这意味着调用 love2() 函数时，需要为这两个变量提供具体的值。

● 在第 4 行代码中，直接调用了 love2() 函数，并通过 x=1,y=2 的方式为 x 和 y 分别赋值为 1 和 2，就是在传值时明确指出每个变量的名字和对应的值，这样可以让代码更加清晰易懂。调用函数后，love2 函数内部的代码将被执行，也就是打印出变量 x 和 y 的和。

【代码运行结果】

运行结果如图 11-18 所示。

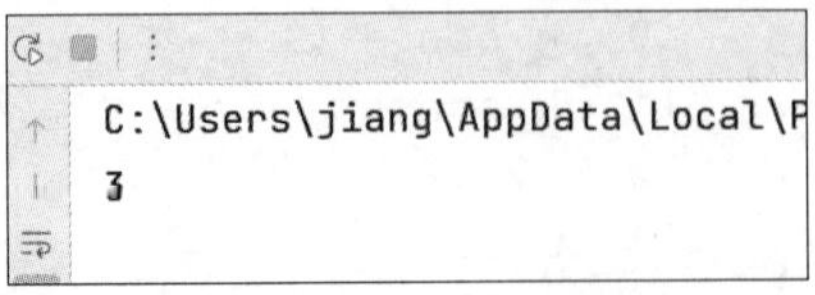

图 11-18 运行结果

四｜函数的返回值

在 Python 中，函数的返回值是指函数执行完毕后返回给调用者的结果。当函数被调用时，它会执行一系列操作，并在结束时（遇到 return 语句）返回一个值。

以下是函数返回值的一个示例，具体代码如下所示。

```
1 def love3(x):
2     if x == 3:
3         return x
4     else:
5         return 0
6 c = love3(3)
7 print(c)
```

【代码分析】

- 第 1 行到第 5 行代码的含义：定义了名为 love3() 的函数，它有一个变量 x（参数 x）。在函数内部，使用条件语句 if...else 判断参数 x 的值是否等于 3。如果相等，函数就会执行 return x 这条语句，把 3 这个“包裹”送回来。如果 x 的值不是 3，函数就会执行 return 0 这条语句，把 0 这个“包裹”送回来。这个“送回来”就是 return 语句的作用。
- 第 6 行代码的含义：首先调用了 love3() 函数，并且将数字 3 传给了 x。然后，函数开始执行，它检查 x 的值是否为 3，结果发现 x 的值是 3，于是它通过 return 语句把 3 这个“包裹”送回来，送到函数调用的地方。但是，这个结果并没有直接显示在屏幕上，而是被存放在了一个叫作 c 的变量中，用来保存函数返回的结果。
- 第 7 行代码的含义：使用 print 打印出 c 的值，最终你会在屏幕上看到数字 3。
- 总结一下，return 语句在函数中的作用就是“打包”函数的结果，并且把这个“包裹”送回到调用函数的地方。而调用函数的地方可以用一个变量来“接收”这个“包裹”，也就是保存函数返回的结果。

【代码运行结果】

运行结果如图 11-19 所示。

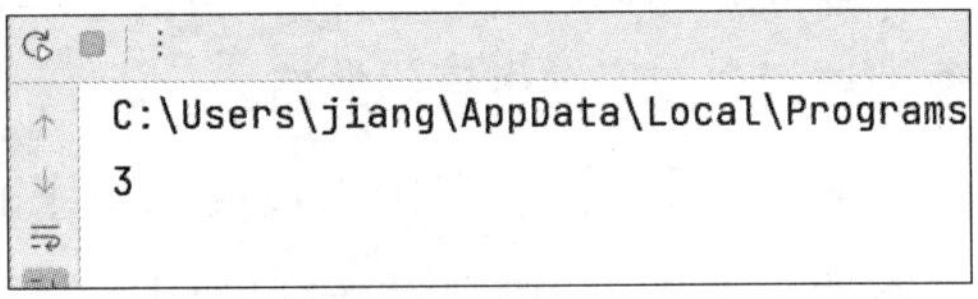

图 11-19 运行结果

11.3.3 异常处理机制

在 Python 编程中，当程序中某行代码发生错误时，整个程序可能会因此中断执行。为了避免这种情况，并确保其他代码能够继续运行，Python 引入了异常处理机制来解决这一问题。接下来将通过代码具体分析异常处理的过程。

一｜代码中没有加入异常处理的示例

具体代码如下所示。

```
1 x = 10/0
2 print(x)
3 def love():
4     print('我爱你')
5 love()
```

【代码分析】

- 在第 1 行代码中，x 的值等于 10 除以 0，很明显分母不能为零，所以当 10 除以 0 时系统会产生一个异常。由于第 1 行代码产生了异常，所以后面的第 2、3、4、5 行代码均不能执行。

【代码运行结果】

运行结果如图 11-20 所示。

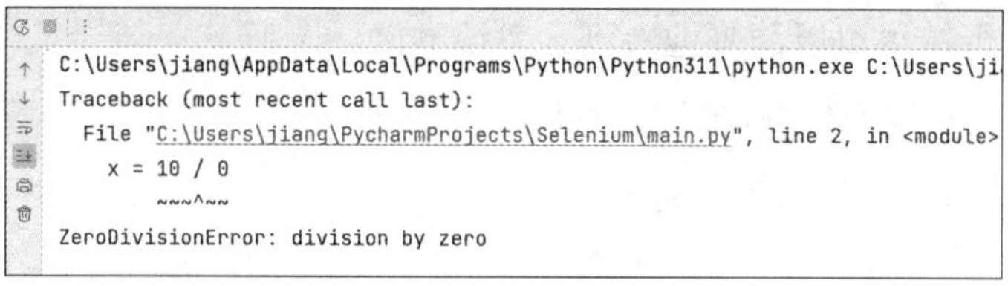

图 11-20 运行结果

从运行结果可以看到，系统并没有执行第 2 行到第 5 行的代码，而是直接抛出了异常，并提示“ZeroDivisionError: division by zero”（分母不能为零）。

二｜代码中加入了异常处理的示例

具体代码如下所示。

```
try:
    x = 10/0
```

```
3     print(x)
4 except:
5     print('x 的值发生了错误 ')
6 def love():
7     print(' 我爱你 ')
8 love()
```

【代码分析】

- 程序从第 1 行代码开始顺序执行。当执行到 try 块时，意味着接下来的代码有可能产生异常。在执行到 try 块中的第 2 行代码 x = 10/0 时，由于分母为零，Python 会抛出一个 ZeroDivisionError 异常。此时，try 块中后续的 print(x) 语句将不会被执行。一旦异常被抛出，程序会立即跳转到与之对应的 except 块来处理这个异常。在这个例子中，except 块捕获了 try 块中抛出的任何类型的异常，并执行了 print('x 的值发生了错误 ') 语句来通知用户发生了错误。异常处理完成后，程序继续执行 try...except 结构之后的代码。在这里，第 6 行到第 8 行的代码定义了一个名为 love() 的函数，并通过第 8 行的 love() 调用了这个函数，输出了“我爱你”。
- 总体来说，这段代码展示了如何使用 try...except 结构来捕获和处理异常，以及如何定义和调用函数。当发生除以零的异常时，程序就能够优雅地处理它，并继续执行后续的代码。

【代码运行结果】

运行结果如图 11-21 所示。

从程序的运行结果可以清晰地看到，系统准确地捕获并提示了发生异常的具体原因，并且在异常处理之后，程序成功地继续执行了后续的代码。

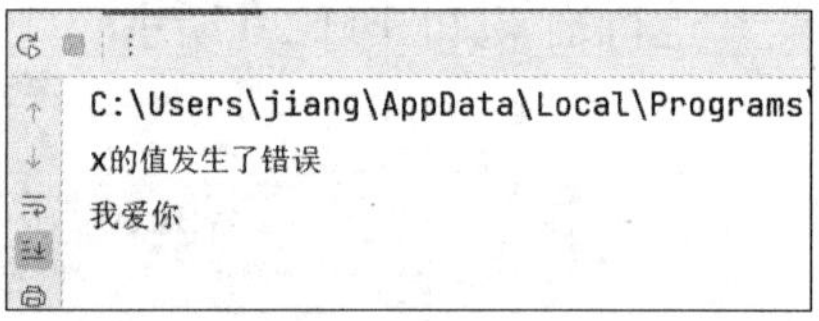

图 11-21 运行结果

11.3.4 继承

在 Python 中，继承是面向对象编程的一个重要概念，它允许一个类（子类）继承另一个类（父类）的属性和方法。

一 | 类与类之间的继承

具体代码如下所示。

```
class Ck:
    def __init__(self):
        self.height = 160
        self.weight = 65
        self.colour = 'yellow'
    def bs_01(self):
        print('我是bs_01')
    def qz_02(self):
        print('我是qz_02')
class Cy(Ck):
    def cz_03(self):
        print('我是cz_03')
```

【代码分析】

- 这段代码定义了两个类：Ck 类和 Cy 类。特别地，在定义 Cy 类时，括号中包含了 Ck 类，这表明 Cy 类（子类）继承了 Ck 类（父类）。因此，Cy 类不仅拥有自己定义的方法，还继承了 Ck 类的所有属性和方法。一旦在 Cy 类中创建了实例，该实例就可以直接调用 Ck 类中的属性和方法，这体现了面向对象编程中的继承机制。

二 | 子类调用父类属性和方法

具体代码如下所示。

```
1 class Ck:
2     def __init__(self):
3         self.height = 160
4         self.weight = 65
5         self.colour = 'yellow'
6     def bs_01(self):
7         print('我是bs_01')
8     def qz_02(self):
9         print('我是qz_02')
10 class Cy(Ck):
11     def cz_03(self):
12         print('我是cz_03')
13 cy_son = Cy()
14 cy_son.bs_01()
15 print(cy_son.weight)
16 cy_son.cz_03()
```

【代码分析】

- 在第 13 行代码中，创建了 Cy 类的一个实例 cy_son。由于 Cy 类作为子类继承了

Ck 类（其父类），所以 cy_son 实例能够访问并调用 Ck 类中定义的所有属性和方法，如第 14 行和第 15 行代码。同时，cy_son 实例也能够调用 Cy 类中自己定义的方法，如第 16 行代码。

【代码运行结果】

运行结果如图 11-22 所示。

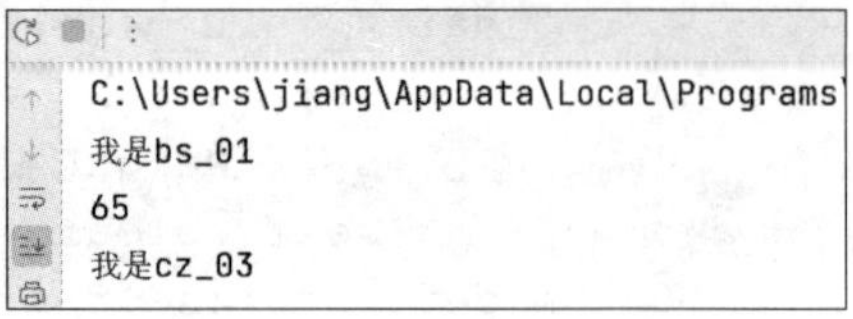

■ 图 11-22 运行结果

三 | 关于继承 __init__() 方法的说明

具体代码如下所示。

```
class Ck:
    def __init__(self):
        self.height = 160
        self.weight = 65
        self.colour = 'yellow'
        print('我是自动执行的')
    def bs_01(self):
        print('我是 bs_01')
    def qz_02(self):
        print('我是 qz_02')
class Cy(Ck):
    def cz_03(self):
        print('我是 cz_03')
cy_son = Cy()
```

【代码分析】

- 从以上代码可以看到，在 Cy 类中并没有定义自己的 __init__() 方法，但是因为 Cy 类继承了 Ck 类，也就等于 Cy 类隐式地继承了 Ck 类的 __init__() 方法，所以在 Cy 类中创建 cy_son 实例时，也会自动执行 Ck 类中的 __init__() 方法，这一规则请大家牢记。

【代码运行结果】

运行结果如图 11-23 所示。

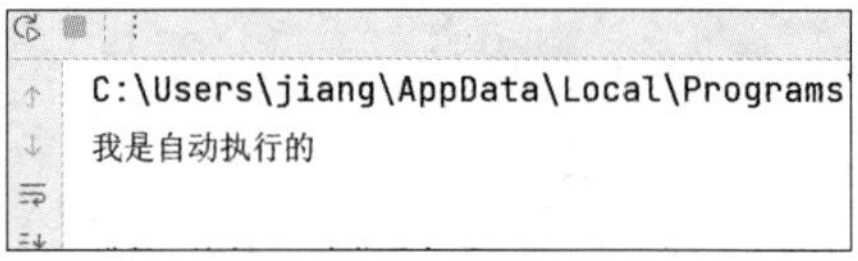

■ 图 11-23 运行结果

从运行结果可以看到，cy_son 实例并没有做任何的调用，但系统却输出了“我是自动执行的”这几个字，这说明 cy_son 实例被创建时，Ck 类中的 __init__() 方法是自动执行的。

11.3.5 强制等待

为了控制程序执行速度，有时候我们会希望程序暂停一段时间。这对于模拟用户交互、调试和调整代码执行顺序等非常有用。

具体代码如下所示。

```
1 import time
2 print('aaa')
3 time.sleep(3)
4 print('fff')
```

【代码分析】

- 在第 1 行代码中，使用了 import 关键字导入了 time 工具，time 是 Python 内置的工具，无须额外安装，直接导入便可。
- 在第 2 行代码中，使用 print 打印字符串“aaa”到控制台。
- 在第 3 行代码中，调用了 time 工具中的 sleep() 方法，它的作用是使程序暂停执行 3 秒。也就是说，在这里程序会停顿 3 秒，不进行任何其他操作。具体停顿几秒由用户根据需要自行设置，直接将停顿的秒数填写到 sleep 的括号中即可。
- 在第 4 行代码中，使用 print 打印字符串“fff”到控制台。

【代码运行结果】

运行结果如图 11-24 所示。

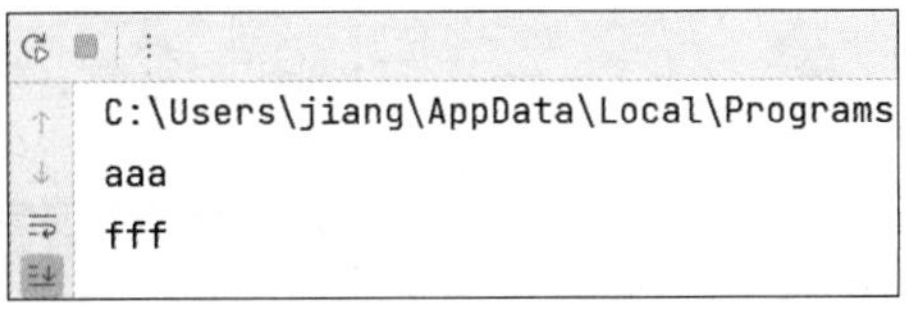

图 11-24 运行结果

11.3.6 pytest 框架的学习

使用 pytest 框架可以自动执行测试用例并运行多组测试数据，同时提供了断言功能来验证自动化运行的结果是否符合预期。

一 | pytest 的安装

pytest是Python的第三方应用框架，所以需要另外安装，在PyCharm集成开发环境中，你可以通过其“终端”选项来轻松安装 pytest。输入命令“pip3 install pytest”，即可开始安装。安装过程中的界面如图 11-25 所示。pytest 的安装教程详见本书配套资源。

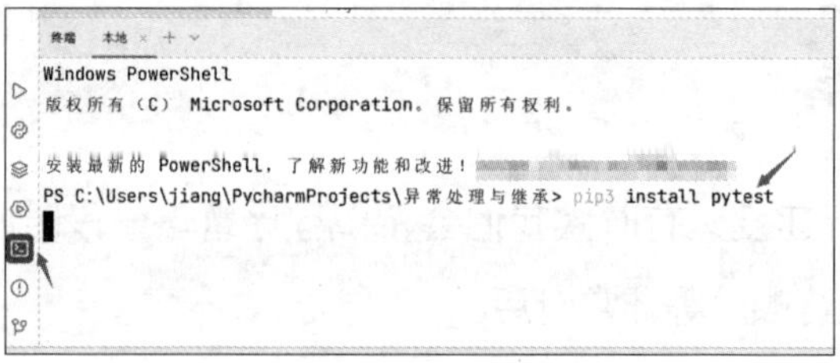

■ 图 11-25 安装 pytest

安装完成后，当界面底端出现“Successfully installed pytest-7.4.4”时，则代表 pytest 安装成功（通过此方式安装的任何 pytest 版本都可以使用）。其他提示可以忽略。

二｜ pytest 的默认规则一

pytest 框架安装成功后，pytest 将遵循一套默认的运行规则：所有以“test”开头的函数都将被自动执行，无须手动调用；相反，不以“test”开头的函数则不会被自动执行，需要手动调用。

具体代码如下所示。

```
def test_login():
    print('此函数是自动执行的')
def testlogin():
    print('此函数也是自动执行的')
def logintest():
    print('此函数不会自动执行')
def login_test():
    print('此函数不会自动执行')
def logintesting():
    print('此函数不会自动执行')
```

【代码分析】

- 这段代码定义了五个函数（每个函数可以看作一个测试用例），但只有 test_login() 和 testlogin() 两个函数是以“test”开头的。根据 pytest 的默认运行规则，仅当函数名以“test”为前缀时，它们才会自动被执行。因此，当运行这段代码时，test_login() 和 testlogin() 两个函数会自动执行并打印相应的消息，而其他三个函数（logintest()、login_test() 和 logintesting()）则不会自动执行，除非被显式地手动调用。尽管它们都包含了“test”这个单词，但因为不是以“test”开头，所以不符合 pytest 的自动执行规则。

【代码运行结果】

运行结果如图 11-26 所示。

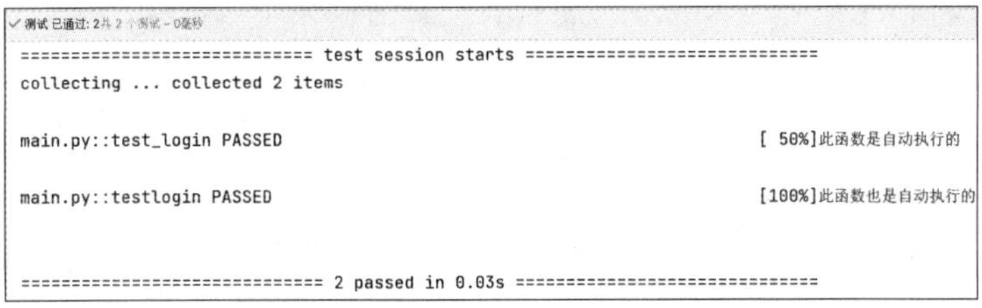

图 11-26　运行结果

运行结果中的“collecting ... collected 2 items”代表只收集到了两个要执行的函数。“[50%] 此函数是自动执行的”代表执行进度以及此函数打印出来的内容，“2 passed in 0.03s ”代表这两个函数执行通过了并且只用了 0.03 秒。

三 | pytest 的默认规则二

默认情况下，对于类名以“Test”开头（其中“T”为大写字母）的类，pytest 会自动执行其内部所有以“test”为前缀的方法。相反，不以“test”开头的方法则不会被自动执行。

具体代码如下所示。

```
class TestRun:
    def test_login(self):
        print('正在登录')
    def test_add(self):
        print('正在增加')
    def test_del(self):
        print('正在删除')
    def one_test(self):
        print('正在删除')
    def twotest(self):
        print('正在删除')
```

【代码分析】

- 这段代码定义了一个名为 TestRun 的类，其名称以“Test”开头（其中“T”为大写字母）。类内部包含了五个方法，但只有 test_login()、test_add() 和 test_del() 这三个方法是以“test”为前缀的。根据 pytest 的默认执行规则，仅当方法名以“test”开头时，它们才会自动执行。因此，当运行这段代码时，test_login()、test_add() 和 test_del() 这三个方法会自动执行并打印相应的消息，而其他两个方法（one_test() 和 twotest()）则不会自动执行，除非重新建立实例手动调用。尽管它们都包含了“test”这个单词，但因为不是以“test”开头，所以不符合 pytest 的自动执行规则。

【代码运行结果】

运行结果如图 11-27 所示。

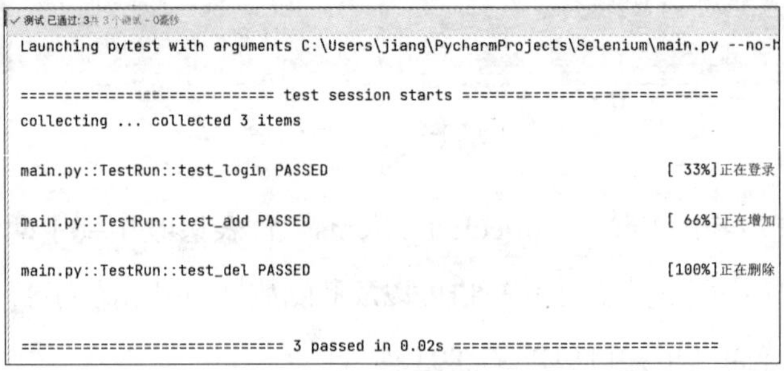

■ 图 11-27　运行结果

从运行结果可以看到，只有三个以“test”开头的方法被执行成功了。

四｜ pytest 的参数化

pytest 的参数化是一种测试技术，也称为数据驱动测试。它通过将测试过程中的测试数据提取出来，以参数的形式传递给测试用例，从而实现使用不同的数据来驱动测试用例的运行。在 pytest 中，参数化通过装饰器 @pytest.mark.parametrize 实现。

以下是 pytest 参数化的一个示例，具体代码如下所示。

```
1 import pytest
2 @pytest.mark.parametrize('username,password',
3                               [('xiaozhang','a123'),
4                                ('xiaoliu','b456')]
5                               )
6 def test_logging(username,password):
7     print(f'登录成功，用户名为{username}，密码为{password}')
```

【代码分析】

- 由于 pytest 是第三方应用框架，所以要使用它里面的功能，需要先把 pytest 导入 Python 体系中，在第 1 行代码中使用 import 关键字进行导入操作，导入之后就可以使用 pytest 这个框架里面的功能。
- 第 2 行到第 5 行代码的含义：@pytest.mark.parametrize 是 pytest 的装饰器，它是放在 test_logging() 函数上面的，可以理解为它装饰的对象就是 test_logging() 函数，简单来讲就是要给 test_logging() 函数来点什么。在这个例子中，这个装饰器的作用是给 test_logging() 函数的变量（函数的参数）传递多组不同的值。其中，("username,password",

[("xiaozhang","a123"),("xiaoliu","b456")]) 就是要传给 test_logging() 函数的值，这里面有两组值，也就是说，它为 test_logging() 函数的两个变量（username,password）提供了两组值：第一组是 ("xiaozhang", "a123")，第二组是 ("xiaoliu", "b456")。这意味着 test_logging() 函数会被执行两次：第一次使用第一组值，第二次使用第二组值。当你运行这个脚本时，pytest 会自动找到以“test”开头的函数并执行它。

【注意事项】

当使用 @pytest.mark.parametrize 装饰器来传递多组数据时，需要根据 test_logging(username, password) 函数中的变量数量提供相应的变量，装饰器中的变量 username 和变量 password 与 test_logging(username, password) 函数中的变量是一一对应的。装饰器中数据应该按照以下格式进行组织：(" 变量 1, 变量 2, …", [(值组合 1), (值组合 2), …])。每个值组合都需要用小括号括起来，并且不同的值组合之间以逗号分隔。整个数据组合放在方括号中。请严格按这种格式提供数据。

【代码运行结果】

运行结果如图 11-28 所示。

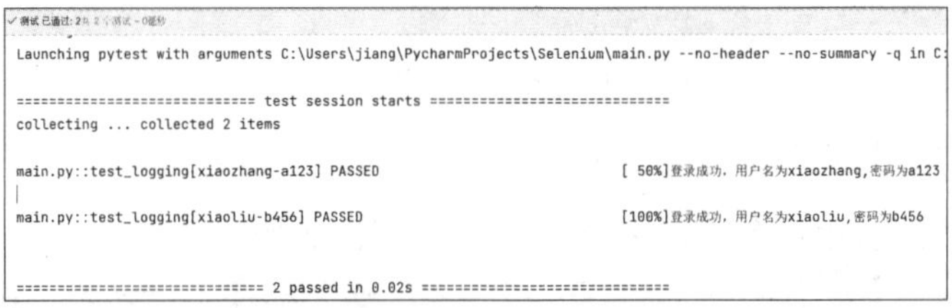

图 11-28　运行结果

从运行结果可以看到，test_logging() 函数被执行了两次，因为 pytest 装饰器传了两次值给 test_logging() 函数，传一次执行一次。需要注意的是，虽然这个测试函数只是简单地打印了消息，并没有真正地测试任何功能（例如，检查登录过程是否成功），但它演示了如何使用 pytest 的传值功能来运行多次测试，每次使用不同的输入数据。在实际的测试场景中，你可能会在函数内部添加更多的逻辑来验证功能的正确性。

五｜使用 assert 关键字校验结果

在使用 pytest 框架时，可以使用 assert 关键字进行测试结果的校验。如果发现程序运行的实际结果和预期结果一致，则表明测试执行通过；如对比发现不一致，则表明测试执行不通过。接下来讲解校验方式，具体代码如下所示。

```
x = 'th'
y = 'python'
z = 'python'
def test_str_001():
    assert x in y
def test_str_002():
    assert y == z
def test_str_003():
    assert x == z
```

【代码分析】

- 这段代码定义了三个以“test”为前缀的函数，在自动化领域，一个测试函数可以理解为一个测试用例。
- test_str_001() 函数的功能是使用 assert 关键字检查字符串 y 是否包含字符串 x。这里结合了 in 语句来判断 x 是否为 y 的子字符串。由于 x 的值为“th”，而 y 的值为“python”，显然“th”是“python”的子字符串，因此这个测试用例会执行通过。
- test_str_002() 函数的功能是使用 assert 关键字检查字符串 y 是否等于字符串 z。这里使用了 == 操作符来进行比较。由于 y 和 z 的值都是“python”，它们是相等的，因此这个测试用例会执行通过。
- test_str_003() 函数的功能是使用 assert 关键字检查字符串 x 是否等于字符串 z。同样使用了 == 操作符来进行比较。由于 x 的值为“th”，而 z 的值为“python”，显然它们不相等，因此这个测试用例会执行失败，而且会抛出异常。
- 根据前面所讲的函数运行规则，这三个函数无须使用函数名加括号的方式进行手动调用，直接右键运行就可以。

【代码运行结果】

运行结果如图 11-29 所示。

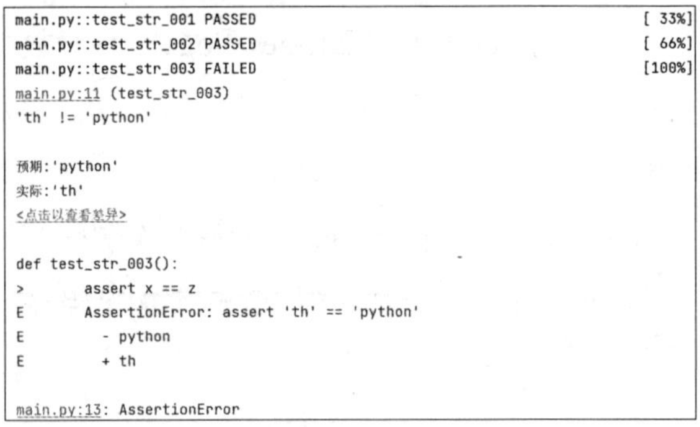

■ 图 11-29　运行结果

从运行结果中可以看到，总共执行了三个测试用例。其中，test_str_001() 和 test_str_002() 两个测试用例成功通过，而 test_str_003() 测试用例则失败了。

失败的原因在于 test_str_003() 函数中的校验语句 assert x == z 没有通过。这里期望 x 的值（即“th”）能够与 z 的值（即“python”）相等，但实际上它们并不相等。因此，程序抛出了 AssertionError 异常，并输出了详细的比较信息和错误位置。

这个测试结果展示了使用 assert 进行结果校验的重要性。通过 assert，可以在测试用例中明确地指定期望的结果，并与实际结果进行比较。如果比较失败，程序会立即停止执行并抛出异常，从而提醒存在问题。

11.4 Selenium 工具的安装和使用

使用 Selenium 工具，可以让它自动打开浏览器、加载网页、定位元素、输入文本、单击按钮、获取网页源码等。在本节中，将介绍如何安装和使用 Selenium，为学习后续内容奠定基础。

11.4.1 Selenium 的安装

Selenium 也是 Python 的第三方应用工具，所以需要额外安装，在 PyCharm 集成开发环境中，你可以通过其“终端”选项来轻松安装 Selenium。只需输入命令“pip3 install selenium”，即可开始安装过程，安装过程如图 11-30 所示。本章视频包含 Selenium 安装教程。

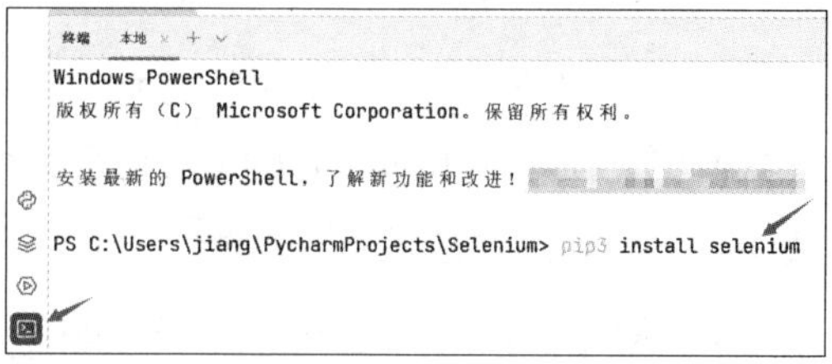

图 11-30 安装 Selenium

安装完成后，当底行出现“Successfully installed selenium-4.17.1”时，则代表 Selenium 安装成功（通过此方式安装的任何 Selenium 版本都可以使用）。其他提示可以忽略。

11.4.2 浏览器驱动程序的安装

Selenium 本身并不直接与浏览器“对话”，而是通过一个特殊的“翻译通道”——浏览器的驱动程序，来实现与浏览器的交互和控制。因为浏览器并不能直接理解 Selenium 发出的指令，所以这些指令需要被转换成浏览器能识别的语言。驱动程序就扮演了这个关键角色，它像是一位精通两种语言的翻译官，确保 Selenium 的“命令”能够准确无误地传达给浏览器，并促使浏览器执行相应的操作。

因此，为了让 Selenium 能够流畅地控制浏览器，进行各种自动化操作，必须先下载与浏览器相匹配的驱动程序，下载完成后，将浏览器驱动程序复制并粘贴到 PyCharm 项目的根目录下即可，如图 11-31 所示。本章视频包含谷歌浏览器驱动程序下载、安装的教程以及相关说明。

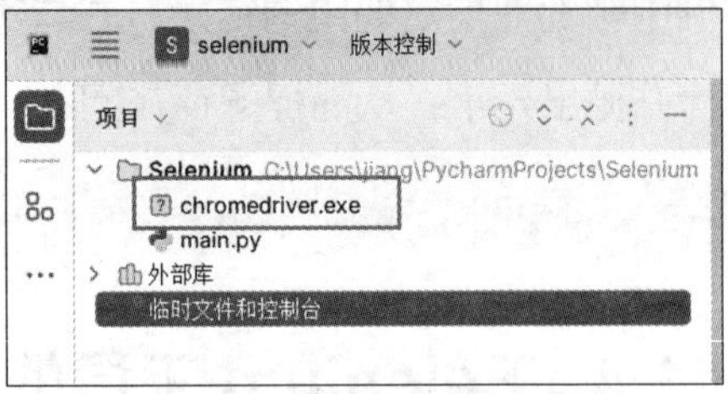

图 11-31　安装浏览器的驱动程序

图 11-31 中的 chromedriver.exe 就是谷歌浏览器的驱动程序。需要说明的是，下载的浏览器驱动程序的版本要跟浏览器本身的版本相对应。只有使用相对应的版本，才能有效地模拟用户操作。

11.4.3　创建浏览器的控制者并启动浏览器

具体代码如下所示。

```
1 from selenium import webdriver
2 driver = webdriver.Chrome()
```

【代码分析】

- Selenium 是一个 Python 的第三方工具，要使用它提供的功能，需要进行导入操作。在代码中，使用了 from...import 语句来实现导入操作，这个语句的意思是从指定的包或模块中引入所需的特定功能或对象。
- 第 1 行代码的含义：从一个叫作 selenium 的工具包中导入一个叫作 webdriver 的模块。你可以把 selenium 想象成一个大的仓库，里面存放着很多与自动化网页操作相关的方法，而 webdriver 就是仓库里的一个工具。
- 第 2 行代码的含义：通过 webdriver 这个工具启动一个叫作 Chrome 的浏览器，同时创建一个浏览器的控制者 driver，此后，你可以使用浏览器的控制者 driver 来调用 webdriver 这个工具里面的方法，从而实现如打开网页、查找元素、填写表单、单击按钮等操作。

【代码运行结果】

运行结果如图 11-32 所示。

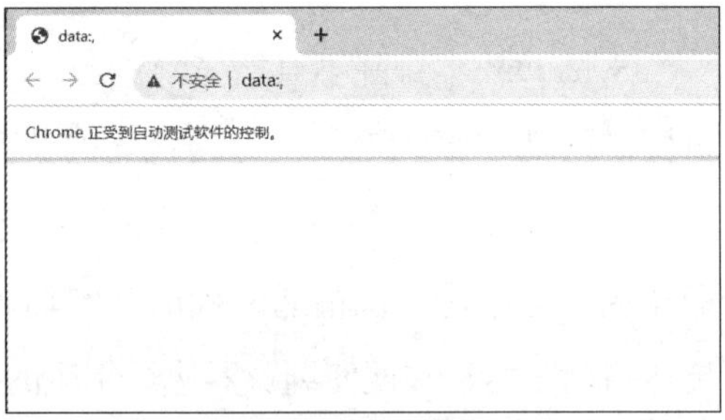

图 11-32　运行结果

从运行结果可以看到，系统自动启动了 Chrome 浏览器。需要注意的是，启动浏览器后很快会自动退出，退出的原因在于，代码中没有进一步的操作（如打开网页、等待用户输入或执行其他任务），并且代码执行完毕，那么浏览器通常会立即关闭，因为它已经完成了被分配的任务。

11.4.4 让谷歌浏览器窗口最大化

具体代码如下所示。

```
1 from selenium import webdriver
2 driver = webdriver.Chrome()
3 driver.maximize_window()
4 input('请输入任何内容并回车以继续')
```

【代码分析】

- 第 3 行代码的含义：浏览器的控制者 driver 调用 webdriver 工具中的 maximize_window() 方法将浏览器的当前窗口最大化。
- 浏览器的窗口最大化之后，由于代码中没有进一步的操作，浏览器可能会自动退出，且速度很快。这一点在 11.4.3 节已有说明。为了能看到浏览器最大化的效果，在第 4 行代码中加入了 input() 函数进行阻塞，当浏览器窗口最大化之后，程序会暂停执行，等待用户在下方控制台中输入任意内容并按下回车键。这个阻塞操作给了用户足够的时间去观察页面上的变化，确认浏览器的窗口是否已经最大化。之后，用户可以在下方控制台输入任意内容并按下回车键，程序会继续执行后续的代码（如果有的话）或正常结束。这种方法常用于调试或展示自动化操作的中间结果。

【代码运行结果】

第 3 行代码运行的结果：系统自动将 Chrome 浏览器的窗口最大化。

11.4.5 打开指定的网页

具体代码如下所示。

```
1 from selenium import webdriver
2 driver = webdriver.Chrome()
3 driver.maximize_window()
4 driver.get('http://192.168.81.132:8080/admin/login')
5 input('请输入任何内容并回车以继续')
```

【代码分析】

- 第 4 行代码的含义：浏览器的控制者 driver 调用 webdriver 工具中的 get() 方法打

开指定的网址。

- 第 5 行代码设置了一个阻塞，这个阻塞操作是为了给用户一个机会去观察自动化脚本执行到这一点时浏览器的状态。在用户输入任意内容并按下回车键之前，程序将不会继续执行。

【注意事项】

- 系统打开的网址“http://192.168.81.132:8080/admin/login”是 ZrLog 博客系统的登录页面。在本书的后续内容中，将以这个 ZrLog 博客系统的登录模块作为例子来展示自动化测试框架的设计。

【代码运行结果】

第 4 行代码运行的结果：系统自动打开 ZrLog 博客系统的登录页面，如图 11-33 所示。

图 11-33　运行结果

11.4.6　获取网页源码

具体代码如下所示。

```
1 from selenium import webdriver
2 driver = webdriver.Chrome()
3 driver.maximize_window()
4 driver.get('http://192.168.81.132:8080/admin/login')
5 print(driver.page_source)
6 input('请输入任何内容并回车以继续')
```

【代码分析】

- 第 5 行代码的含义：浏览器的控制者 driver 调用 webdriver 工具中的 page_source 属性获取登录页面的源码信息（即 driver.page_source）。

- 第 6 行代码设置了一个阻塞，这个阻塞操作是为了给用户一个机会去观察自动化脚本执行到这一点时浏览器的状态。在用户输入任意内容并按下回车键之前，程序将不会继续执行。

【注意事项】

- webdriver 工具中既有方法，也有属性，属性是不带括号的，本例中 page_source 属性就没有括号。

【代码运行结果】

第 5 行代码运行的结果：系统自动打印出 ZrLog 博客系统登录页面的源码信息，如图 11-34 所示。

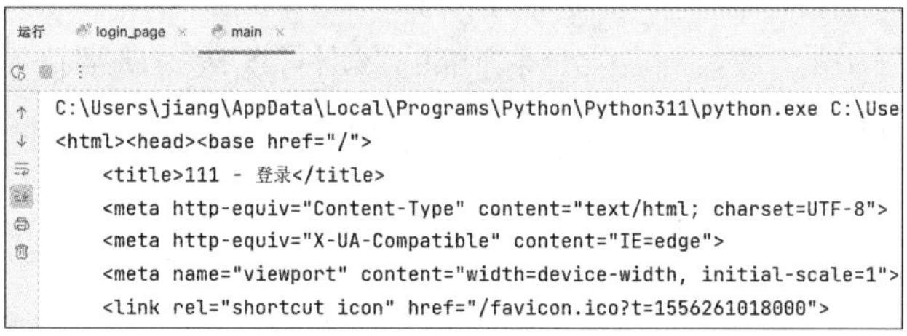

图 11-34 运行结果

11.4.7 查找网页元素并清理文本

具体代码如下所示。

```
1 from selenium import webdriver
2 driver = webdriver.Chrome()
3 driver.maximize_window()
4 driver.get('http://192.168.81.132:8080/admin/login')
5 driver.find_element("xpath",'//*[@id = "userName"]').clear()
6 input('请输入任何内容并回车以继续')
```

【代码分析】

- 第 5 行代码的含义：浏览器的控制者 driver 利用 webdriver 提供的 find_element() 方法，结合 XPath 定位方式，在网页上精确查找一个元素。XPath 表达式 “//*[@id="userName"]” 意味着在整个页面范围内搜索具有 id 属性且属性值为 userName 的元素。这个 XPath 表达式专门指向登录页面的用户名输入框。紧接着调用 clear() 方法，清除用户名输入框中的文本信息（如果用户名输入框原本有文本信息，则会清理掉）。

【注意事项】

- 第 5 行代码中 find_element() 方法只需要写入“xpath”和具体的 XPath 表达式就可以，中间用逗号隔开。

- 在 11.3.1 节的注意事项中提到，单引号和双引号在 Python 中大多数情况下是可以互换的，用于定义字符串时效果相同。比如：s1 = 'Hello, World!' 和 s2 = "Hello, World!" 这两行代码是完全等价的，s1 和 s2 表示同样的字符串。然而，有一个重要的例外需要注意：当字符串内部已经包含了某种引号时，外部就不能再使用同种引号。具体来说，如果一个字符串内容中包含了单引号，那么为了避免冲突和混淆，应该使用双引号来包围这个字符串；反之，如果字符串内容中包含了双引号，则应该使用单引号来包围这个字符串。这里以第 5 行代码的 XPath 表达式为例，如果表达式中已经使用了双引号来标记属性或值，那么整个表达式在 Python 代码中就应该用单引号包围起来。这样做是为了确保 Python 解释器能够正确解析字符串的边界，而不会将内部的双引号误认为是字符串结束的标志。同样地，如果 XPath 表达式中使用了单引号，那么 Python 代码中就应该使用双引号来包围整个表达式。

【代码运行结果】

第 5 行代码运行结果：如果用户名输入框有文本信息，则会自动清理。

11.4.8 查找网页元素并发送内容

具体代码如下所示。

```
1 from selenium import webdriver
2 driver = webdriver.Chrome()
3 driver.maximize_window()
4 driver.get('http://192.168.81.132:8080/admin/login')
5 driver.find_element("xpath",'//*[@id = "userName"]').send_keys('admin')
6 input('请输入任何内容并回车以继续')
```

【代码分析】

- 第 5 行代码的含义：浏览器的控制者 driver 利用 webdriver 提供的 find_element() 方法，结合 XPath 定位方式，在网页上精确查找一个元素。XPath 表达式"//*[@id="userName"]"意味着在整个页面范围内搜索具有 id 属性且属性值为 userName 的元素。这个 XPath 表达式专门指向登录页面的用户名输入框。紧接着调用 send_keys() 方法，将字符串"admin"输入该输入框，从而完成了用户名的自动填写。

【代码运行结果】

第 5 行代码运行结果：系统自动向登录页面的用户名输入框输入用户名"admin"。

11.4.9 使用显式等待查找网页元素并发送内容

webdriver 提供的 find_element() 是一种即时查找元素的方法，当浏览器的控制者 driver 调用这个方法后，会立即通过 XPath 表达式在页面上查找元素，但是这个方法有一个明显的缺点，就是如果网页元素尚未加载（由于网络延迟、页面跳转等原因导致元素还没有加载出来），使用该方法查找元素时就会抛出 NoSuchElementException 异常（找不到元素的异常）。为了解决这个问题，webdriver 引入显式等待机制。

显式等待（Explicit Wait）是 webdriver 中一种智能的等待方式。简单来说，它不会盲目地等待一个固定的时间，而是会等待某个特定的条件成立。想象一下，你在网上购物时，单击一个按钮后，页面可能需要一点时间来加载新的内容，比如商品详情或者评论。如果网页一下子就加载好了，那你就能立刻看到这些信息；但如果网络有点慢，或者服务器有点忙，你就得等一会儿。显式等待就是模拟这种“等一会儿，直到看到想要的东西”的行为。它会不断检查页面，看想要的那个元素或者条件是不是已经出现了。如果出现了，就继续执行下一步操作，比如单击按钮或者输入文本；如果还没出现，就再等一会儿，然后再检查。这种方式的好处是，它只等待必要的时间，不会浪费时间去等那些已经加载好的内容，也不会因为等待时间不够而错过那些加载稍微慢一点的内容。这样，自动化脚本就能更稳定、更可靠地运行，不会因为网络波动或者服务器响应慢而轻易失败。总的来说，显式等待就是一种聪明的等待方式，它知道什么时候该等，什么时候该继续，让自动化测试更加灵活和高效。

接下来，将通过代码来实际演示显式等待的工作过程，具体代码如下所示。

```
 1 from selenium import webdriver
 2 from selenium.webdriver.support.wait import WebDriverWait
 3 from selenium.webdriver.support import expected_conditions as EC
 4 driver = webdriver.Chrome()
 5 driver.maximize_window()
 6 driver.get('http://192.168.81.132:8080/admin/login')
 7 # driver.find_element("xpath",'//*[@id = "userName"]').send_keys('admin')
 8 (WebDriverWait(driver,timeout = 5).
 9  until(EC.presence_of_element_located(("xpath",'//*[@id = "userName"]'))).
10  send_keys('admin'))
11 input('请输入任何内容并回车以继续')
```

【代码分析】

- 第 2 行、第 3 行、第 8 行、第 9 行、第 10 行代码为新增的代码，如上所示，通过引入显式等待机制，替换了原先直接使用 find_element() 查找网页元素的方式。这样做的主要目的是提升代码的健壮性和可靠性。接下来对这 5 行代码进行分析。
- 第 2 行代码的含义：从 webdriver 工具中导入 WebDriverWait 这个小工具。这行代码是在告诉 Python，要使用一个叫作 WebDriverWait 的工具。这个工具非常有用，因为当你让浏览器去做一些事情（比如打开一个网页）时，有时因为网络慢或其他原因，页面上的东西不是一下子就全部加载出来的。WebDriverWait 可以帮你等待某个东西（比如一个按钮或者一个输入框）出现之后再继续执行后面的代码。你可以把它想象成你在餐厅等菜，直到你的菜上桌了，你才会开始吃。

- 第 3 行代码的含义：继续从 webdriver 工具中导入 expected_conditions 这个小工具，并且用 EC 这个简写来代替它。它主要是用来告诉 WebDriverWait 你要等什么。比如，你可以告诉 WebDriverWait“我要等一个输入框出现在页面上”。你可以把它想象为你在等一个信号灯变绿，只有变绿了，你才能过马路。

- 第 8 行到第 10 行本来是一行代码，但是因为代码太长所以分成了三行来写。完整的代码是：

```
WebDriverWait(driver,timeout = 5).until(EC.presence_of_element_located
(("xpath",'//*[@id = "userName"]'))).send_keys('admin')
```

可以看到，这行代码的最外层并没有加上括号，但是当代码分成三行来写时，最外层自动多加了一对括号，多加一对括号的目的就是保持代码在逻辑上连续，这一点需要大家注意。

- WebDriverWait(driver, timeout=5)：这部分代码是在说“我要让浏览器等一会儿，最多等 5 秒”。如果 5 秒内你要等的东西出现了，它就会停止等待；如果超过 5 秒还没出现，它就会抛出一个错误，告诉你它等得太久了。其中，WebDriverWait 这个工具中传入了浏览器的控制者 driver。

- .until(...)：这部分代码是在说“我要一直等，直到……”后面的条件满足为止。

- EC.presence_of_element_located(("xpath",'//*[@id="userName"]'))：这部分代码是在说“我要等的是一个元素，这个元素的位置可以通过 XPath 方式来找到，XPath 表达式是“//*[@id="userName"]”。换句话说，它就是在找一个 id 为 userName 的输入框。

- .send_keys('admin')：一旦找到了那个输入框，这部分代码就会往那个输入框里输入文本“admin”。

- 整行代码的意思就是让浏览器最多等 5 秒，在这 5 秒之内会不间断地查找 id 为 userName 的输入框是否出现（默认情况下每隔 0.5 秒查找一次），如果出现了，立即执行用户名输入的操作，如果没有出现，就一直等待这个元素的出现，如果超过了 5 秒该元素还是没有出现，就直接抛出异常。

【注意事项】

- 对于 Selenium 的新手来说，其实显式等待大部分代码是固定且可复用的，只需对特定部分进行微调。
- 第 2 行和第 3 行代码是导入语句，用于引入 WebDriverWait 和 expected_conditions（EC），这两者是实现 Selenium 显式等待功能的核心组件，用的时候直接按标准流程导入就行。
- 第 8 行到第 10 行代码是实现显式等待的关键部分。在这里，大部分代码结构也是固定的，主要用于设置等待时间（timeout）和定义要等待的条件（在这个例子中是某个元素的出现）。唯一需要根据实际情况调整的是等待时间（以适应不同的网络或服务器响应速度）和 XPath 表达式（以准确定位页面上的元素）。
- 对于新手来说，通过复用这些固定的代码结构，并根据需要调整少数几个参数，就可以轻松应对各种网页自动化任务。这种方法的灵活性和可扩展性正是 Selenium 的强大之处。

【代码运行结果】

第 8 行到第 10 行代码运行的结果：系统自动向登录页面的“用户名”输入框输入用户名“admin”。

11.4.10 单击“提交”按钮

具体代码如下所示。

```
from selenium import webdriver
from selenium.webdriver.support.wait import WebDriverWait
from selenium.webdriver.support import expected_conditions as EC
driver = webdriver.Chrome()
driver.maximize_window()
driver.get('http://192.168.81.132:8080/admin/login')
# driver.find_element("xpath",'//*[@id = "userName"]').send_keys('admin')

(WebDriverWait(driver,timeout = 5).
 until(EC.presence_of_element_located(("xpath",
'//*[@id = "userName"]'))).send_keys('admin'))

(WebDriverWait(driver,timeout = 5).
 until(EC.presence_of_element_located(("xpath",
'//*[@id = "login_form"]/div[2]/input'))).send_keys('123456'))
```

```
16
17 (WebDriverWait(driver,timeout = 5).
18  until(EC.presence_of_element_located(("xpath",
19 '//*[@id = "login_btn"]/span'))).click())
20
21 input('请输入任何内容并回车以继续')
```

【代码分析】

- 上一节已经详细解释了第 9 行到第 11 行代码的功能：它利用显式等待策略精确地定位到“用户名”输入框，并顺利地输入了相应的用户名信息。
- 第 13 行到第 15 行代码的含义：使用显式等待和 XPath 表达式来定位并输入密码信息。XPath 表达式“//*[@id="login_form"]/div[2]/input”被用于精确定位网页上的一个特定元素，即 id 属性值为“login_form”的元素下的第二个“div”子元素中的“input”元素。在这里，XPath 表达式对应的是博客登录页面的“密码”输入框。一旦找到“密码”输入框，代码继续调用 send_keys() 方法来模拟键盘输入，将字符串“123456”作为密码填充到该输入框中。这一步是自动化登录流程中的关键步骤，它允许脚本自动填写密码字段，并将其传递给服务器进行验证。如果验证通过，服务器将授予用户访问权限，并可能将其重定向到另一个页面，从而完成整个登录过程。
- 第 17 行到第 19 行代码的含义：使用显式等待和 XPath 表达式进行元素定位。XPath 表达式“//*[@id="login_btn"]/span”准确地指向了网页上 id 为“login_btn”的元素内部嵌套的“span”标签。这里的 XPath 表达式对应于博客登录页面上的“登录”按钮。一旦找到“登录”按钮，代码继续调用 click() 方法来模拟用户单击该按钮。这是登录流程的最后一步，因为它触发了将登录凭据发送到服务器并验证用户的过程。如果用户名和密码正确，服务器将允许用户登录，并可能将其重定向到另一个页面。通过这段代码，我们实现了自动化登录的最后一步，模拟了用户单击“登录”按钮的动作，使得脚本能够与博客系统进行交互，并完成登录操作。

【代码运行结果】

第 9 行到第 11 行代码的运行结果：系统自动向登录页面的“用户名”输入框输入用户名“admin”。

第 13 行到第 15 行代码的运行结果：系统自动向登录页面的“密码”输入框输入密码“123456”。

第 17 行到第 19 行代码的运行结果：系统自动单击登录页面的“登录”按钮进行登录。

11.5 POM 设计模式

页面对象模型（Page Object Model，POM）是 Web 自动化测试的核心设计模式。它的核心思想是将每个页面看作一个类，页面上的元素（如按钮、文本框等）和操作（如单击、输入等）则是这个类中的属性和方法。

本节将以 ZrLog 博客系统的登录页面为例，阐述 POM 的设计思路及其实践应用，进而优化脚本编写。

ZrLog 博客系统的登录页面通常包含三个核心元素：用户名输入框、密码输入框以及登录按钮。为了成功登录，用户需要依次执行三个动作：输入用户名、输入密码以及单击登录按钮。图 11-35 展示了这一登录页面的布局。

■ 图 11-35 登录页面

11.5.1 封装页面对象的属性和方法

基于 POM 的思想，可以将页面元素的定位表达式以及对页面元素要执行的动作分别封装成类中的属性和方法，并统一存储在同一个 Python 文件中，从而实现页面功能的模块化管理和维护。

为了应用 POM，可以按照以下步骤对登录页面属性和方法进行封装。

（1）创建一个名为“login_page.py”的页面对象文件，如图 11-36 所示。

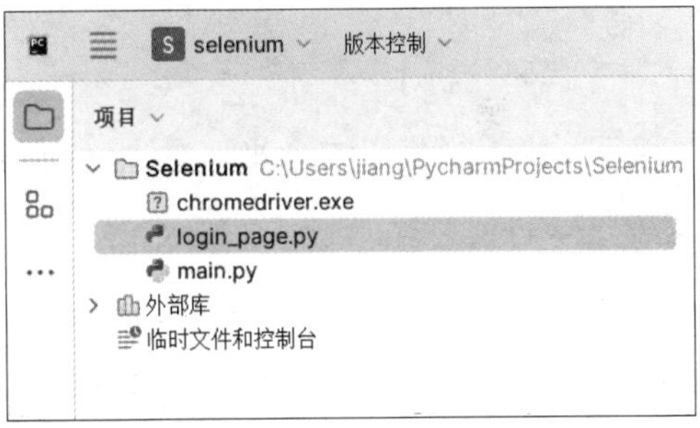

■ 图 11-36 创建 login_page.py 文件

（2）在“login_page.py”文件中，定义一个名为“LoginPage”的页面类，这个类将代表登录页面。在 LoginPage 类中，将页面上的元素定位信息以及对元素要执行的动作分别封装成类中的属性和方法，具体代码如下所示。

```
from selenium import webdriver
from selenium.webdriver.support.wait import WebDriverWait
from selenium.webdriver.support import expected_conditions as EC

```

```
5 class LoginPage:
6     username_input = '//*[@id = "userName"]'
7     password_input = '//*[@id = "login_form"]/div[2]/input'
8     click_button = '//*[@id = "login_btn"]/span'
9
10    def __init__(self):
11        self.driver = webdriver.Chrome()
12        self.driver.get('http://192.168.81.132:8080/admin/login')
13        self.driver.maximize_window()
14
15    def enter_username(self):
16        (WebDriverWait(self.driver,timeout = 5).
17         until(EC.presence_of_element_located(("xpath",
18        LoginPage.username_input))).send_keys('admin'))
19
20    def enter_password(self):
21        (WebDriverWait(self.driver,timeout = 5).
22         until(EC.presence_of_element_located(("xpath",
23        LoginPage.password_input))).send_keys('123456'))
24
25    def click_login_button(self):
26        (WebDriverWait(self.driver,timeout = 5).
27         until(EC.presence_of_element_located(("xpath",
28        LoginPage.click_button))).click())
29
30 login = LoginPage()
31 input('请输入任何内容并回车以继续')
```

【代码分析】

- 第 1 行代码的含义：导入 webdriver 这个工具，这个工具将用于启动浏览器和创建浏览器的控制者。
- 第 2 行和第 3 行代码的含义：分别导入 WebDriverWait 和 expected_conditions 这两个工具，这两个工具主要用于在查找元素时引入显式等待。
- 第 5 行代码的含义：定义了 LoginPage 类，LoginPage 类代表了 ZrLog 博客系统的登录页面，它包含了页面上的元素（如用户名输入框、密码输入框、登录按钮）和页面上的操作（输入用户名、输入密码、单击登录按钮）。
- 第 6 行到第 8 行代码的含义：在 LoginPage 类内部，定义了三个类变量，这些变量存储了登录页面上不同元素的 XPath 定位表达式：

username_input：存储了用户名输入框的 XPath 表达式。

password_input：存储了密码输入框的 XPath 表达式。

click_button：存储了登录按钮的 XPath 表达式。

在调用它们时可以使用类名加点（.）加类属性名的方式进行，如 LoginPage.username_input。

- 第 10 行到第 13 行代码的含义：定义了 __init__() 方法，在 11.3.1 节中讲过，当系统在创建类实例时（也就是在执行本示例中的第 30 行代码时）会自动执行 __init__() 方法。这个方法要做的第一件事就是自动启动 Chrome 浏览器，并创建浏览器的控制者 self.driver，要做的第二件事是浏览器的控制者 self.driver 调用 get() 方法打开博客系统的登录页面，要做的第三件事是浏览器的控制者 self.driver 调用 maximize_window() 方法将浏览器的窗口最大化。也就是这三件事在实例被创建时一并完成。
- 第 15 行到第 28 行代码的含义：把登录时的三个操作（输入用户名、输入密码、单击登录按钮）定义为实例的方法，这三个实例的方法分别是 enter_username()、enter_password() 和 click_login_button()，并且这三个方法都使用了显式等待来查找元素，最大等待时间为 5 秒，XPath 表达式使用了“类名 . 属性名”来引入。
- 第 30 行代码的含义：创建 LoginPage 类的实例，实例名为 login，请大家注意，在创建 login 实例时，会自动执行 __init__() 方法。

【代码运行结果】

打开 Chrome 浏览器，跳转到 ZrLog 博客系统的登录页面，并将浏览器的窗口最大化。

以上代码的设计符合 POM 的理念。在 POM 中，每一个页面都会被设计为一个类，页面中的元素（如按钮、输入框等）会被定义为类或实例的属性，而页面上的操作（如单击按钮、输入文本等）则会被定义为类或实例的方法。这样的设计使得代码结构清晰、易于维护。

同时，如果你需要在其他地方重用这个登录页面的代码，只需要实例化 LoginPage 类并调用相应的方法即可。

11.5.2 创建 base_page.py 文件

在 Web 自动化测试中，采用 POM 设计模式时，base_page.py 文件的作用至关重要。

以 ZrLog 博客系统为例，该系统包含多个不同的页面和功能，这意味着在设计自动化测试框架时需要为每个页面创建相应的页面类。在每个页面中，都需要进行元素查找和定位，这是测试过程中的一个关键步骤。为了确保元素定位的准确性和稳定性，通常会使用显式等待。然而，如果在每个页面类中都重新导入显式等待的工具，并且每次元素定位都使用完整的 WebDriverWait(driver, timeout=5).until(EC.presence_of_element_located(("xpath", '×××××'))) 语法，那么代码将变得非常冗余和重复。

为了解决这个问题，可以将显式等待的逻辑封装在 base_page.py 文件中的 BasePage 类中（BasePage 类一般称为基础类，也称基类，下文中提到基类时指的就是 BasePage 类）。这样，其他页面类只需继承 base_page.py 中的基类，就可以直接使用这些封装好的等待方法，而无须在每个页面中重复导入和编写等待逻辑。这种做法不仅简化了代码结构，还提高了代码的可重用性和可维护性，使得自动化测试框架更加健壮和高效。

此外，在 Web 自动化测试中，每个页面类的运行通常都需要进行一些通用操作，比如打开浏览器、窗口最大化以及导航到登录页面等。这些操作对于每个页面测试来说都是必需的，但如果在每个页面类中都单独实现这些操作，那么代码将不可避免地出现大量重复。

为了解决这个问题，可以在 base_page.py 文件中定义一个 __init__() 方法，并在其中放置这些通用的初始化代码。这样，其他页面类在继承 base_page.py 中的基类时，就会自动获得这个初始化方法，无须在每个页面类中重新定义。

为了进一步提高代码的可重用性和简化页面对象的设计，现将 LoginPage 类中的 __init__() 方法和显式等待的方法抽离出来，并放置在 base_page.py 文件中的 BasePage 中。这样做的好处是，未来在创建其他页面类时，它们都可以通过继承 BasePage 来共享这些通用功能，而无须在每个类中重复实现。

接下来，将新建 base_page.py 文件，如图 11-37 所示。

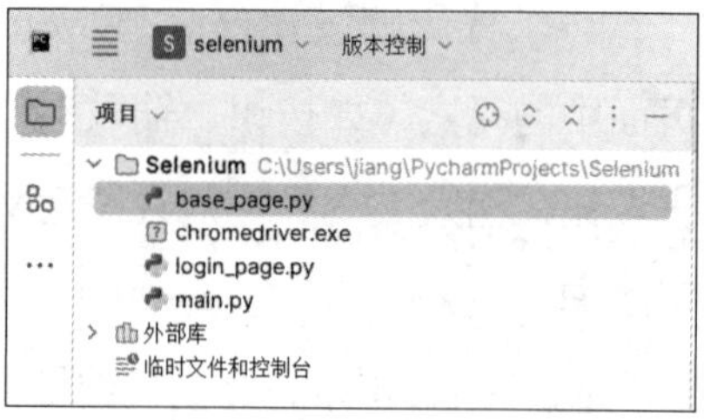

图 11-37　新建 base_page.py 文件

在 base_page.py 文件中新建 BasePage 类，并在其中封装初始化浏览器的控制者 driver、打开页面、最大化窗口以及执行显式等待等通用操作。

具体代码如下所示。

```
from selenium import webdriver
from selenium.webdriver.support.wait import WebDriverWait
from selenium.webdriver.support import expected_conditions as EC

class BasePage:
    def __init__(self):
        self.driver = webdriver.Chrome()
```

```
8         self.driver.get('http://192.168.81.132:8080/admin/login')
9         self.driver.maximize_window()
10        self.wait = WebDriverWait(self.driver, timeout = 5)
11
12    def find_element(self, locator):
13        try:
14            return self.wait.until(EC.presence_of_element_located
(('xpath', locator)))
15        except:
16            print('元素定位失败，请检查元素表达式和查找方法有无问题')
```

【代码分析】

- 第 1 行代码的含义：导入 webdriver 工具，这个工具将用于启动浏览器和创建浏览器的控制者。
- 第 2 行和第 3 行代码的含义：分别导入 WebDriverWait 和 expected_conditions 这两个工具，主要是用于在查找元素时引入显式等待。
- 第 5 行到第 16 行代码的含义：定义了 BasePage 类，作为页面对象模型（POM）的基石，类中主要定义了两个方法：__init__() 和 find_element()。
- __init__() 方法的功能非常明确：启动 Chrome 浏览器，并创建浏览器的控制者 self.driver。随后，该方法会导航至指定的 URL，即 ZrLog 博客系统的登录页面，并将浏览器窗口最大化，从而为用户提供更佳的视觉体验。此外，为了简化后续的等待机制，该方法还将显式等待工具 WebDriverWait 赋值给 self.wait 属性，使得后续的显式等待代码更加清晰易懂。
- find_element() 定义了使用显式等待查找元素的方法。locator 为 find_element() 方法的变量（参数），设定这样一个变量的目的在于，谁要想使用我的显式等待，就得先把元素的 XPath 表达式传进来，传给 locator 变量，传进来之后才能使用显式等待进行元素的查找。
- 在 find_element() 方法中，return 关键字扮演着至关重要的角色。它的作用是将查找到的页面元素返回给方法的调用者，从而允许调用者进行进一步的操作或处理（比如输入文本、单击按钮等）。
- 同时需要注意的是，在 find_element() 方法中加入 try...except 异常处理机制，如果在 try 块中的代码执行时发生异常（例如，元素未找到、超时等），则会执行 except 块中的代码。在这个例子中，如果查找元素失败（可能是因为元素不存在、XPath 表达式错误、页面未完全加载等），except 块会捕获这个异常，并打印一条消息到控制台，通知用户“元素定位失败，请检查元素表达式和查找方法有无问题”。

11.5.3 页面类继承基类

11.5.2 节中已经成功创建了 BasePage 基类，这个基类提供了基础的浏览器控制功能和显式等待机制。现在，将利用这个基类来进一步优化登录的页面类。接下来，在 login_page.py 文件中，将对 LoginPage 类进行必要的修改，让它继承 BasePage 基类的方法，从而能够复用基类中的方法。这样的设计将使代码更加模块化和可维护。

具体代码如下所示。

```
1 from base_page import BasePage
2
3 class LoginPage(BasePage):
4     username_input = '//*[@id = "userName"]'
5     password_input = '//*[@id = "login_form"]/div[2]/input'
6     click_button = '//*[@id = "login_btn"]/span'
7
8     def enter_username(self):
9         self.find_element(LoginPage.username_input).send_keys('admin')
10
11     def enter_password(self):
12         self.find_element(LoginPage.password_input).send_keys('123456')
13
14     def click_login_button(self):
15         self.find_element(LoginPage.click_button).click()
16
17 login = LoginPage()
18 login.enter_username()
19 login.enter_password()
20 login.click_login_button()
21 input('请输入任何内容并回车以继续')
```

【代码分析】

- 第 1 行代码的含义：从 base_page.py 文件中导入 BasePage 类，以便 LoginPage 类可以继承它。
- 第 3 行代码的含义：LoginPage 类继承自 BasePage 类。这意味着 LoginPage 类将拥有 BasePage 类中定义的所有方法。
- 第 4 行到第 6 行代码的含义：在 LoginPage 类内部，定义三个类变量，这些变量存储了登录页面上不同元素的 XPath 定位表达式：

username_input：存储了用户名输入框的 XPath 表达式。

password_input：存储了密码输入框的 XPath 表达式。

click_button：存储了登录按钮的 XPath 表达式。

- 第 8 行和第 9 行代码的含义：定义了 enter_username() 方法，它是一个实例方法，因为它带有 self 标签，这个方法的主要目的是自动在登录页面的用户名输入框中输入用户名。为了实现这一功能，enter_username() 方法内部调用了 BasePage 类中的 find_element() 方法。由于 LoginPage 类是 BasePage 类的子类，并且通过继承关系获得了 BasePage 类中的所有方法和属性，因此 LoginPage 类的实例（即 self）可以无缝地调用 BasePage 类中的方法。在调用 find_element() 方法时，由于 find_element() 方法里面有变量，所以要传值，这里把用于定位用户名输入框的 XPath 表达式传了过去（通过 LoginPage.username_input 来获取这个 XPath 表达式）。find_element() 方法接收到这个 XPath 表达式后，会使用显式等待的机制来查找页面上的元素。一旦找到元素，find_element() 方法会通过 return 语句将这个元素的引用返回给调用者，即 enter_username() 方法。紧接着，enter_username() 方法调用了返回元素的 send_keys() 方法，将用户名“admin”输入用户名输入框中。通过这两行代码的协作，实现了在登录页面上自动输入用户名的功能。这段代码的设计体现了面向对象编程的封装和继承原则，使得代码结构清晰、易于维护和扩展。

- 第 11 行和第 12 行代码的含义：在 LoginPage 类中定义了另一个方法，名为 enter_password。这个方法的目的与 enter_username() 方法类似，但是它用于自动在网页的密码输入框中输入密码。

- 第 14 行和第 15 行代码的含义：在 LoginPage 类中定义了另一个方法，名为 click_login_button。这个方法的目的与 enter_username() 方法类似，但是它用于自动单击登录按钮。

- 第 17 行代码的含义：这行代码创建了一个 LoginPage 类的实例，实例名为 login。但由于 LoginPage 类继承了 BasePage 类，所以在创建 login 实例时，也会自动运行 BasePage 类中的 __init__() 方法（在 11.3.4 节中讲过）。而 __init__() 方法负责启动 Chrome 浏览器、创建浏览器控制者 self.driver、打开指定的网页，并执行如最大化浏览器窗口等一系列操作。这些操作为后续的页面元素定位和自动化交互提供了基础环境。通过继承机制，LoginPage 类能够复用 BasePage 类中的这些初始化设置，从而简化代码并提高可维护性。

- 第 18 行代码的含义：这行代码调用了 login 实例的 enter_username() 方法。enter_username() 方法是在 LoginPage 类中定义的，它的作用是找到页面上的用户名输入框（通过 XPath 表达式定位），并在其中输入用户名“admin”。

- 第 19 行代码的含义：类似地，这行代码调用了 login 实例的 enter_password() 方法。enter_password() 方法也是在 LoginPage 类中定义的，它的作用是找到页面上的密码输入框（同样通过 XPath 表达式定位），并在其中输入密码“123456”。
- 第 20 行代码的含义：这行代码调用了 login 实例的 click_login_button() 方法。这个方法负责找到登录按钮（使用另一个 XPath 表达式）并模拟单击它，从而触发登录操作。

【代码运行结果】

打开 Chrome 浏览器，跳转到 ZrLog 博客系统的登录页面，并将浏览器的窗口最大化，自动输入用户名和密码，并自动单击登录按钮进行登录。

11.5.4 POM 图

经过上述各节的学习与探讨，可以将 POM 的特征进行如下归纳，其概要展示在图 11-38 中。

BasePage 这个基类为项目中所有其他页面类提供了一套通用的方法和属性。通过继承这个基类，其他页面类可以便捷地重用这些已经定义好的通用方法和属性。这种继承机制不仅显著减少了代码冗余，还提高了代码的可维护性和可读性。

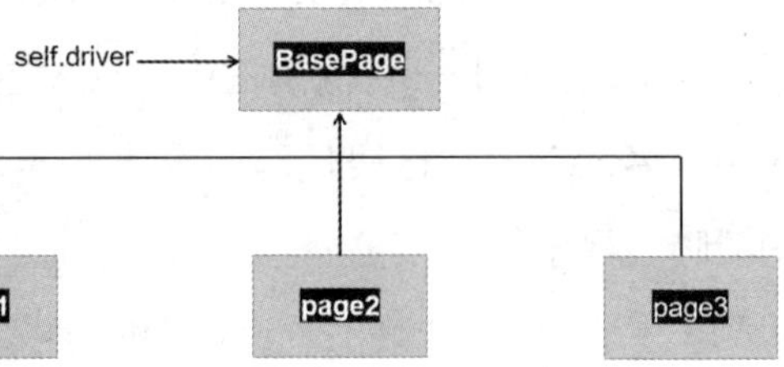

图 11-38　POM 图

11.6 使用 pytest 框架进行数据驱动

随着测试需求的不断增加，单一的登录测试已经不能满足对于功能覆盖和边界条件检查的需求。为了提高测试的效率和灵活性，需要引入 pytest 测试框架，并利用其参数化功能来实现数据驱动测试。通过参数化，可以轻松地为登录模块提供多组不同的用户名和密码组合，以验证系统的登录逻辑是否正确处理了各种情况，包括正确的凭证、错误的凭证、空凭证等。接下来，将对 login_page.py 进行改造，以适应 pytest 的测试结构，并新增测试用例文件来展示如何通过参数化来增强登录功能测试。

11.6.1 改造页面类

当前的 login_page.py 文件虽然提供了基本的登录操作功能，但缺乏一定的灵活性和扩展性。为了更好地支持参数化的数据驱动测试，并适应未来可能的测试场景变化，需要对 login_page.py 文件进行改造。改造的重点将放在以下几个方面：首先，将为 enter_username() 和 enter_password() 方法添加变量（参数），使其能够接受外部传入的用户名和密码，从而支持不同的登录凭证组合。其次，将新增一个 get_error_message() 方法，用于获取登录失败时的错误信息，这将有助于我们更准确地判断登录结果并进行断言。

通过这些改造，login_page.py 将变得更加灵活和强大，不仅能够满足当前的测试需求，还能够为未来的测试工作奠定良好的基础。

login_page.py 文件改造之后的代码如下所示。

```
 1 from base_page import BasePage
 2 
 3 class LoginPage(BasePage):
 4     username_input = '//*[@id = "userName"]'
 5     password_input = '//*[@id = "login_form"]/div[2]/input'
 6     click_button = '//*[@id = "login_btn"]/span'
 7     login_error_mgs = '/html/body/div[2]/div/h4'
 8 
 9     def enter_username(self,username):
10         element = self.find_element(LoginPage.username_input)
11         element.clear()
12         element.send_keys(username)
13 
14     def enter_password(self,password):
15         element = self.find_element(LoginPage.password_input)
16         element.clear()
17         element.send_keys(password)
18 
19     def click_login_button(self):
20         element = self.find_element(LoginPage.click_button)
21         element.click()
22 
23     def get_error_message(self):
24       return self.find_element(LoginPage.login_error_mgs).text
```

【代码分析】

- 第 1 行代码的含义：这行代码从 base_page.py 文件中导入了 BasePage 类，以便 LoginPage 类可以继承它。

- 第 3 行代码的含义：LoginPage 类继承自 BasePage 类。这意味着 LoginPage 类将拥有 BasePage 类中定义的所有方法和属性。
- 第 4 行到第 7 行代码的含义：在 LoginPage 类内部，定义了四个类变量，这些变量存储了登录页面上不同元素的 XPath 定位表达式。

username_input：存储了用户名输入框的 XPath 表达式。

password_input：存储了密码输入框的 XPath 表达式。

click_button：存储了登录按钮的 XPath 表达式。

login_error_mgs：存储了显示错误消息的元素的 XPath 表达式。

请注意，login_error_mgs 元素专门指的是在登录过程中，当用户输入错误的用户名或密码时，系统显示出的错误提示信息，如图 11-39 所示。

■ 图 11-39　错误提示信息

- 第 9 行到第 12 行代码的含义：定义了 enter_username() 方法，它是一个实例方法，因为它带有 self 标签，这个方法有一个变量 username，这个变量用来接收不同的用户名。在方法内部，它首先调用 find_element() 方法（从 BasePage 类继承而来）来定位用户名输入框这个元素，找到这个元素之后就把这个元素存储在了方法的变量 element 中（这个变量是在方法内部定义的变量，只在方法的内部有效，也只能在方法内部使用，而且它不属于实例的变量，因为没有带 self 标签）。然后调用 clear() 方法清理用户输入框的文本信息。接着调用 send_keys() 方法将 username 的值输入用户名输入框。总的来说，enter_username() 方法使得在自动化测试过程中能够灵活地输入不同的用户名，只需在调用时提供相应的值即可。
- 第 14 行到第 17 行代码的含义：定义了 enter_password() 方法，它是一个实例方法，因为它带有 self 标签，这个方法有一个变量 password，这个变量用来接收不同的用户密码。在方法内部，它首先调用 find_element() 方法（从 BasePage 类继承而来）来定位密码输入框这个元素，找到这个元素之后就把这个元素存储在了方法的变量 element 中。然后调用 clear() 方法清理密码输入框的文本信息。接着调用 send_keys() 方法将 password 的值输入密码输入框。总的来说，enter_password() 方法使得在自动化测试过程中能够灵活地输入不同的密码，只需在调用时提供相应的值即可。

- 第 19 行到第 21 行代码的含义：定义了 click_login_button() 方法，它是一个实例方法，因为它带有 self 标签。在方法内部，它首先调用 find_element() 方法（从 BasePage 类继承而来）来定位登录按钮，然后通过 click() 方法进行登录操作。
- 第 23 行和第 24 行代码的含义：定义了 get_error_message() 方法，它是一个实例方法，因为它带有 self 标签。在方法内部，它首先调用 find_element() 方法（从 BasePage 类继承而来）来定位显示错误消息的元素，然后调用 text 这个特殊属性来获取该元素的文本信息，例如："用户名或密码错误"。最后，使用 return 关键字将获取到的文本信息返回给调用者。通过调用 get_error_message() 方法，可以方便地获取错误消息并进行进一步的断言，以验证系统的错误提示功能是否正常工作。

11.6.2 新增测试文件并进行数据驱动

一个页面类会对应一个测试用例的文件，通过新增测试用例的文件，可以让测试代码和程序的功能代码分开写在不同的文件里，使得测试用例更加清晰、易于理解和扩展。同时，文件中将包含断言语句，用于验证登录后的系统状态是否符合预期，从而确保软件的质量。接下来在项目中新建测试用例文件 test_case.py，如图 11-40 所示。

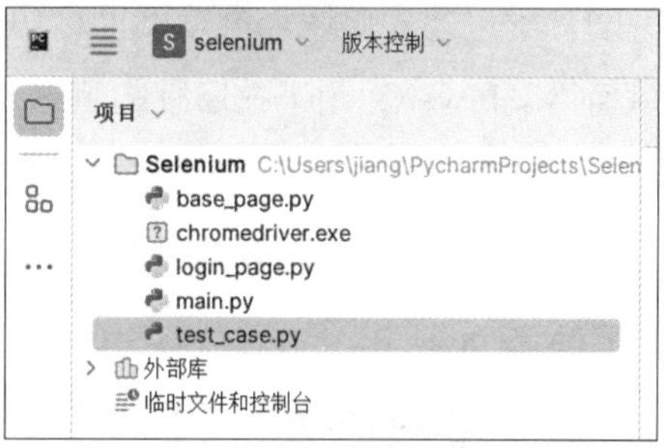

图 11-40 新增 test_case.py 文件

文件的具体代码如下所示。

```
import time
import pytest
from login_page import LoginPage
login = LoginPage()

@pytest.mark.parametrize(
    "username, password, assert_msg",
    [('admin','111','用户名或密码错误'),
     ('abc','123456','用户名或密码错误'),
     ('admin','','用户名和密码都不能为空'),
     ('admin','123456','控制台')])
def test_login(username, password, assert_msg):
    login.enter_username(username)
    login.enter_password(password)
    login.click_login_button()
```

```
16     time.sleep(2)
17     if assert_msg == "控制台":
18         assert '控制台' in login.driver.page_source
19     else:
20         assert login.get_error_message() == assert_msg
```

【代码分析】

- 第 1 行代码的含义：导入 Python 的 time 工具，用于让程序暂停执行。
- 第 2 行代码的含义：导入 pytest 模块，用于运行测试用例和数据驱动。
- 第 3 行代码的含义：从 login_page.py 文件中导入 LoginPage 类。
- 第 4 行代码的含义：创建一个 LoginPage 类的实例 login，由于 LoginPage 类继承自 base_page.py 文件中的 BasePage 类，当实例 login 被创建时，代码会自动执行 BasePage 类的 __init__() 初始化方法（在 11.3.4 节中讲过）。具体来说，当程序执行到 login = LoginPage() 这行代码时，背后发生了一系列自动化的步骤：首先，会启动一个新的浏览器实例，并通过 self.driver 来控制这个浏览器；其次，浏览器会自动导航到 ZrLog 博客系统的登录页面；再次，浏览器的窗口会被最大化；最后，将 WebDriverWait 这个工具对象赋值给 self.wait，用于在后续的测试步骤中等待页面元素的加载。
- 第 6 行到第 11 行代码的含义：@pytest.mark.parametrize 是一个装饰器，它用于装饰 test_login() 函数，装饰器提供了三个变量。这三个变量分别是用户名（username）、密码（password）和预期消息（assert_msg），它们与 test_login() 函数中的三个变量一一对应。@pytest.mark.parametrize 装饰器为 test_login() 函数提供了以下四组数据，这意味着 test_login() 函数将被执行四次，每次使用不同的数据组合。

第一组：('admin','111','用户名或密码错误')，这组数据表示输入正确的用户名和错误的密码，系统应该提示“用户名或密码错误”。

第二组：('abc','123456','用户名或密码错误')，这组数据表示输入错误的用户名但密码正确，系统应该提示“用户名或密码错误”。

第三组：('admin',' ','用户名和密码都不能为空')，这组数据表示输入正确的用户名但密码为空，系统应该提示“用户名和密码都不能为空”。

第四组：('admin','123456','控制台')，这组数据表示输入正确的用户名和密码，系统成功登录并在页面中显示有“控制台”这一标志性的消息。

通过使用 @pytest.mark.parametrize 装饰器，test_login() 函数能够以不同的数据组合运行多次，从而验证系统在不同情况下的行为和响应。这样可以更全面地测试登录功能的各个方面，确保其正确性和稳定性。

- 第 12 行到第 16 行代码的含义：定义 test_login() 函数，并设定了三个变量，分别是 username、password 以及 assert_msg，这三个变量用于接收装饰器传递过来的值。在函数内部，login 实例调用自己的方法来模拟登录过程，首先调用 enter_username() 方法来输入用户名（username 的值），再调用 enter_password() 方法来输入密码（password 的值），最后调用 click_login_button() 方法单击登录按钮。enter_username() 方法、enter_password() 方法以及 click_login_button() 方法都是在 LoginPage 类中创建的方法，而 login 是 LoginPage 类创建的实例，所以 login 当然可以调用这三个方法。紧接着使用 time.sleep(2) 方法暂停程序两秒，等待页面加载或响应。这样做是为了确保页面有足够的时间来显示结果。
- 第 17 行到第 20 行代码的含义：如果预期的消息是“控制台”，它会检查当前页面的源代码（login.driver.page_source）中是否包含“控制台”这个词。这通常意味着登录成功，用户进入了控制台页面。如果预期的消息不是“控制台”，它会调用 login.get_error_message() 方法来获取页面上的错误消息，并检查这个错误消息是否与预期的消息相符。这是为了确认当登录失败时，页面是否显示了正确的错误提示。

【代码运行结果】

运行结果如图 11-41 所示。

```
============================ test session starts =============================
collecting ... collected 4 items

testcase.py::test_login[admin-111-\u7528\u6237\u540d\u6216\u5bc6\u7801\u9519\u8bef]
testcase.py::test_login[abc-123456-\u7528\u6237\u540d\u6216\u5bc6\u7801\u9519\u8bef]
testcase.py::test_login[admin--\u7528\u6237\u540d\u548c\u5bc6\u7801\u90fd\u4e0d\u80fd\u4e3a\u7a7a]
testcase.py::test_login[admin-123456-\u63a7\u5236\u53f0]

============================ 4 passed in 12.84s =============================
PASSED [ 25%]PASSED [ 50%]PASSED [ 75%]PASSED          [100%]
进程已结束，退出代码为 0
```

图 11-41　运行结果

从运行的结果可以看到，四个测试用例全部运行通过，达到了预期的效果。

11.6.3　完善 POM 图

经过上述学习与探讨，可以进一步归纳 POM 的特征，其概要展示在图 11-42 中。每个页面类继承 BasePage 类并对应一个测试用例的好处在于，它实现了代码的复用和模块化，提高了测试的可维护性和可扩展性。BasePage 类封装了页面操作的通用方法，使得每个页面类可以专注于实现特定页面的功能，而无须重复编写基础代码。同时，每个页面类与相应的测试用例一一对应，确保了测试的针对性和完整性，便于定位问题并快速进行回归测试。这种设计模式简化了测试代码的编写和管理过程，提高了测试效率和质量。

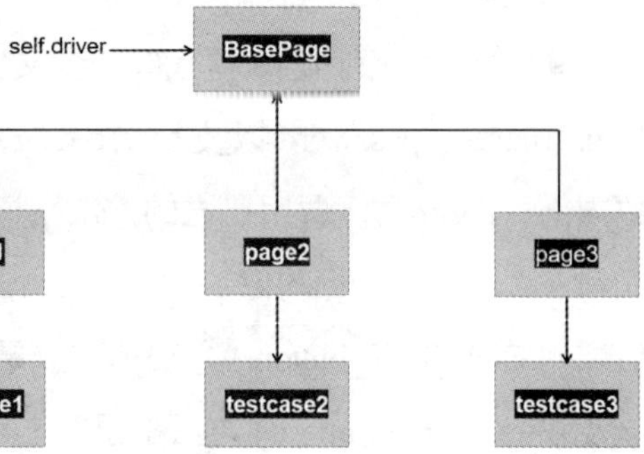

图 11-42　POM 图

最后提醒大家，本章视频包含了完整代码的运行教程。

11.7　本章小结

11.7.1　学习提醒

对于初级软件测试人员来说，Web 自动化测试技术是一个必须要掌握的技能。掌握一门脚本开发语言，对于自动化测试人员来说，是完全可以通过自身的学习和实践来达成的，强烈建议初学者把 Python 语言作为首要的脚本语言进行系统和深入的学习。

在学习 Web 自动化测试的过程中，HTML 基础、JavaScript 技术（本书暂未涉及）、元素定位技术、Python 面向对象的思想、pytest 框架的应用以及 Selenium 工具的使用等都是必须要掌握的知识点。这些知识点在实际的自动化测试工作中都会频繁用到，因此，初学者需要花足够的时间和精力去深入学习和实践。

在掌握了基础知识后，还需要学会如何应用这些知识来构建可维护、可扩展的自动化测试框架。POM 是一个非常好的实践方法，它可以帮助测试人员写出更清晰、更易于维护的测试代码。同时，结合 pytest 工具和数据驱动技术，可以进一步提高测试效率和质量。

当构建一个自动化测试框架时，仅仅实现自动化测试脚本的执行是远远不够的。一个完整的自动化测试框架还应该包括日志记录、报告生成以及后期的持续集成等一系列关键功能。这些组成部分在提高框架的可靠性、可维护性以及整体效率方面扮演着至关重要的角色。它们也是大家日后需要深入学习和掌握的重点内容。

11.7.2 求职指导

一 | 本章面试常见问题

问题 1： Web 自动化测试何时介入？什么情况下适合开展自动化测试工作？

参考回答：

项目周期长，迭代频繁：当项目预计会有多个版本迭代，且每次迭代都有大量重复的功能验证时，应在早期阶段就引入自动化测试，以便在后续的回归测试中节省时间。

需求相对稳定的功能模块：对于那些需求变动不频繁、功能相对稳定的模块，可以优先进行自动化测试脚本的编写与维护。

关键业务流程：如用户登录、注册、购物车操作等核心功能，因其对系统稳定性和用户体验的影响重大，应尽早实现自动化测试覆盖。

回归测试阶段：每当有新功能上线或 Bug 修复后，都需要进行回归测试来确保其他老功能不受影响，此时自动化测试可以作为回归测试的一部分。

总体来说，当一个功能模块趋于稳定或者需要频繁回归时，就是最适合开展自动化测试的时候。

问题 2： 有做过自动化测试吗？你使用过哪些自动化测试工具？

*参考回答：*我对自动化测试有一定的了解，也实践过一些自动化测试项目。在工具方面，我主要使用的是 Selenium，同时，也熟悉 pytest 测试框架，可以用它来编写维护测试用例，并通过它来实现数据驱动。

问题 3： 请介绍 Selenium WebDriver 的工作原理。

*参考回答：*它的基本原理是，Selenium WebDriver 通过发送命令给浏览器驱动，驱动浏览器执行操作并返回结果。

问题 4： 什么是 POM 模式？

*参考回答：*POM 是一种自动化测试设计模式，它将每个页面作为一个类来处理，将页面上的元素和操作封装在对应的页面类中。在项目中，我使用了 POM 思想来构建自动化测试框架，将每个页面的元素和操作封装在对应的页面类中。这样使得测试用例更加清晰、易于维护，并提高了测试效率。

问题 5： 你都用过哪些测试框架？它们有什么特点？ unittest 与 pytest 框架有什么区别？

参考回答：我最常用的测试框架就是 pytest 框架，据我了解，其特点有以下几点。

第一是可以自动发起测试：pytest 能够自动检测并运行符合特定命名约定（如以“test”开头或在测试类中定义的方法）的测试用例。

第二是参数化测试：支持多种方式的参数化测试，允许一个测试函数接受不同的输入数据集进行多次执行，提高代码复用性。

第三是有丰富的第三方插件：可以轻松扩展功能，例如可使用能生成详细的 HTML 测试报告的插件等（本书并未涉及此知识点，建议各位读者通过亲身实践进行探索和学习）。

我对于 unittest 用得并不多。（相对于推荐使用 pytest 框架而言，unittest 框架在新手学习时并不是首选，因为它的使用并不如 pytest 广泛，且对于测试功能的实现和扩展性来说，pytest 提供了更为强大和灵活的支持。因此，我们建议新人在学习测试框架时，优先考虑掌握 pytest，以便更好地应对实际项目中的测试需求。当然，对于已经熟悉 unittest 的人员来说，也可以根据实际情况选择使用，但在新项目或新功能的测试中，我们仍然推荐使用更为优秀的 pytest 框架。）

问题 6： 什么是数据驱动？你在测试中是如何使用数据驱动的？

参考回答：数据驱动是一种自动化测试方法，它通过外部数据源（如 pytest 参数化等）来提供测试用例的输入数据和预期结果。在测试中，我使用了数据驱动技术来编写测试用例，将测试数据和预期结果存储在 pytest 装饰器中，并通过读取装饰器里的数据来生成测试用例。

问题 7： 元素的定位方式有哪些？你通常使用哪种方式进行元素定位？

参考回答：在自动化测试中，元素的定位方式有多种，如 ID、Name、Class Name、Tag Name、Link Text、Partial Link Text、XPath 和 CSS Selector 等，在实际应用中，我经常会使用 XPath 来定位元素。

问题 8： 网页元素定位不到的原因一般有哪些？

参考回答：第一，元素属性动态变化：Web 页面的元素属性（如 ID 等）可能会因为页面刷新等原因而动态变化。如果测试脚本中使用固定的元素属性进行定位，那么当这些属性发生变化时，就可能导致元素定位失败。

第二，元素加载延迟：由于网络延迟、服务器响应慢、页面渲染时间长等原因，页面上的元素可能不会立即加载完成。如果测试脚本在元素加载完成之前就尝试进行定位操作，那么就会因为元素还未加载到而定位失败。

问题 9： 等待的方式有哪些？它们各自有什么特点？

参考回答：在自动化测试中，等待的方式主要有隐式等待和显式等待两种。隐式等待是设置一个全局的等待时间，用于等待页面加载完成或元素出现。它的特点是简单易用，但不够灵活，可能会浪费不必要的等待时间。显式等待则是针对某个特定的元素或条件进行等待，直到元素出现或条件满足为止。它的特点是更加灵活和高效，在实际应用中，我经常会使用显式等待来查找元素。

问题 10（知识拓展）： 如何定位属性动态变化的元素？

参考回答：第一，可以使用稳定不变的属性，查找该元素周围有无其他稳定的属性，例如类名（class）、标签名（tag name）、名称（name）属性，这些属性在页面加载或交互过程中可能保持不变。第二，如果目标元素本身属性不稳定，但其父级或祖先元素的属性是稳定的，可以定位到这些父元素，然后使用相对路径来定位到目标元素。第三，根据元素与页面上其他固定元素的关系来定位，比如它们之间的邻近关系或逻辑顺序。

问题 11： 如何提高 Selenium 脚本的稳定性和执行速度？

参考回答：就我了解到的，第一是可以使用显式等待：确保页面元素完全加载后再进行操作，可以使用 WebDriverWait 结合 expected_conditions 来等待特定条件成立。第二是可以使用异常处理：通过 try...except 语句捕获和处理潜在的异常，确保脚本能够优雅地处理错误情况，而不是直接崩溃。第三是应该避免使用固定时间的 time.sleep() 函数，因为它可能导致过长或过短的等待时间，影响脚本效率和稳定性。

问题 12： Selenium 中常见的异常有哪些？

参考回答：我碰到的最常见的异常就是元素定位失败，一般会抛出“NoSuchElementException”异常。另外，当一个断言（Assertion）失败时，会抛出 AssertionError 异常，这也是我经常见到的。

问题 13： 如何编写简单的 pytest 测试用例和断言？

参考回答：编写 pytest 测试用例很简单。首先，你需要创建一个以“test”开头的 Python 函数，然后在函数中使用 assert 语句进行断言。

问题 14（知识拓展）： 在做 Web 自动化时，如何处理验证码的问题？

参考回答：

处理验证码的问题可以有以下几种方法。

避免验证码：尽量在测试环境中避免使用验证码，或者请求开发团队提供测试专用的验证码，这样可以直接绕过验证码的验证。

手动输入：如果无法避免验证码，且验证码较为简单（如数字、字母等），可以考虑在自动化脚本中加入手动输入验证码的步骤。但这会降低自动化的效率。

使用第三方服务：有一些第三方服务能够识别特定类型的验证码。但这种方法可能涉及隐私和安全问题，且并非所有验证码都能被成功识别。

请求开发协助：与开发团队沟通，看是否可以提供验证码的接口或者其他方式，使得测试脚本能够获取到正确的验证码。

标记为不稳定：如果验证码的处理成为自动化的一个阻碍，且目前无法找到合适的解决方案，可以将相关的测试用例标记为不稳定，后续寻求更好的解决方案。

问题15（知识拓展）： Web自动化中如何处理alert弹窗？

参考回答：可以通过driver.switch_to方法切换到弹窗，然后通过alert.accept()和alert.dismiss()方法来确认弹窗和取消弹窗。

问题16（知识拓展）： 在Selenium中如何处理多窗口？

参考回答：Selenium通过WindowHandle来处理多个窗口。当新的窗口或标签页被打开时，可以使用WindowHandles集合来获取所有窗口的句柄，并切换到需要的窗口。

问题17（知识拓展）： 你是如何处理iframe里的元素定位的？

参考回答：在Selenium中，可以使用driver.switchTo().frame()方法来切换到iframe中，然后进行元素的定位。

问题18（知识拓展）： 在Selenium中如何进行附件上传？

参考回答：可以通过send_keys()方法模拟键盘输入，直接传递文件的完整路径给该方法，Selenium会自动将文件上传到对应的输入框中。也可以使用第三方自动化工具如AutoIt来处理这些对话框。AutoIt可以编写脚本来模拟键盘和鼠标操作，从而选择文件和确认上传。

问题19： 你能解释一下在Python中类（Class）和实例（Instance）的区别吗？

参考回答：在Python中，类就好比是一个制造“物品”的模具或者配方，它描述了这个“物品”应有的特征（属性）和功能（方法）。而实例则是我们根据这个模具或配方实际做出来的“物品”。

问题20： 能否给出一个简单的类定义和创建该类实例的示例？

参考回答：请直接参考11.3节中的内容。

问题21： Python中的self关键字有什么作用？

参考回答：在Python中，self是一个指向实例本身的引用，相当于实例的外号。它用于在类的方法中访问该实例的属性和其他方法。

问题 22： 在 Python 中函数和方法的区别是什么？

参考回答：在 Python 中，函数是独立的代码块，可以被调用执行特定任务。而方法是类的成员，它定义在类的内部，并且至少需要一个参数（通常是 self）来引用实例本身。

问题 23： 在 Python 中单引号、双引号、三引号的区别是什么？

参考回答：在 Python 中，单引号和双引号用于表示字符串，它们是等价的。而三引号（可以是三个单引号或三个双引号）用于表示多行字符串或文档字符串。

问题 24（知识拓展）： Python 的数据类型有哪些？

参考回答：Python 的基本数据类型包括整数（int）、浮点数（float）、布尔值（bool）、字符串（str）、列表（list）、元组（tuple）、字典（dict）和集合（set）等。

问题 25： Python 中的异常处理机制是怎样的？

参考回答：Python 使用 try、except 等语句来处理异常。try 块包含可能引发异常的代码，except 块用于捕获并处理异常。

问题 26： 什么是继承？在 Python 中如何实现继承？

参考回答：继承是面向对象编程的一个重要特性，它允许一个类（子类）继承另一个类（父类）的属性和方法。在 Python 中，可以通过在类定义时指定父类来实现继承。

问题 27： 继承有哪些好处？

参考回答：继承可以提高代码的重用性，减少代码冗余，并使代码结构更清晰、更易于维护。通过继承，子类可以重用父类的代码，同时还可以添加或覆盖父类的行为。

二 | 面试技巧

尽管本章涵盖了众多内容，但仅仅是以点带面地介绍了 Web 自动化测试技术的核心要点。通过这一章的学习，读者虽然能够建立起自动化测试技术的基本知识框架，但要达到熟练掌握并从容应用的水平，显然还需要更多的实践经验和深入学习。此外，自动化测试领域的面试题目种类繁多，本章所提供的面试指导虽然重要且实用，但仍难以覆盖所有可能的面试场景和问题。因此，读者在准备面试时，还需结合个人经验和其他资料进行全面准备，以便更好地展现自己的自动化测试技能。

在面试中，除了回答面试官的问题，还可以主动展示自己对自动化测试的热情和学习能力。比如可以说：“我非常喜欢自动化测试这个领域，也一直在学习和实践新的知识和技术。我相信，通过不断学习和实践，我可以胜任更高级的自动化测试工作。”

第12章 HTTP 接口测试基础与案例分析

大多数初学者入职之后，会形成以手工测试（功能测试）为主、自动化测试为辅的工作模式，但初学者在面试的过程中难免会被问到一些与接口测试相关的问题。因为众多的用人单位在招聘测试人员时，都希望求职者对接口测试有所了解。而这些接口测试相关的问题，可能会让初学者在面试的过程中感到陌生。

本章将介绍 HTTP 接口测试的基本概念和实践应用，包括参数传递、请求方式选择、JSON 数据处理和 HTTP 请求头构造，并通过案例分析展示具体测试步骤和注意事项，帮助读者掌握 HTTP 接口测试的关键技术，并能够独立开展相关的测试工作。

扫码看视频：
HTTP 接口测试
基础与案例分析

12.1 HTTP 接口测试基础

本节将介绍 HTTP 接口测试的基础知识和要点，包括什么是 HTTP 接口、为 HTTP 接口添加参数、HTTP 接口测试的实质、HTTP 接口测试参数传递的两种方式、HTTP 接口测试的两种请求方式、JSON 格式的数据以及 HTTP 请求头。这些内容将帮助你理解和进行 HTTP 接口测试。

12.1.1 HTTP 接口的概念

其实大家每天都在跟接口打交道，因为大家每天都可能通过一个网址来打开一个网页，而一个接口可以被看作一个网址（URL），它由三个主要部分组成。让我们以人民邮电出版社官网（后文统一简称为人邮网）为例来进行说明（请注意，此处给出的网址仅用于说明目的，实际可用性不能保证），网址如下。

https://www.ptpress.com.cn/search

【网址解析】

- https：URL 中冒号（:）之前的部分通常表示所采用的协议。在此示例中，HTTPS 是一种协议。HTTPS 是 HTTP 的安全版本，它通过对传输的数据进行加密和签名来确保数据传输的安全性。我们通常在打开网页时会看到 URL 前面有一个 HTTP 或 HTTPS 的前缀，这是告诉我们在与服务器进行通信时要遵循的协议规则。
- //www.ptpress.com.cn：以双斜杠（//）开头的部分表示服务器的地址，实际上对应一个 IP 地址。
- /search：表示所请求的资源位于服务器上的 /search 路径下。

整个 URL 的含义是：我们向地址为 www.ptpress.com.cn 的服务器发送请求，并要求获取位于该服务器的 /search 路径下的资源。如果我们想搜索其中的内容，首先需要找到这个入口，也就是“https://www.ptpress.com.cn/search”，然后通过这个入口才能搜索到人邮网的资源。

因此，可以将此 URL（https://www.ptpress.com.cn/search）称为人邮网对外提供的一个接口，也称为接口地址。

12.1.2 为 HTTP 接口添加参数

一｜为接口地址添加单个参数

对于 HTTP 接口，为了明确请求的内容，需要在接口地址上添加参数。以人邮网接口为例，如果要搜索“计算机”这个内容，可以在接口地址上附加请求参数，形成以下 URL 结构，如下所示。

https://www.ptpress.com.cn/search?keyword= 计算机

【网址解析】

- 添加参数的过程很简单，只需在接口地址后面加上一个问号（?），问号后面是要附加的参数。在这里，问号只起到分隔符的作用。
- 在 URL 中附加的参数为“keyword”，表示要搜索的关键字，参数值为“计算机”。它的含义是要在服务器的 /search 目录下查找关键字为“计算机”的所有图书。

通过附加参数的方式可以使得请求更具体。

二｜为接口地址添加多个参数

在接口地址后面，还可以添加多个参数，URL 结构如下所示。

https://www.ptpress.com.cn/search?keyword= 计算机 &rn=3

【网址解析】

- 当添加多个参数时，使用“&”符号连接多个参数。因此，该 URL 附加的所有参数为“keyword= 计算机 &rn=3”。其中，“rn”参数表示每页显示的搜索结果数量。整个参数的含义是，在服务器的 /search 路径下查找关键字为“计算机”的所有图书，并且只显示查询到的前 3 组结果信息。
- 对于参数等于参数值（例如 keyword= 计算机 &rn=3）的形式，我们称为“键值对”，英文表示为 key-value，即一个键（key）对应一个值（value）。在该示例中，第一组键是“keyword”，它的值是“计算机”；第二组键是“rn”，它的值是 3。键和值用等号连接。对于键值对的表达形式，大家简单了解一下。

12.1.3 HTTP 接口测试实质

在为接口添加参数后，需要将这个 HTTP 请求（https://www.ptpress.com.cn/search?keyword= 计算机 &rn=3）发送给服务器，并检查服务器返回的信息是否与预期相符。如果返回了正确的相关信息，则说明系统模块正常工作；如果返回了错误的信息，则说明该模块存在问题。下面是发送 HTTP 请求到服务器的步骤。

（1）打开任意浏览器。

（2）在浏览器的地址栏中输入网址（https://www.ptpress.com.cn/search?keyword= 计算机 &rn=3），然后按下回车键。

（3）打开网址后，浏览器会显示服务器返回的响应内容，如图 12-1 所示。

从图 12-1 中可以看出，服务器返回了正确的信息。这样就完成了一次接口的测试。在这次测试中，只做了一件事情：通过 URL 直接传递要请求的参数“keyword= 计算机 &rn=3”给服务器。因此，简单来说，接口测试的本质就是参数的传递，即将要查询的参数通过浏览器或其他工具传递给服务器，然后检查服务器返

图 12-1　服务器返回的内容

回的内容是否与预期一致。

12.1.4 HTTP 接口参数传递的两种方式

在 12.1.3 节中提到，接口测试的本质就是参数的传递，在 HTTP 接口测试中，参数的传递方式有两种常见的方式，分别如下。

一｜通过网址直接传递参数

第一种参数传递的方式是将参数直接附加到接口地址的后面，如“https://www.ptpress.com.cn/search?keyword= 计算机 &rn=3”，可以看到请求参数“keyword= 计算机 &rn=3”是直接附加在“https://www.ptpress.com.cn/search”这个接口地址的后面的。不过，这种传递参数的方式存在两个弊端。

首先，将请求的参数直接暴露在 URL 中可能导致安全性问题。如果请求的参数包含敏感信息，那么将其直接暴露在 URL 中可能会造成信息泄露的风险。需要注意的是，如果参数中没有敏感信息，则不会存在此弊端。

其次，如果要传递的参数量很大，URL 中的参数会变得非常冗长且难以维护。例如“https://www.ptpress.com.cn/search?keyword= 计算机 &rsv_spt=1&rsv_iqid=0xa24014ba0042e9c8&issp=1&f=8&rsv_bp=1&rsv_idx=2&ie=utf-8&tn=baiduhome_pg&rsv_enter=0&rsv_dl=tb&rsv_sug3=2&rsv_sug1=2&rsv_sug7=101&rsv_btype=i”这个请求，可以看到，“?”后面的所有内容都是要传递的参数，多参数之间用“&”符号连接。然而，如果参数的数据量不大，则这个弊端也不成立。

二｜通过请求正文传递参数

在 HTTP 接口测试中，除了将参数直接附加到接口地址后面进行传递，还有一种常见的参数传递方式，即将参数放置在请求正文中进行传递，这种传递方式适用于需要传递大量参数数据或包含敏感信息的场景。

上述示例“https://www.ptpress.com.cn/search?keyword= 计算机 &rsv_spt=1&rsv_iqid=0xa24014ba0042e9c8&issp=1&f=8&rsv_bp=1&rsv_idx=2&ie=utf-8&tn=baiduhome_pg&rsv_enter=0&rsv_dl=tb&rsv_sug3=2&rsv_sug1=2&rsv_sug7=101&rsv_btype=i”，其请求参数的数据量就很大，不适合将其附加在接口地址后面进行传递。相反，可以使用请求正文来传

递这些参数。

在请求正文中传递参数通常需要使用专业的接口测试工具，其中广受欢迎的工具是 Postman（本章视频包含了 Postman 的下载、安装及基本使用的教程）。通过 Postman，可以轻松地创建 HTTP 请求，并在请求的正文中传递参数。接下来，将以传递“keyword= 计算机 &rsv_spt=1&rsv_iqid=0xa24014ba0042e9c8&issp=1&f=8&rsv_bp=1&rsv_idx=2&ie=utf-8&tn=baiduhome_pg&rsv_enter=0&rsv_dl=tb&rsv_sug3=2&rsv_sug1=2&rsv_sug7=101&rsv_btype=i”这些参数为例，展示如何在 Postman 中的请求正文中进行参数传递，如图 12-2 所示。

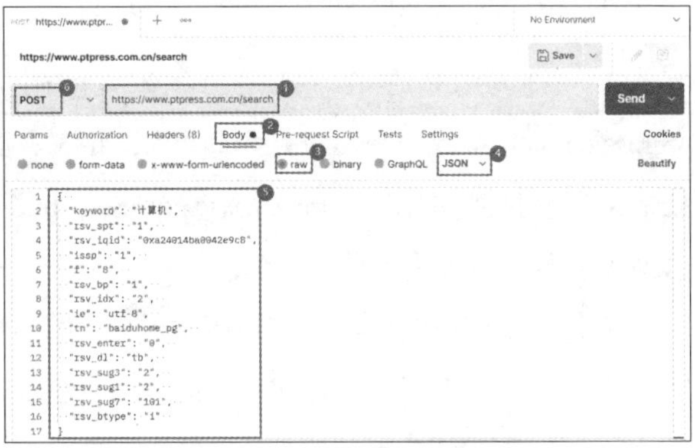

图 12-2 参数传递

【请求解析】

- 序号①输入的是接口地址，这是请求发送的基础。
- 序号②选择的是“Body”选项，也就是请求正文的选项，这个选项允许你进一步定制请求的内容格式。
- 序号③选定的是“raw”选项，选择了“raw”格式，这意味着你可以手动输入参数值并选择参数格式。
- 序号④选择的是“JSON”选项。也就是在“raw”格式下，你可以选择 JSON 格式的数据作为参数传递的数据格式。
- 序号⑤是参数输入框，在选择了 JSON 格式后，你需要将参数“keyword= 计算机 &rsv_spt=1&rsv_iqid=0xa24014ba0042e9c8&issp=1&f=8&rsv_bp=1&rsv_idx=2&ie=utf-8&tn=baiduhome_pg&rsv_enter=0&rsv_dl=tb&rsv_sug3=2&rsv_sug1=2&rsv_sug7=101&rsv_btype=i”写成如下的 JSON 格式：

```
{
  "keyword": " 计算机 ",
  "rsv_spt": 1,
  "rsv_iqid": "0xa24014ba0042e9c8",
  "issp": 1,
  "f": 8,
  "rsv_bp": 1,
  "rsv_idx": 2,
  "ie": "utf-8",
  "tn": "baiduhome_pg",
```

```
    "rsv_enter": 0,
    "rsv_dl": "tb",
    "rsv_sug3": 2,
    "rsv_sug1": 2,
    "rsv_sug7": 101,
    "rsv_btype": "i"
}
```

- 写成 JSON 格式之后，参数才能被传递，在接口测试中，如果是在请求正文中传递参数，那么百分之九十的情况下都会使用 JSON 格式的数据进行参数传递。至于什么是 JSON 格式的数据等问题，将会在 12.1.6 节中说明。
- 序号⑥选择“POST”请求方式，该请求方式将在 12.1.5 节中说明。

完成以上操作后，单击发送按钮就可以将参数传递给服务器。

以上简要说明了在请求正文中进行参数传递的基本过程。这个过程并不复杂，只需选择几个选项，并以 JSON 格式的数据进行参数传递即可。需要注意的是，本节的目的是展示如何设置 Postman 的选项以在请求正文中传递参数，而不要求验证响应结果的正确性。

三｜请求前关闭 SSL 证书验证

在进行请求发送之前，请注意，默认情况下 Postman 会开启 SSL 证书验证选项。如果证书验证不通过，服务器将拒绝响应结果。因此，发送接口请求之前建议关闭 Postman 中的“Settings”选项中的“SSL certificate verification”（SSL 证书验证）选项，如图 12-3、图 12-4 所示。

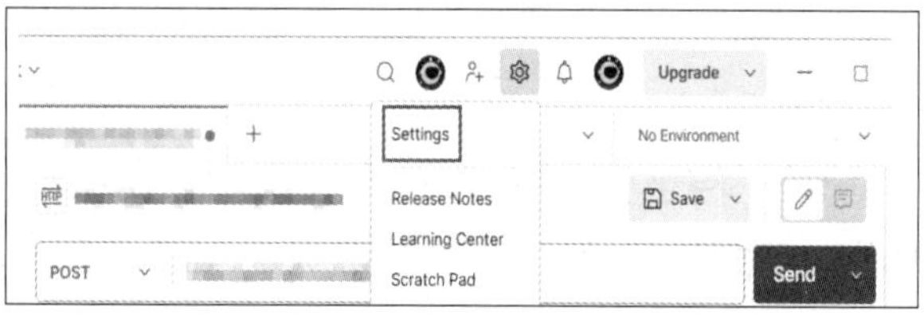

■ 图 12-3　Settings 选项

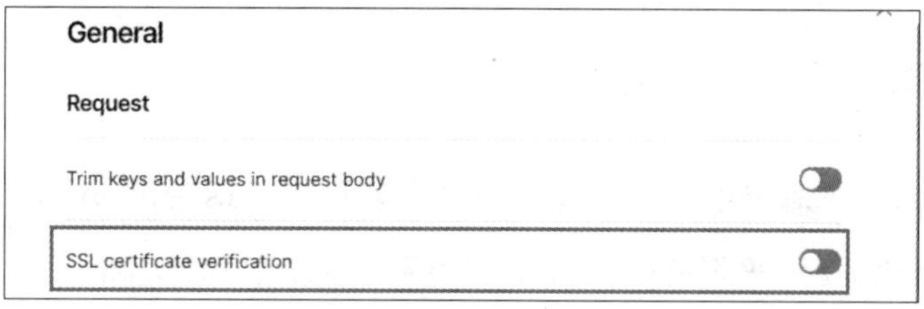

■ 图 12-4　关闭 SSL 证书验证

你可以在掌握一定的基础后，根据需要再来通过其他方式了解和学习 SSL 证书的相关知识。在实际工作中，一般都会将 SSL 证书验证选项关闭，除非项目有特殊要求。

12.1.5 HTTP 接口请求的两种方法

12.1.4 节讲到参数传递的方式有两种，一种是附加在接口地址后面进行传递，另一种是放在请求正文中进行传递。

在 HTTP 接口测试中，把请求的参数直接附加到接口地址后面的请求方式一般称为 GET 请求。通过在 URL 中附加参数，可以向服务器发送特定的请求，以获取相应的数据。

在 HTTP 接口测试中，把请求的参数放在请求正文中的请求方式一般称为 POST 请求。与 GET 请求不同，POST 请求将参数放在请求的正文中，这样可以传输更大量的数据，并且相对于 GET 请求更加安全。

Postman 接口测试工具提供了 GET 和 POST 等请求方法，如图 12-5 所示。

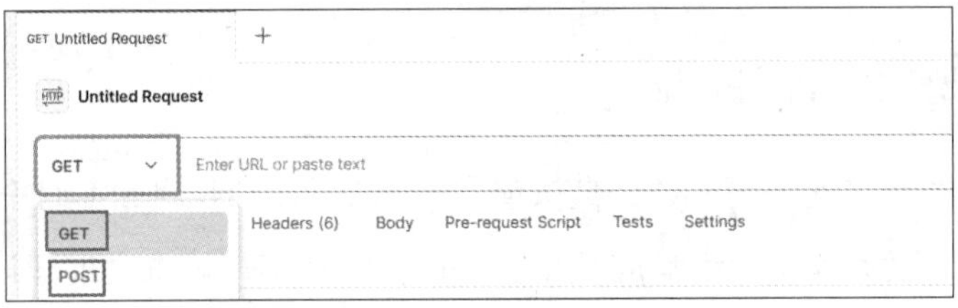

图 12-5 Postman 提供的请求方法

GET 和 POST 是最常用的请求方法，所以本书只描述这两种请求方法。如选择 GET 请求，则意味着参数被附加在接口地址后面进行传递；如选择 POST 请求，则表示参数被放置在请求正文中进行传递。

重要的是，一个接口请求是采用 GET 方法还是 POST 方法，是由接口文档决定的。因此，在执行接口测试时，需要根据接口文档的说明来设定请求方式。本书将在 12.3 节介绍这一要点。

12.1.6 JSON 格式的数据

12.1.4 节讲到，在请求正文中传递参数时，若选择“JSON”选项，需要将传递的参数转换成 JSON 格式。接下来将通过示例来分析字符串参数与 JSON 格式的参数之间的区别。

一 | 字符串参数

```
keyword = 计算机&rn = 3
```

【参数解析】

- 以上格式的字符串参数是以键值对应（key-value）的表示方式来表达的。其中第一组的键是 keyword（键可以理解为变量的意思），键的值（变量的值）是计算机；另一组键为 rn，键的值是 3。这里的键和值之间用"="连接，不同的键值对之间用"&"连接。

二 | JSON 格式的参数

```
{"name":"小明","age":20}
```

【参数解析】

- JSON 格式的数据也是以键值对应（key-value）的表示方式来表达的。其中第一组的键是 name（键可以理解为变量的意思），键的值（变量的值）是小明；另一组键是 age，它的值是 20。这里的键和值之间用":"连接，这里的":"等同于字符串参数中的"="。不同的键值对之间用","分隔，键本身需要用双引号括起来，键的值如果是数字的话可以不用双引号，如果是字符（比如中文和英文等字符）则需要用双引号括起来。它们表示的含义可以理解为 name= 小明，age=20；最后外面加一对花括号把键值对包括在里面。这里把这种键值对应并外加花括号格式的数据就称为 JSON 格式的数据，简单来说，JSON 格式只不过是具有一定格式的字符串而已。
- 如果这组数据放在请求正文中进行传递的话，它所表达的意思就是需要将小明的名字和年龄提交给服务器，至于提交给服务器要干什么，由需求规格说明书来定义。需求规格说明书定义什么样的响应结果，大家就验证什么样的结果。

三 | 嵌套 JSON 的参数

嵌套的 JSON 数据如下所示。

```
{
    "name": "小明",
    "age": 18,
    "address": "北京",
    "tel": {
        "tel1": 123,
        "tel2": 456
```

```
    },
    "email": "abc@abc.com"
}
```

【参数解析】

- 这个例子中的 JSON 数据包括了 5 个键值对。与上一个例子不同的是，键“tel”的值又是一个完整的 JSON 格式的数据。在这个嵌套的 JSON 数据中，键“tel”包含了两个键值对：键“tel1”对应的值是 123，键“tel2”对应的值是 456。可以理解为“tel”这个键表示小明的联系电话，他有两个号码，分别是 123 和 456。通过这样的嵌套使用，可以将相关的信息组织在一起，使得数据结构更加灵活和丰富，并能够更清晰地表达出这种关联关系。

总而言之，JSON 格式的数据不仅可以简单地表示键值对，还支持嵌套的使用。通过嵌套的 JSON 数据，我们可以构建出更复杂、更具表达能力的数据结构。这使得在接口测试中处理各种复杂场景变得更加灵活和方便，这也是鼓励在接口测试中使用 JSON 格式来传递参数的一个原因。

12.1.7 HTTP 请求头

HTTP 请求头是辅助说明请求参数的重要部分。在接口测试中，可以使用请求头来提供关于数据类型、身份验证等信息，以帮助服务器正确解析请求。接下来我们构造一个 HTTP 请求并说明请求头的作用，步骤如下。

（1）在 Postman 接口测试工具中构造一个 POST 请求，如图 12-6 所示。

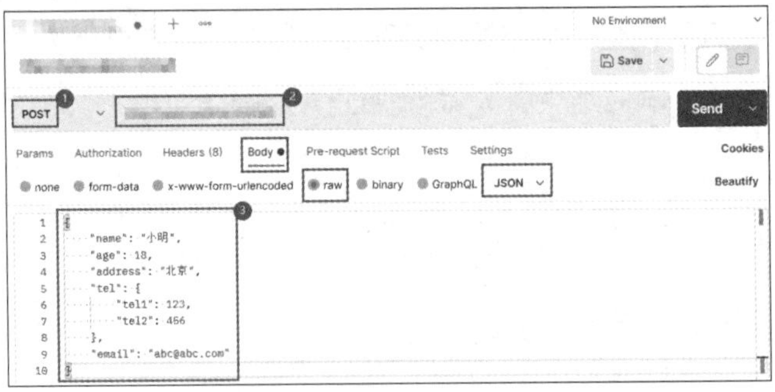

图 12-6　POST 请求

【请求解析】

- 序号①选择的是 POST 请求，说明请求参数需要在请求正文中传递。
- 序号②输入的是接口地址，这是请求发送的基础。

● 序号③输入的是 JSON 格式的数据，说明这些数据将以 JSON 格式提交给服务器进行处理。

（2）完成上述操作后，是否可以直接发送该请求呢？实际上，对许多请求而言，还需要对请求的参数做出相应的辅助说明。这些辅助说明的内容需要填写在序号④的选项中，此选项代表的就是 HTTP 请求头，如图 12-7 所示。

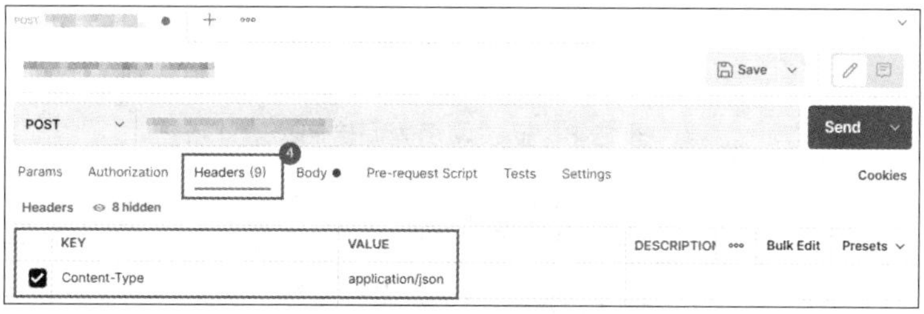

■ 图 12-7 请求头

【请求解析】

● 请求头的信息以键值对应（key-value）的方式出现，其中键为“Content-Type”，表示的意思是数据类型，值为“application/json”，表示的意思是请求的数据格式为 JSON 格式。

● 在填写此请求头时，目的是告诉服务器此次提交的参数类型是基于 JSON 格式的数据类型。

● 在实际的接口测试中，在请求头中要填写哪些键值对信息取决于需求规格说明书的定义。

最后需要说明的是，上述构造的接口地址和请求参数仅仅是为了让大家理解相应的流程和概念而设定的，并不是真实的数据，大家无须查看响应结果的正确性。

12.2 接口测试与 Web 功能测试的区别

接口测试与 Web 功能测试在软件测试领域中各自扮演着重要的角色，但它们之间存在着明显的区别。

在传统的 Web 功能测试中，测试人员通过直观的网页界面与服务器进行交互。他们通过网页界面将请求参数传递给服务器的接口，如图 12-8 所示，服务器接收这些请求并返回相应的数据，最终展示在网页上供用户查看。这种测试方式侧重于验证整个应用程序的功能是否符合预期。

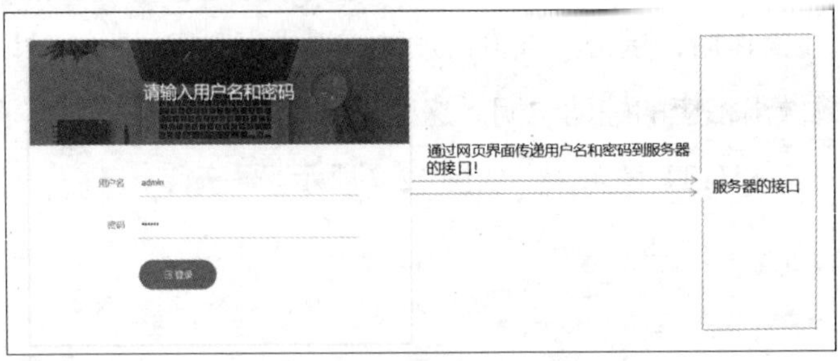

图 12-8　通过网页界面传递参数

然而，在接口测试中，测试人员并不直接面对网页界面，而是使用专业的接口测试工具，如 Postman 或 JMeter，直接向服务器的接口发送请求参数，如图 12-9 所示。服务器接收这些请求后，将响应数据返回给测试工具。通过这种方式，接口测试能够直接检查服务器接口是否存在问题，而无须涉及前端页面的展示。

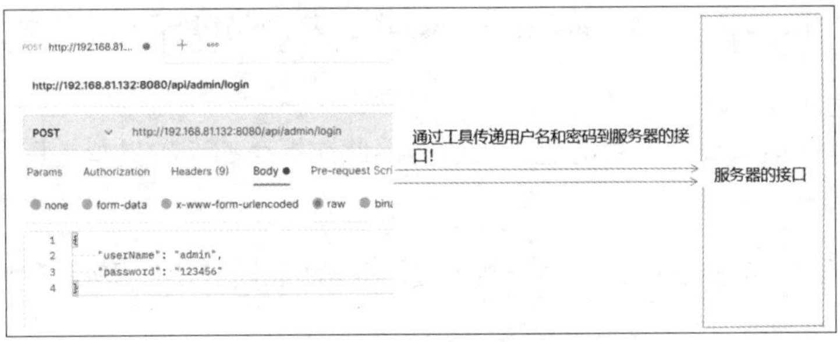

图 12-9　通过工具传递参数

一旦接口测试无误，开发人员就可以将前端页面与服务器接口进行集成。这时，测试人员可以通过网页界面直接发送参数给服务器，进行功能测试。也就是说，接口测试是功能测试的前置条件。只有在确保接口没有问题后，才能进行后续的功能测试，以确保整个应用程序的正常运行。

既然接口测试并不直接面对网页界面，那接口测试的依据是什么呢？实际工作中，接口测试的依据通常是由开发人员提供的详细接口文档。这份文档就像是一份接口的使用指南，详细描述了接口的各种属性和行为。它包括了接口的地址、请求方式、所需参数、请求头信息、可能的错误代码以及预期的响应内容等信息。测试人员根据接口文档进行相应的测试，以验证服务器接口是否正常工作。

综上所述，接口测试与 Web 功能测试在测试方法、侧重点和测试依据上存在差异。

接口测试注重验证服务器接口的正确性和稳定性，而 Web 功能测试则更侧重于验证整个应用程序的功能是否符合用户需求。两者相互补充，共同确保软件的质量和用户体验。

12.3 HTTP 接口测试案例分析

本节将以一个“软件交付平台”项目作为范例，深入展示其接口文档中的两个关键接口。我们将对这两个核心接口进行详尽的剖析，包括其功能、要点以及相关参数说明，确保读者能够全面理解其运作机制。同时，我们还将提供针对性的测试策略以及相应的测试用例，旨在通过实际操作来加深读者对接口测试流程和方法的理解。

12.3.1 接口文档之获取 Token 接口

以下是“软件交付平台”接口文档中关于“获取 Token”接口的详细规格信息展示。

一 | 接口描述

- Token 是外部系统访问软件交付平台的唯一凭证，调用软件交付平台业务接口时必须携带。
- 正常情况下 Token 有效期为 7 200 秒，服务端可能会出于安全需要，提前使 Token 失效，接口调用方应该实现 Token 失效时重试获取的逻辑。

二 | 接口地址

- 此接口的地址是：https://××××.××××.com/api/token/get，由于软件交付平台是一个正式的业务系统，所以这本书不能提供正式的链接，希望大家能理解。

三 | 请求方法

- 此接口的请求方法是：POST。

四 | 请求头

- 此接口请求需要携带的请求头是：Content-Type:application/json。

五 | 请求参数

- 此接口需要携带的请求参数如下。

```
{
 "appid":"id",
 "appsecret":"secret"
}
```

- 请求参数说明如表 12-1 所示。

表 12-1　请求参数说明

参数名	必须	类型	说明
appid	是	string	接口调用方系统 id
appsecret	是	string	接口调用方系统密钥

六 | 正确的 JSON 返回示例

- 当此接口请求处理成功后，服务器将以 JSON 的格式返回 Token 等相关的信息，响应示例如下。

```
{
 "success": true,
 "errorCode": 0000,
 "errorMsg": "ok",
 "result":{
    "token": "token0000001",
     "expires_in": 7200,
 }
}
```

- 响应的参数说明如表 12-2 所示。

表 12-2　响应参数说明

参数名	必须	类型	说明
token	否	string	获取到的凭证。长度为 64 到 512 字节
expires_in	否	int	凭证的有效时间（秒）
success	是	boolean	处理结果：true ｜ false
errorCode	是	int	错误编号： 0000：请求处理成功 1000：请求参数错误 9999：服务器内部发生错误
errorMsg	是	string	错误信息

七｜错误的 JSON 返回示例

- 当此接口请求处理失败后，服务器将以 JSON 格式返回错误信息，响应示例如下。

```
{
 "success": false,
 "errorCode": 9999,
 "errorMsg": "服务器内部发生错误" ,
 "result": null,
}
```

12.3.2 详细分析获取 Token 的接口

接下来将会对“获取 Token”的接口进行详细分析与说明。

一｜接口描述分析

（1）Token 是外部系统访问软件交付平台的唯一凭证：想象 Token 就像电影院的票。只有持有这张票，你才能进入电影院看电影。没有票，你就不能进去。

（2）调用软件交付平台业务接口时必须携带 Token：这就像你进入电影院的时候，检票员会检查你的票。如果没有票或者票过期了，你就不能进去看电影。

（3）正常情况下 Token 有效期为 7 200 秒：就像电影院的票有时间限制。如果超过了电影结束的时间，票就作废了，你就不能进去。

（4）服务端可能会出于安全需要，提前使 Token 失效：就像如果电影院怀疑你的票是通过非正规渠道获得的，他们可能会不让你进，即使还未到票面上显示的有效期。

（5）接口调用方应实现 Token 失效时重试获取的逻辑：如果你发现电影院的票过期了，你会去售票处重新买一张新的。同样，如果调用方发现 Token 过期了，它需要有一种方法去重新获取一个新的 Token。

总的来说，Token 就像是一个密钥或通行证，用于向软件交付平台系统发送接口请求时进行身份验证。只有在请求中携带有效的 Token，软件交付平台服务器才会响应并提供相应的内容。如果没有携带 Token，软件交付平台服务器将拒绝响应或拒绝请求。另外，Token 具有时效性，即有一个固定的有效期。一旦 Token 超过了有效期，它将失效，无法再被用于身份验证。因此，在 Token 过期之后，需要重新获取一个新的 Token。此外，出于安全考虑，软件交付平台服务器可能会提前使 Token 失效。

二｜接口地址分析

“https://××××.××××.com/api/token/get”是接口的完整地址。在这个URL路径下，可以获取 Token 信息。在使用 Postman 测试此接口时，就需要输入此接口地址，如图 12-10 所示。

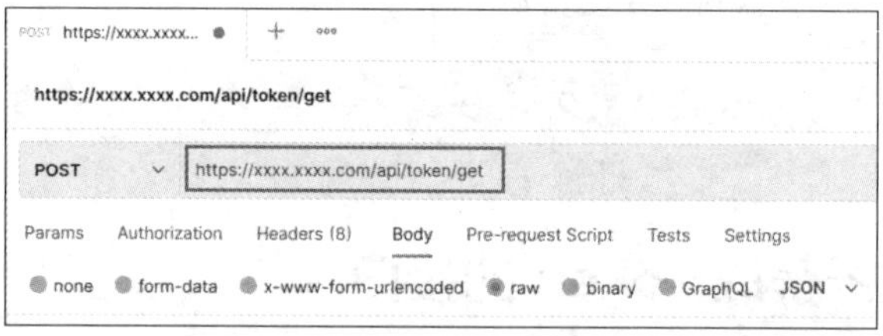

■ 图 12-10　输入接口地址

三｜请求方法分析

该接口采用的是 POST 请求方法，这意味着请求参数是放在请求正文中传递给服务器的。在使用 Postman 测试此接口时，需要选择 POST 请求方法，如图 12-11 所示。

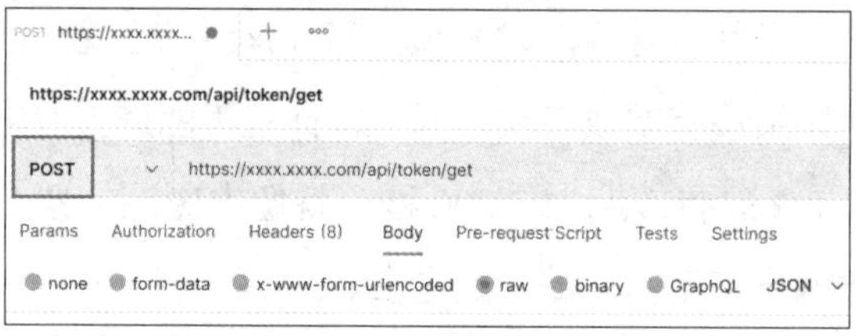

■ 图 12-11　选择请求方法

四｜请求头分析

该接口指定的请求头信息为“Content-Type:application/json”，12.1.7 节讲过，请求头的作用是对请求的参数信息作辅助说明，这里就是要告诉服务器，我发给你的参数数据是基于 JSON 格式的数据。在使用 Postman 测试此接口时，应在 Headers 选项中添加此键值对信息，具体添加方式如图 12-12 所示。

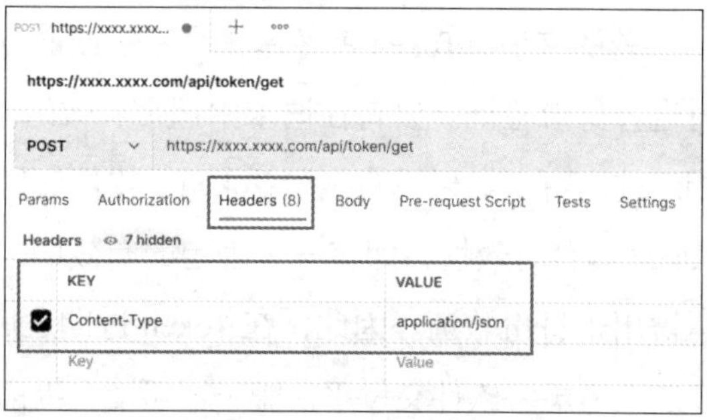

■ 图 12-12　添加请求头信息

五 | 请求参数分析

在这个接口中，请求参数以 JSON 格式的数据表示，具体请求参数如下。

```
{
 "appid":"id",
 "appsecret":"secret"
}
```

它包含两个键值对，其中键分别为 appid 和 appsecret。为了成功获取 Token 信息，需要将对应的 appid 和 appsecret 的值放在请求正文中传递给服务器。

从表 12-1 中可以看出，appid 和 appsecret 都是必传的参数，它们的值都是字符串类型（string 指的就是字符串类型）。appid 代表了接口调用方的系统 id，类似于一个人的身份证号码，用于唯一标识接口调用方的身份。而 appsecret 则代表了接口调用方系统的密钥，相当于与身份证号码对应的密码。

关于如何获取 appid 和 appsecret 这两个参数的值，直接问开发人员便可，开发人员会提供获取这两个参数值的方法和流程。当获取到对应的 appid 和 appsecret 值后，确保正确填写并传递这些参数值，就能顺利获得所需的 Token 信息。由于本项目是一个正式的业务系统，所以这本书不能提供相关的链接来获取正确的 appid 和 appsecret 的值，希望大家能理解。在这里假设 appid 的值为“a123456”，appsecret 的值为“abc123xyc”，在使用 Postman 测试此接口时，就需要在请求正文中传递这两个键值对信息，如图 12-13 所示。

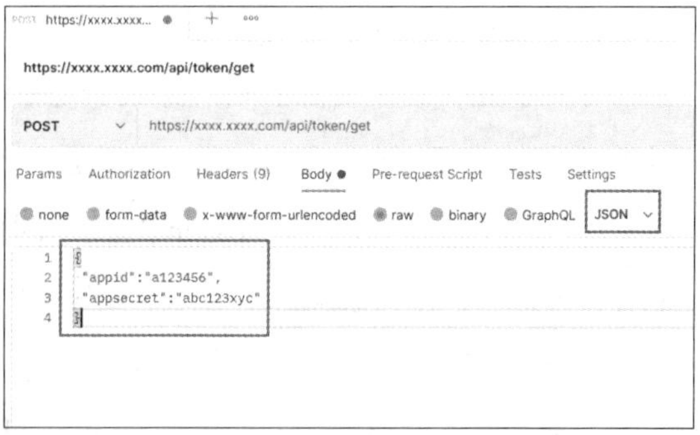

图 12-13 输入请求参数

六 | 正确的 JSON 返回示例分析

如果获取 Token 的接口处理成功，那么服务器将会成功地返回 Token 信息，响应的示例如下。

```
{
 "success": true,
 "errorCode": 0000,
 "errorMsg": "ok",
 "result":{
```

```
    "token": "token0000001",
    "expires_in": 7200,
    }
  }
```

从响应结果中可以明显看出，整个响应内容严格遵循了 JSON 格式。当请求参数以 JSON 格式呈现时，通常对应的响应内容也会采用相同的格式（JSON 格式）。此外，响应结果中包含了一些关键信息，如 Token 信息、Token 过期时间以及其他参数。这些参数在表 12-2 中均有各自的描述。接下来，我们将逐一深入解析这些参数，并阐明它们之间的内在逻辑关系，以确保对其功能和相互作用的全面理解。

（1）success：表示接口调用是否成功，值为 true 表示成功，false 表示失败，其数据类型为布尔类型（boolean），布尔类型只有两个值，即真（true）与假（false），并且在响应结果中一定会显示此参数。

（2）errorCode：表示错误代码，也称为业务状态码，其中“0000”代表请求处理成功，“1000”代表请求参数错误，“9999”代表服务器内部错误，其数据类型为整数类型（int），并且在响应结果中一定会显示此参数。

（3）errorMsg：表示错误信息，当发生错误时，会提供相应的错误描述信息。其数据类型为字符串类型（string），并且在响应结果中一定会显示此参数。

（4）result：表示实际的响应结果数据。在这个示例中，它是一个嵌套的对象，包含两个参数，分别是 token 和 expires_in。token 代表获得的 Token 信息，用于后续接口访问的身份认证。expires_in 代表 Token 的过期时间，单位为秒。在 7 200 秒（2 小时）后，Token 将失效。token 和 expires_in 都不是必选参数，因为当接口调用失败时，系统就不会返回 Token 的值，result 字段可能为 null（空）。

success、errorCode、errorMsg、result 这四个参数的逻辑关系如下。

（1）当 success 的值为 true 时，代表接口调用成功，errorCode 的错误代码（业务状态码）应该为 0000，代表请求处理成功，此时 errorMsg 的值应该显示为 ok，由于接口调用成功，系统将会成功返回 Token 密钥信息，所以 result 的值中应该包含 Token 及 Token 过期的信息。

（2）当 success 的值为 false 时，代表接口调用失败，errorCode 的错误代码（业务状态码）可能报 1000，也可能报 9999，报 1000 代表请求参数错误，报 9999 代表服务器内部发生错误，也有可能报其他的错误代码，如接口文档没有定义，可以直接咨询开发人员。此时 errorMsg 的值应该显示错误描述信息（如请求参数错误或服务器内部错误等），由于接口调用失败，系统不会返回 Token 密钥信息，所以 result 的值中不会包含 Token 及 Token 过期的信息。

综上所述，这些参数在响应结果中发挥着至关重要的作用。它们不仅确保了系统的安全性，还为用户提供了有用的反馈信息，帮助用户了解请求的状态和结果。在处理此类响应时，务必仔细检查这些参数，以确保正确地使用和解析它们。

七 | 错误的 JSON 返回示例分析

如果获取 Token 接口调用失败，那么服务器将返回错误信息，响应的示例如下。

```
{
 "success": false,
 "errorCode": 9999,
 "errorMsg": "服务器内部发生错误" ,
 "result": null,
}
```

根据第六条的响应参数分析，对于这个响应结果就应该很清楚了， 首先是接口调用失败了，然后错误代码是 9999，错误的信息是服务器内部发生了错误，所以响应的数据为 null（空）。

12.3.3 设计获取 Token 接口的测试用例

在本测试用例设计中，设计思路主要基于以下考虑。

（1）正常场景覆盖：首先，需要验证在正常的情况下，使用正确的 appid 和 appsecret 能否成功获取到 Token。这是接口的基本功能，需要确保其正常工作。

（2）异常场景覆盖：考虑到 Token 可能因为各种情况（如服务器端主动失效、客户端请求频率过高、超时等）而失效，需要设计 Token 失效后的重试获取用例。

（3）错误参数覆盖：为了验证接口的健壮性，还需要测试当提供错误的 appid 或 appsecret 时，接口能否返回相应的错误信息。

（4）重复测试：为了确保结果的稳定性和可靠性，对于异常场景和错误参数的测试，需要多次重复进行。

上述用例设计思路能够较全面地覆盖 Token 获取功能，确保其在各种场景下都能够正常、稳定地工作。

具体用例设计如下。

用例 1： 获取 Token 的接口测试，如表 12-3 所示。

表 12-3　获取 Token 的接口测试

用例编号	TC001-1
用例名称	正常场景 - 获取 Token 的接口测试
前置条件	（1）已安装和配置好测试工具（如 Postman、JMeter 等）。 （2）已获取 appid 和 appsecret 的值
测试目标	验证通过正确的 appid 和 appsecret 调用获取 Token 接口，能够成功获取到 Token
测试步骤	（1）使用 Postman 或其他测试工具，向 https://××××.××××.com/api/token/get 发送一个 POST 请求。 （2）在请求的 Body 部分，填写正确的 appid 和 appsecret。 （3）发送请求，并查看响应结果。 （4）检查响应结果中的 success 字段是否为 true，errorCode 是否为 0000，以及 errorMsg 是否为“ok”。 （5）检查响应结果中的 result 字段，确认包含有效的 Token 和对应的过期时间（expires_in）
预期结果	接口返回成功的响应，并包含有效的 Token 和过期时间

用例 2： Token 失效后重试获取的接口测试，如表 12-4 所示。

表 12-4　Token 失效后重试获取的接口测试

用例编号	TC001-2
用例名称	异常场景 - Token 失效后重试获取接口测试
前置条件	完成 TC001-1 的正常场景测试，确保已经成功获取了 Token
测试目标	验证在 Token 失效后，接口调用方能够实现重试获取 Token 的逻辑
测试步骤	（1）等待直到 Token 过期（超过 7 200 秒后）。 （2）重复 TC001-1 的测试步骤，再次向接口发送请求。 （3）检查能否成功获取到新的 Token
预期结果	接口返回成功的响应，并包含新的 Token 和过期时间

用例 3： 提供错误的 appid 或 appsecret 的接口测试，如表 12-5 所示。

表 12-5　提供错误的 appid 或 appsecret 的接口测试

用例编号	TC001-3
用例名称	异常场景 - 提供错误的 appid 或 appsecret 接口测试
前置条件	无需特定前置条件
测试目标	验证当提供错误的 appid 或 appsecret 时，接口返回相应的错误码和错误信息

续表

测试步骤	（1）在请求的 Body 部分，使用错误的 appid 或 appsecret。
	（2）可以选择以下几种情况进行测试：
	`{"appid": "wrong_appid", "appsecret": "your_appsecret"}`
	`{"appid": "your_appid", "appsecret": "wrong_appsecret"}`
	`{"appid": "wrong_appid", "appsecret": "wrong_appsecret"}`
	（3）发送请求，并查看响应结果

预期结果	（1）检查响应结果中的 success 字段是否为 false。 （2）根据 errorCode 的值判断是哪种错误，并检查对应的 errorMsg 是否提供了相应的错误信息。例如，如果使用错误的 appid，那么 errorCode 应为 1000，errorMsg 应为“请求参数错误”。如果使用错误的 appsecret，那么 errorCode 和 errorMsg 也应与上述情况相符。 （3）检查响应结果中的 result 字段是否为 null（空）

用例 4： 提供错误的 appid 或 appsecret 重复测试，如表 12-6 所示。

表 12-6 提供错误的 appid 或 appsecret 重复测试

用例编号	TC001-4
用例名称	异常场景 - 提供错误的 appid 或 appsecret 重复测试
前置条件	无需特定前置条件
测试目标	验证当提供错误的 appid 或 appsecret 时，接口返回相应的错误码和错误信息

测试步骤	（1）在请求的 Body 部分，使用错误的 appid 或 appsecret。
	（2）可以选择以下几种情况进行测试：
	`{"appid": "wrong_appid", "appsecret": "your_appsecret"}`
	`{"appid": "your_appid", "appsecret": "wrong_appsecret"}`
	`{"appid": "wrong_appid", "appsecret": "wrong_appsecret"}`
	（3）重复上述步骤进行多次测试，以确保结果的稳定性

预期结果	（1）检查响应结果中的 success 字段是否为 false。 （2）根据 errorCode 的值判断是哪种错误，并检查对应的 errorMsg 是否提供了相应的错误信息。例如，如果使用错误的 appid，那么 errorCode 应为 1000，errorMsg 应为“请求参数错误”。如果使用错误的 appsecret，那么 errorCode 和 errorMsg 也应与上述情况相符。 （3）检查响应结果中的 result 字段是否为 null（空）

注意：以上用例是基于接口描述和常见的测试场景设计的，实际测试时可能需要根据实际情况进行调整和补充。

12.3.4 接口文档之需求接口

以下是“软件交付平台”接口文档中关于“需求”接口的详细规格信息展示。

一 | 接口描述

- 实现软件交付平台的需求录入或更新。
- 需求编号为空，则数据录入平台，成功后返回需求的编号。
- 需求编号不为空，判断平台是否已存在该编号的数据，有则返回提醒数据已存在，无则数据录入。
- 接口请求时要求在 Authorization 头部使用 Bearer 模式携带 Token。

二 | 接口地址

- 此接口的接口地址是：https://××××.××××.com/api/business/create-req，由于软件交付平台是一个正式的业务系统，所以这本书不能提供正式的链接，希望大家能理解。

三 | 请求方法

- 此接口的请求方法是：POST。

四 | 请求头

- 此接口请求需要携带的请求头是：Content-Type:application/json 和 Authorization: Bearer <token>。

五 | 请求参数

- 此接口需要携带的请求参数如下。

```
{
 "code": " ",
 "demandName": "×××× 优化需求 ",
 "regionName": " 青海 ",
 "demandClassName": " 日常性需求 ",
 "contractInOutName": " 合同外 ",
 "demandSourceName": " 集团文件 ",
 "urgentDegreeName": " 紧急 ",
 "demandEnteringTime": "2023-08-12",
 "dicDemandPersonName": "D3071",
 "demandExplain": " 需求内容概述 ...",
```

```
 "dicDemandManagerName": "D0873",
 "expectFinishTime": "2023-10-02",
 "implementProjectName": "×××× 需求项目 "
}
```

- 请求参数说明如表 12-7 所示。

表 12-7 请求参数说明

参数名	必须	类型 | 长度	说明
code	是	string | 100 字节	需求编号
demandName	是	string | 500 字节	需求名称
regionName	是	string	所属区域，取值：陕西、甘肃、青海、宁夏等
demandClassName	是	string	需求分类，取值：日常性需求、建设性需求，默认为日常性需求
contractInOutName	是	string	合同内外，取值：合同内、合同外，默认为合同内
demandSourceName	是	string	需求来源，取值：集团文件、省公司、分公司、其他，默认为省公司
urgentDegreeName	是	string	紧急程度，取值：紧急、一般，默认为一般
demandEnteringTime	是	date	录入时间，日期格式：yyyy-MM-dd
dicDemandPersonName	是	string	需求录入人员的工号
demandExplain	是	string	功能概述
dicDemandManagerName	是	string	需求分析确认人员的工号
expectFinishTime	是	date	期望上线时间，日期格式：yyyy-MM-dd
implementProjectName	是	string	需求发起项目（实施项目）名称

六 | 正确的 JSON 返回示例

- 当此接口请求处理成功后，服务器将以 JSON 的格式返回需求编号等信息，响应示例如下。

```
{
 "success": true,
 "errorCode": 0000,
 "errorMsg": "ok",
 "result": {
```

```
        "code": "REQ-202310-00002",
        "name": "××× 优化需求 "
    }
}
```

- 响应的参数说明如表 12-8 所示。

表 12-8 响应参数说明

参数名	必须	内容	说明
success	是	boolean	业务处理结果：true ｜ false
errorCode	是	int	错误编号： 0000：请求处理成功 1000：请求参数错误 1101：属性值为空 1102：属性值包含非法字符 1103：属性值最大长度为 ×× 1104：属性值数据类型不匹配 1106：枚举类型不存在 1200：编号的数据已存在 1210：数据录入平台失败 1211：身份认证失败 9999：服务器内部错误
errorMsg	是	string	错误信息
result	是	object	返回结果对象：需求的编号 code、名称 name

七 | 错误的 JSON 返回示例

- 当此接口请求处理失败后，服务器将以 JSON 格式返回错误信息，响应示例如下。

```
{
 "success": false,
 "errorCode": 1000,
 "errorMsg": " 需求名称超过 500 个字节 "
}
```

12.3.5 详细分析需求的接口

接下来将会对“需求”这个接口进行详细分析与说明。

一 | 接口描述分析

（1）实现软件交付平台的需求录入或更新：这是接口的主要功能描述。它表示这个接口允许用户在软件交付平台上录入或更新某个需求。

（2）需求编号为空，则数据录入平台，成功后返回需求的编号：如果用户在请求中没有提供需求编号，系统会认为用户想要创建一个新的需求，并在成功创建后返回这个新需求的编号。

（3）需求编号不为空，判断平台是否已存在该编号的数据，有则返回提醒数据已存在，无则数据录入：如果用户在请求中提供了需求编号，系统会检查是否已经存在这个编号的需求。如果已经存在，系统会返回一个提示告诉用户数据已存在；如果不存在，系统会将新的需求数据录入平台。

（4）接口请求时要求在 Authorization 头部使用 Bearer 模式携带 Token：这里可以打个比方来解释这句话的含义，假设你要进入一个私密场所，门卫是需要验证你身份的。那么 Authorization 就相当于你的证件，Token 则是证件上的内容，Bearer 模式就是一种验证方式，它的特点是，每次验证你身份信息时只验证你证件上的 Token 信息，而不要求你提供额外的信息（如 appid 和 appsecret 等凭据）。只有 Token 验证通过，才能进入私密场所。在接口请求中，也是类似的情况。你需要在请求头的 Authorization 字段中以 Bearer 模式携带有效的 Token，服务器直接验证 Token 的正确性和有效性来判断是否允许你进行接口操作，其携带方式请查看后续的表头分析。

二 | 接口地址分析

“https://××××.××××.com/api/business/create-req”是需求接口的完整地址。在这个 URL 路径下可以进行需求创建的相关操作。在使用 Postman 测试此接口时，就需要输入此接口地址，如图 12-14 所示。

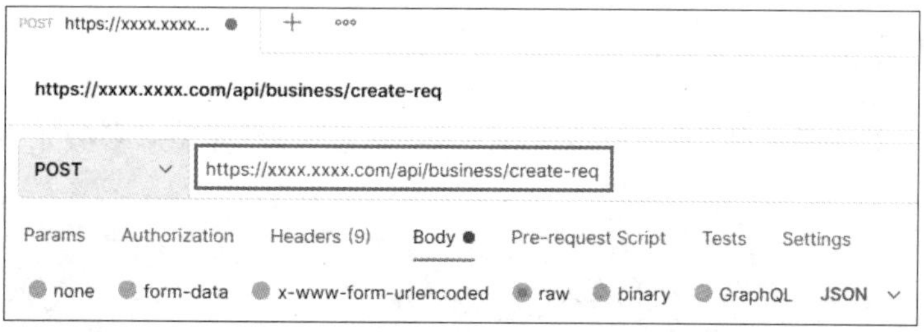

图 12-14　输入接口地址

三 | 请求方法分析

该接口采用的是 POST 请求方法，这意味着请求参数是放在请求正文中传递给服务器的。在使用 Postman 测试此接口时，需要选择 POST 请求方法，如图 12-15 所示。

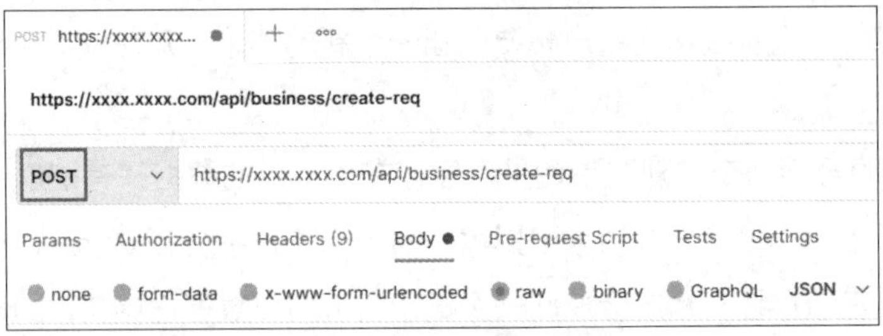

图 12-15 选择请求方法

四 | 请求头分析

“Content-Type:application/json”为请求头的一部分，以键值对的形式存储在其中，用于告诉服务器用户发送的是 JSON 格式的数据，“Authorization: Bearer <token>”也是请求头的一部分，以键值对的形式存储在其中，主要用于身份验证，由于上一个接口中已获取到 Token 信息，这里假设 Token 信息为“token0000001”。在使用 Postman 测试此接口时，应在 Headers 选项中添加这两组键值对信息，具体添加方式如图 12-16 所示。

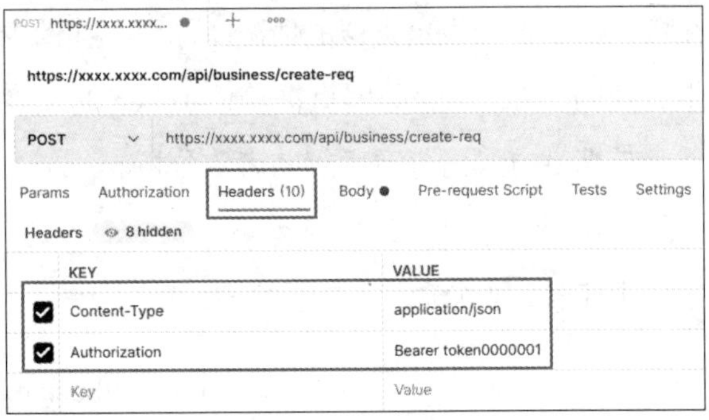

图 12-16 添加请求头信息

请务必将 <token> 替换为实际的 Token 值，并确保 Bearer 后面有一个空格。

五 | 请求参数分析

在这个接口中，请求参数以 JSON 格式的数据表示，具体请求参数如下。

```
{
 "code": " ",
 "demandName": "×××× 优化需求 ",
 "regionName": " 青海 ",
```

```
  "demandClassName": "日常性需求",
  "contractInOutName": "合同外",
  "demandSourceName": "集团文件",
  "urgentDegreeName": "紧急",
  "demandEnteringTime": "2023-08-12",
  "dicDemandPersonName": "D3071",
  "demandExplain": "需求内容概述...",
  "dicDemandManagerName": "D0873",
  "expectFinishTime": "2023-10-02",
  "implementProjectName": "××××需求项目"
}
```

该请求参数包含了 13 个键值对，用于描述创建一个新需求所需的各个字段。这些参数在表 12-7 中均有简单的描述。接下来，我们将逐一深入解析这些参数。

（1）code（需求编号）：这是需求的唯一标识符。通常，它由系统自动生成或由用户创建。这个编号用于在系统中跟踪和检索特定需求。

（2）demandName（需求名称）：这是需求的名称或标题。它应该简洁地描述需求的主要内容或目标。

（3）regionName（所属区域）：这个字段标识了需求所属的地理区域。它有助于对需求进行地区性的分类和管理。

（4）demandClassName（需求分类）：这个字段用于将需求分类为日常性或建设性需求。不同的分类可能会影响需求的处理和优先级。

（5）contractInOutName（合同内外）：这个字段标识了需求是否与外部合同有关。它有助于确定需求的来源和可能的合同义务。

（6）demandSourceName（需求来源）：这个字段标识了需求的来源或提出者。它有助于了解需求的发起部门或组织。

（7）urgentDegreeName（紧急程度）：这个字段标识了需求的紧急程度。紧急需求可能需要更快或优先地处理。

（8）demandEnteringTime（录入时间）：这个字段记录了需求被录入系统的时间。它有助于跟踪和管理需求的生命周期。

（9）dicDemandPersonName（需求录入人员的工号）：这个字段标识了录入该需求的员工或人员的工号。它有助于追踪需求的录入和处理人员。

（10）demandExplain（功能概述）：这个字段提供了对需求的详细描述或功能概述。它有助于理解需求的具体内容和要求。

（11）dicDemandManagerName（需求分析确认人员的工号）：这个字段标识了负责需求分析和管理的人员的工号。它有助于确保需求得到适当的关注和分析。

（12）expectFinishTime（期望上线时间）：这个字段表示了需求的期望完成时间或上线时间。它有助于安排开发和实施计划。

（13）implementProjectName［需求发起项目（实施项目）名称］：这个字段标识了与该需求相关的项目或实施计划的名称。它有助于将需求与具体的项目或计划相关联。

以上 13 个参数提供了详细的背景信息，有助于系统准确地处理和跟踪软件需求。

在 Postman 中测试此接口时，你需要将上述参数以 JSON 格式放在请求正文中传递，以便系统能够准确处理和跟踪软件需求。具体传递方式可参考图 12-17。

图 12-17 参数传递

六 | 正确的 JSON 返回示例分析

如果创建需求的接口处理成功，那么服务器将会成功地返回需求编号和需求名称等信息，响应的示例如下。

```
{
 "success": true,
 "errorCode": 0000,
 "errorMsg": "ok",
 "result": {
     "code": "REQ-202310-00002",
     "name": "××× 优化需求 "
 }
}
```

从响应结果中可以清晰地看到，整个内容依然遵循了 JSON 格式。其中，result 字段表示实际的响应结果数据。在此示例中，它是一个嵌套的对象，包含了 code 和 name 两个参数，code 参数表示需求的编号，而 name 参数则表示需求的名称，同时 result 也代表了此需求被创建成功。

此外，响应结果中还包含了一些关键信息，如 success、errorCode 和 errorMsg。这些参数的逻辑关系已经在之前的接口分析中详细阐述过了。请参考之前的分析来了解它们之间的关联和作用。

七 | 错误的 JSON 返回示例分析

如果创建需求的接口处理失败，那么服务器将会返回错误信息，响应的示例如下。

```
{
 "success": false,
 "errorCode": 1000,
 "errorMsg": "需求名称超过 500 个字节"
}
```

从以上示例可以看到，创建需求的接口调用失败了。错误代码 1000 指示请求的参数存在问题。具体来说，错误信息提示了“需求名称超过 500 个字节”，这意味着在请求中提供的名称参数超过了允许的最大长度限制。

12.3.6 设计需求接口的测试用例

在本测试用例设计中，设计思路主要基于以下考虑。

（1）正常输入验证：测试系统能否正确处理符合要求的参数，确保基本功能无误。

（2）边界情况测试：通过挑战参数的最大值、最小值等边界条件，检查系统是否存在处理上的疏漏。

（3）错误输入处理：故意引入错误，如遗漏参数、参数类型不匹配等，以验证系统的错误监测和响应能力。

（4）安全性考虑：测试系统对于潜在恶意输入（如包含非法字符或脚本）的防御能力，确保用户数据的安全。

接口测试用例设计的核心原则与功能测试用例设计相通，主要依赖经典的方法论，如等价类划分法、边界值分析法、错误推测法以及正交表分析法等策略。

具体用例设计如下。

用例 1：录入新需求成功，如表 12-9 所示。

表 12-9　录入新需求成功

<table>
<tr><td>用例编号</td><td>TC002-1</td></tr>
<tr><td>用例名称</td><td>录入新需求成功</td></tr>
<tr><td>前置条件</td><td>已获取有效的 Token，且平台中不存在相同编号的需求</td></tr>
<tr><td>测试目标</td><td>验证新需求可以成功录入并返回需求编号</td></tr>
<tr><td>测试步骤</td><td>（1）发送 POST 请求到 https://××××.××××.com/api/business/create-req 接口。
（2）在请求头部添加 Content-Type 和 Authorization。
（3）请求包结构体参数设置如下：<pre>
{
    "code": " ",
    "demandName": "测试优化需求01",
    "regionName": "青海",
    "demandClassName": "日常性需求",
    "contractInOutName": "合同外",
    "demandSourceName": "集团文件",
    "urgentDegreeName": "紧急",
    "demandEnteringTime": "2023-12-01",
    "dicDemandPersonName": "D3071",
    "demandExplain": "测试需求内容概述01...",
    "dicDemandManagerName": "D0873",
    "expectFinishTime": "2024-01-01",
    "implementProjectName": "测试需求项目01"
}
</pre>（4）发送 POST 请求。
（5）验证响应结果</td></tr>
<tr><td>预期结果</td><td><pre>
{
    "success": true,
    "errorCode": 0000,
    "errorMsg": "ok",
    "result": {
        "code": "REQ-XXXXXX",
        "name": "测试优化需求01"
    }
}
</pre></td></tr>
</table>

用例 2：录入已存在的需求编号，如表 12-10 所示。

表 12-10　录入已存在的需求编号

<table>
<tr><td>用例编号</td><td>TC002-2</td></tr>
<tr><td>用例名称</td><td>录入已存在的需求编号</td></tr>
<tr><td>前置条件</td><td>已获取有效的 Token，且平台中存在相同编号的需求</td></tr>
</table>

续表

测试目标	验证系统能否正确处理已存在的需求编号

测试步骤	（1）发送 POST 请求到 https://××××.××××.com/api/business/create-req 接口。
	（2）在请求头部添加 Content-Type 和 Authorization。
	（3）请求包结构体参数设置如下：
	{
	"code": "EXISTING_CODE",
	"demandName": "测试优化需求 02",
	"regionName": "青海",
	"demandClassName": "日常性需求",
	"contractInOutName": "合同外",
	"demandSourceName": "集团文件",
	"urgentDegreeName": "紧急",
	"demandEnteringTime": "2023-12-02",
	"dicDemandPersonName": "D3071",
	"demandExplain": "测试需求内容概述 02...",
	"dicDemandManagerName": "D0873",
	"expectFinishTime": "2024-01-02",
	"implementProjectName": "测试需求项目 02"
	}
	其中，“EXISTING_CODE”是已知存在于平台中的需求编号。
	（4）发送 POST 请求。
	（5）验证响应结果

预期结果	{
	"success": false,
	"errorCode": 1200,
	"errorMsg": "编号的数据已存在"
	}

用例 3：录入需求时参数不完整，如表 12-11 所示。

表 12-11 录入需求时参数不完整

用例编号	TC002-3
用例名称	录入需求时参数不完整（缺少需求名称）
前置条件	已获取有效的 Token
测试目标	验证系统能否正确处理缺少必填参数的情况
测试步骤	（1）发送 POST 请求到 https://××××.××××.com/api/business/create-req 接口。 （2）在请求头部添加 Content-Type 和 Authorization。 （3）请求包结构体参数设置如下：

续表

<table>
<tr><td>测试步骤</td><td>

```
{
    "code": " ",
    "regionName": "青海",
    "demandClassName": "日常性需求",
    "contractInOutName": "合同外",
    "demandSourceName": "集团文件",
    "urgentDegreeName": "紧急",
    "demandEnteringTime": "2023-12-03",
    "dicDemandPersonName": "D3071",
    "demandExplain": "测试需求内容概述 03...",
    "dicDemandManagerName": "D0873",
    "expectFinishTime": "2024-01-03",
    "implementProjectName": "测试需求项目 03"
}
```

在请求参数中，故意遗漏 demandName 字段。
（4）发送 POST 请求。
（5）验证响应结果</td></tr>
<tr><td>预期结果</td><td>

```
{
    "success": false,
    "errorCode": 1000,
    "errorMsg": "请求参数错误"
}
```

</td></tr>
</table>

用例 4：录入需求时参数超出长度限制，如表 12-12 所示。

表 12-12　录入需求时参数超出长度限制

<table>
<tr><td>用例编号</td><td>TC002-4</td></tr>
<tr><td>用例名称</td><td>录入需求时参数超出长度限制（超长需求名称）</td></tr>
<tr><td>前置条件</td><td>已获取有效的 Token</td></tr>
<tr><td>测试目标</td><td>验证系统能否正确处理超出长度限制的参数</td></tr>
<tr><td>测试步骤</td><td>（1）发送 POST 请求到 https://××××.××××.com/api/business/create-req 接口。
（2）在请求头部添加 Content-Type 和 Authorization。
（3）请求包结构体参数设置如下：

```
{
    "code": " ",
    "demandName": "一个非常非常非常非常非常非常非常非常非常非常非常非常非常非常非常长的需求名称 ...",
    "regionName": "青海",
    "demandClassName": "日常性需求",
    "contractInOutName": "合同外",
```

</td></tr>
</table>

续表

测试步骤	"demandSourceName": "集团文件", "urgentDegreeName": "紧急", "demandEnteringTime": "2023-12-04", "dicDemandPersonName": "D3071", "demandExplain": "测试需求内容概述 04...", "dicDemandManagerName": "D0873", "expectFinishTime": "2024-01-04", "implementProjectName": "测试需求项目 04" } （4）发送 POST 请求。 （5）验证响应结果

预期结果	{
	"success": false,
	"errorCode": 1103,
	"errorMsg": "属性值最大长度为 ××"
	}

用例 5：录入需求时参数类型不匹配，如表 12-13 所示。

表 12-13　录入需求时参数类型不匹配

用例编号	TC002-5
用例名称	录入需求时参数类型不匹配（日期格式错误）
前置条件	已获取有效的 Token
测试目标	验证系统能否正确处理类型不匹配的参数
测试步骤	（1）发送 POST 请求到 https://××××.××××.com/api/business/create-req 接口。 （2）在请求头部添加 Content-Type 和 Authorization。 （3）请求包结构体参数设置如下： { "code": " ", "demandName": "测试优化需求 05", "regionName": "青海", "demandClassName": "日常性需求", "contractInOutName": "合同外", "demandSourceName": "集团文件", "urgentDegreeName": "紧急", "demandEnteringTime": "非日期格式", "dicDemandPersonName": "D3071", "demandExplain": "测试需求内容概述 05...", "dicDemandManagerName": "D0873", "expectFinishTime": "2024-01-05",

续表

<table>
<tr><td>测试步骤</td><td>   "implementProjectName": "测试需求项目 05"
  }
demandEnteringTime 参数的值为非日期格式
（4）发送 POST 请求。
（5）验证响应结果</td></tr>
<tr><td>预期结果</td><td> {
    "success": false,
    "errorCode": 1104,
    "errorMsg": "属性值数据类型不匹配"
  }</td></tr>
</table>

用例 6： 未授权访问，如表 12-14 所示。

表 12-14　未授权访问

<table>
<tr><td>用例编号</td><td>TC002-6</td></tr>
<tr><td>用例名称</td><td>未授权访问（无 Token）</td></tr>
<tr><td>前置条件</td><td>不添加 Authorization 头部或提供无效的 Token</td></tr>
<tr><td>测试目标</td><td>验证系统能否正确处理未授权访问</td></tr>
<tr><td>测试步骤</td><td>（1）发送 POST 请求到 https://××××.××××.com/api/business/create-req 接口。
（2）在请求头部添加时只添加 Content-Type，故意不添加 Authorization。
（3）请求包结构体参数设置如下：
  {
    "code": " ",
    "demandName": "测试优化需求 06",
    "regionName": "青海",
    "demandClassName": "日常性需求",
    "contractInOutName": "合同外",
    "demandSourceName": "集团文件",
    "urgentDegreeName": "紧急",
    "demandEnteringTime": "2023-12-06",
    "dicDemandPersonName": "D3071",
    "demandExplain": "测试需求内容概述 06...",
    "dicDemandManagerName": "D0873",
    "expectFinishTime": "2024-01-06",
    "implementProjectName": "测试需求项目 06"
  }
（4）发送 POST 请求。
（5）验证响应结果</td></tr>
<tr><td>预期结果</td><td> {
    "success": false,
    "errorCode": 1211,
    "errorMsg": "身份证失败"
  }</td></tr>
</table>

用例 7： 录入需求时参数值为空字符串，如表 12-15 所示。

表 12-15　录入需求时参数值为空字符串

用例编号	TC002-7
用例名称	录入需求时参数值为空字符串（需求名称为空）
前置条件	已获取有效的 Token
测试目标	验证系统能否正确处理空字符串参数值

测试步骤	（1）发送 POST 请求到 https://××××.××××.com/api/business/create-req 接口。
	（2）在请求头部添加 Content-Type 和 Authorization。
	（3）请求包结构体参数设置如下：
	{
	"code": " ",
	"demandName": " ",
	"regionName": "青海",
	"demandClassName": "日常性需求",
	"contractInOutName": "合同外",
	"demandSourceName": "集团文件",
	"urgentDegreeName": "紧急",
	"demandEnteringTime": "2023-12-07",
	"dicDemandPersonName": "D3071",
	"demandExplain": "测试需求内容概述 07...",
	"dicDemandManagerName": "D0873",
	"expectFinishTime": "2024-01-07",
	"implementProjectName": "测试需求项目 07"
	}
	demandName 参数的值为空字符串。
	（4）发送 POST 请求。
	（5）验证响应结果

预期结果	{
	"success": false,
	"errorCode": 1101,
	"errorMsg": "需求名称不能为空"
	}

用例 8： 录入需求时参数值包含非法字符，如表 12-16 所示。

表 12-16　录入需求时参数值包含非法字符

用例编号	TC002-8
用例名称	录入需求时参数值包含非法字符（需求内容包含 HTML 标签）
前置条件	已获取有效的 Token

续表

测试目标	验证系统能否正确处理包含非法字符的参数值

测试步骤	（1）发送 POST 请求到 https://××××.××××.com/api/business/create-req 接口。
	（2）在请求头部添加 Content-Type 和 Authorization。
	（3）请求包结构体参数设置如下：
	{
	"code": " ",
	"demandName": " ",
	"regionName": " 青海 ",
	"demandClassName": " 日常性需求 ",
	"contractInOutName": " 合同外 ",
	"demandSourceName": " 集团文件 ",
	"urgentDegreeName": " 紧急 ",
	"demandEnteringTime": "2023-12-08",
	"dicDemandPersonName": "D3071",
	"demandExplain":"<script>alert('XSS');</script>测试需求内容概述 8...",
	"dicDemandManagerName": "D0873",
	"expectFinishTime": "2024-01-08",
	"implementProjectName": " 测试需求项目 08"
	}
	demandExplain 参数的值包含 HTML 跨站攻击脚本。
	（4）发送 POST 请求。
	（5）验证响应结果

预期结果	{
	"success": false,
	"errorCode": 1102,
	"errorMsg": " 需求内容包含非法字符 "
	}

用例 9： 录入需求时参数值不符合枚举类型，如表 12-17 所示。

表 12-17 录入需求时参数值不符合枚举类型

用例编号	TC002-9
用例名称	录入需求时参数值不符合枚举类型（需求类别不存在）
前置条件	已获取有效的 Token
测试目标	验证系统能否正确处理不符合枚举类型的参数值
测试步骤	（1）发送 POST 请求到 https://××××.××××.com/api/business/create-req 接口。 （2）在请求头部添加 Content-Type 和 Authorization。 （3）请求包结构体参数设置如下：

续表

<table>
<tr><td>测试步骤</td><td><pre>{
    "code": " ",
    "demandName": " 测试优化需求 09",
    "regionName": " 青海 ",
    "demandClassName": " 不存在的需求类别 ",
    "contractInOutName": " 合同外 ",
    "demandSourceName": " 集团文件 ",
    "urgentDegreeName": " 紧急 ",
    "demandEnteringTime": "2023-12-09",
    "dicDemandPersonName": "D3071",
    "demandExplain": " 测试需求内容概述 09...",
    "dicDemandManagerName": "D0873",
    "expectFinishTime": "2024-01-09",
    "implementProjectName": " 测试需求项目 09"
}</pre>demandClassName 参数的值是不存在的需求类别。
（4）发送 POST 请求。
（5）验证响应结果</td></tr>
<tr><td>预期结果</td><td><pre>{
    "success": false,
    "errorCode": 1106,
    "errorMsg": " 枚举类型不存在 "
}</pre></td></tr>
</table>

用例 10： 录入需求时参数顺序颠倒，如表 12-18 所示。

表 12-18　录入需求时参数顺序颠倒

<table>
<tr><td>用例编号</td><td>TC002-10</td></tr>
<tr><td>用例名称</td><td>录入需求时参数顺序颠倒（参数顺序与文档定义不一致）</td></tr>
<tr><td>前置条件</td><td>已获取有效的 Token</td></tr>
<tr><td>测试目标</td><td>验证系统能否正确处理参数顺序颠倒的情况</td></tr>
<tr><td>测试步骤</td><td>（1）发送 POST 请求到 https://××××.××××.com/api/business/create-req 接口。
（2）在请求头部添加 Content-Type 和 Authorization。
（3）请求包结构体参数设置如下：<pre>{
    "demandName": " 测试优化需求 10",
    "regionName": " 青海 ",
    "demandClassName": " 日常性需求 ",
    "contractInOutName": " 合同外 ",
    "demandSourceName": " 集团文件 ",</pre></td></tr>
</table>

续表

<table>
<tr><td>测试步骤</td><td><pre>
        "urgentDegreeName": "紧急",
        "demandEnteringTime": "2023-12-10",
        "dicDemandPersonName": "D3071",
        "demandExplain": "测试需求内容概述 10...",
        "dicDemandManagerName": "D0873",
        "expectFinishTime": "2024-01-10",
        "implementProjectName": "测试需求项目 10",
        "code": " "
    }
</pre>在请求参数中，code 这个参数的位置放到了最后。
（4）发送 POST 请求。
（5）验证响应结果</td></tr>
<tr><td>预期结果</td><td><pre>
    {
        "success": true,
        "errorCode": 0000,
        "errorMsg": "ok",
        "result": {
            "code": "REQ-XXXXXX",
            "name": "测试优化需求 10"
        }
    }
</pre></td></tr>
</table>

以上测试用例覆盖了录入需求时的多种场景，包括参数值超出长度限制、参数值为空字符串、参数值包含非法字符、参数值不符合枚举类型以及参数顺序颠倒等情况。这些测试用例有助于确保系统的健壮性和容错能力。大家需要注意的是，以上用例是基于接口描述和常见的测试场景设计的，实际测试时可能需要根据实际情况进行调整和补充。

12.4　本章小结

12.4.1　学习提醒

在学习 HTTP 接口测试时，对 HTTP 协议的基础知识有深入的了解是至关重要的。这包括接口参数的传递方式、请求方法的选择、JSON 数据的处理以及 HTTP 请求头的构造等核心内容。这些知识点是进行接口测试时必须掌握的基石，它们为测试人员提供了与系统进行有效交互的基础。

此外，授权机制也是接口测试中一个重要的知识点。随着对接口了解的加深，测试人员需要进一步探索 Cookies、Token、Session 等授权相关的概念和技术。这些知识点将帮助测试人员更好地理解系统的安全机制，并在接口测试中确保数据的安全性和完整性。

最后，掌握接口测试工具的使用也是初级软件测试人员必须掌握的技能之一。Postman 和 JMeter 等主流工具提供了强大的功能，使得测试人员能够更高效地执行接口测试。通过熟练使用这些工具，测试人员将能够更快速、更准确地发现和解决系统中的问题。

12.4.2 求职指导

一 | 本章面试常见问题

问题 1：你做过接口测试吗？能举一个接口测试的例子吗？

*参考回答：*在之前的工作中，我确实进行过接口测试。具体来说，我独立负责了软件交付平台的完整接口测试流程，从深入理解接口文档开始，到精心设计并执行接口测试用例。

举例来说，针对该系统中的一个重要功能，有一个获取 Token 的接口。这个 Token 相当于外部系统访问软件交付平台系统的通行证，每次调用软件交付平台的业务接口时都必须携带有效 Token。正常情况下，Token 的有效期设定为 7 200 秒，但为了增强安全性，服务器端可能出于安全策略提前使 Token 失效。因此，在测试过程中，我特别关注了当 Token 失效时，客户端应具备自动重试获取新 Token 的能力。此外，我还测试了一个处理需求录入与更新的接口。在这个接口上，如果请求时需求编号为空，则表示需要新增一条需求记录至平台，成功后系统会返回新生成的需求编号；若请求时携带了非空的需求编号，则需验证平台是否已存在对应编号的数据——存在则返回提示信息告知数据已存在，不存在则执行数据插入操作。通过这样的测试设计，确保了接口逻辑正确无误且满足实际应用场景的要求。

问题 2：为什么要做接口测试？

*参考回答：*接口测试非常重要，原因主要有两点。首先，通过接口测试可以实现测试前移，即在前端页面还未开发完成时就可以提前介入测试，从而更早地发现和解决问题。其次，接口测试能够发现底层的问题，这些问题通常更加深刻和有价值。越早介入测试，我们就越能够降低测试和开发成本，提高软件质量。

问题3：接口测试的流程是什么？

参考回答：接口测试的流程包括获取接口规格文档并分析接口业务细节，设计覆盖全面的测试用例，使用 Postman、JMeter 等工具进行测试，提交 Bug 并进行回归测试，最后编写并提交测试报告。

问题4：GET 请求与 POST 请求的区别是什么？

参考回答：首先，在安全性方面，GET 请求是明文传输，数据在 URL 中可见，而 POST 请求在表单或 Body 中传输，相对更安全。其次，GET 请求有数据长度限制，而 POST 请求没有此限制。最后，在用途方面，GET 请求通常用于获取数据，而 POST 请求用于提交数据。

问题5：除了 GET 请求与 POST 请求，还有哪些请求方式（请求方法）？

参考回答：除了 GET 和 POST 请求，还有以下请求方式。

PUT 请求：用于更新资源。

DELETE 请求：用于删除资源。

HEAD 请求：与 GET 请求类似，但服务器在响应中只返回 HTTP 头部信息，不返回实际的数据内容。

OPTIONS：用于获取目标资源所支持的通信选项。它可以询问服务器支持哪些请求方法等。

PATCH 请求：用于对资源进行部分修改。与 PUT 请求更新整个资源不同，PATCH 请求只需包含需要更新的属性，这可以减少数据传输量。

问题6：HTTP 与 HTTPS 的区别是什么？

参考回答：首先，在安全性方面，HTTP 是明文传输，而 HTTPS 是加密传输，因此 HTTPS 更安全。其次，在端口方面，HTTP 通常使用 80 或 8080 端口，而 HTTPS 使用 443 端口。最后，在速度方面，由于 HTTPS 需要进行加密和解密操作，因此通常比 HTTP 慢一些。

问题7：常用的接口和抓包工具有哪些？（本书将在第 13 章中讲解抓包工具）

参考回答：常用的接口测试工具包括 Postman 和 JMeter 等。而常用的抓包工具则包括 Fiddler 和 Charles 等。

问题8（知识拓展）：请谈谈 Cookies、Session、Token 的区别和关联。

参考回答：Cookies 就像是一张小纸条，网站（服务器）会把它发给浏览器并让浏览器保管。这张纸条上可以写一些信息，比如你的用户名、登录状态等。每次你访问同一个网站时，浏览器都会自动带上这张纸条交给网站，这样网站就知道你是谁了。

Session 就像是一个储物柜，当你第一次访问网站并登录成功后，服务器会在它那里为你分配一个专属的储物柜。然后服务器将这个储物柜的钥匙（也就是 Session_id）放在一张纸条（Cookie）里发送给浏览器保存。下次你来的时候，浏览器带着这张纸条去找服务器，服务器通过钥匙就能找到对应的储物柜，取出你在储物柜中存放的信息（如用户信息、购物车内容等），以此保持你的状态。

Token 更像是进入游乐场的一张门票，当用户登录验证通过后，服务器不再依赖储物柜，而是直接发放一个加密过的电子票证（Token）。这个票证包含用户的部分身份信息，并且经过签名确保安全。每次请求服务时，用户都需携带这张票证，服务器通过验票就能知道用户的身份及权限，而无须在服务器端存储用户状态。

问题 9： 常见的请求头有哪些?

参考回答：在接口测试中，一般会根据接口文档的定义来携带相应的请求头，常见的请求头有 Content-Type、Authorization 等。

问题 10： 接口测试如何设计测试用例?

参考回答：接口测试用例设计的核心原则与功能测试用例设计相通，主要依赖经典的方法论，如等价类划分法、边界值分析法、错误推测法以及正交表分析法等策略。在实际应用中，正常输入测试场景下，需确保覆盖所有有效且日常常见的参数输入组合，以验证接口在正常工作条件下的正确响应。边界值分析环节，则针对数值型参数进行深度挖掘，特别关注临界状态的测试，例如检查最大长度限制、最小允许值和最大允许值等边界条件是否得到恰当处理。异常输入测试用例的设计旨在模拟各种非预期或非法情况，这包括但不限于遗漏必填参数、传入参数类型不匹配、使用无效的标识符（如 ID）或状态码等，以此来检验系统在异常状况下的健壮性和容错能力。组合测试则是对多个参数及其嵌套结构进行不同组合的测试，目的是确保在多种参数组合和层级结构下，接口仍能保持其功能性、兼容性及数据处理的一致性。

问题 11： 接口测试的时候都发现哪些 Bug？

参考回答：

（1）参数验证问题：接口未对输入参数进行有效性验证，如长度、类型、格式等，导致非法输入或异常请求处理不当。

（2）授权与认证问题：接口存在安全漏洞，如未授权访问，可能导致敏感数据泄露或非法操作。

（3）响应处理不当：接口返回的数据格式不正确、缺失必要字段或包含错误的状态码。

（4）服务器返回的状态码不是预期值：例如，成功操作应该返回 200，但实际返回了 4×× 或 5×× 系列的状态码，表示请求错误或服务器端错误。

（5）数据不一致：接口查询的结果与数据库中存储的数据不一致。

问题 12（知识拓展）： Postman 和 JMeter 如何进行参数化？

参考回答：

Postman 参数化方式如下。

（1）环境变量和全局变量：在 Postman 中，可以使用环境变量和全局变量进行参数化。选择 Postman 左侧的“Environments”选项来添加或编辑变量。在请求中使用 {{ 变量名 }} 语法来引用这些变量。

（2）数据文件：Postman 也支持使用数据文件（如 CSV 或 JSON）进行参数化。在“Runner”视图中，选择一个集合，然后单击“Data”选项卡。可以上传一个数据文件，并在请求中使用数据文件中的值。注意，这种方式更适合批量运行测试。

（3）Pre-request Script：对于更复杂的参数生成或处理，可以在“Pre-request Script”选项卡中使用 JavaScript 编写脚本。例如，可以使用 pm.environment.set() 或 pm.globals.set() 函数来设置变量值。

JMeter 参数化方式如下。

（1）用户定义的变量：在 JMeter 中，可以使用“用户定义的变量”来设置参数。这可以在测试计划层面或 HTTP 请求之前进行定义。右击相应的部分，在弹出的快捷菜单中选择“添加”→“配置元件”→“用户定义的变量”命令，然后输入变量名和值。

（2）CSV Data Set Config：对于大量数据，可以使用 CSV 文件来进行参数化。右击 HTTP 请求，在弹出的快捷菜单中选择“添加”→“配置元件”→“CSV Data Set Config”命令，指定 CSV 文件路径，并设置变量名。在 HTTP 请求中使用 ${ 变量名 } 来引用 CSV 文件中的值。

（3）函数助手：JMeter 还提供了函数助手来生成或处理参数。例如，我们可以使用 __Random() 函数生成随机数作为参数。

问题 13（知识拓展）： Postman 中如何实现动态关联？

参考回答：

在 Postman 中实现动态关联，主要涉及以下步骤。

（1）添加环境信息：在 Postman 中选择 Environments，单击“+”按钮添加一套环境。也可以单击 New 按钮，选择 Environments 来添加。根据实际测试的需要，勾选这套环境，使其为当前的工作环境。

（2）设置动态关联的数据：在前一个请求的 Tests 选项卡中，把需要传递给下一个请求的数据，赋值给一个环境变量。例如，可以使用脚本代码将 token 保存到变量中，如 pm.environment.set("tokenVariable", tokenValue)。

（3）在后一个请求中引用这个变量：在后一个请求中，可以通过 {{tokenVariable}} 双花括号的形式来引用环境变量。这样，当第一个请求执行并获取到 token 后，第二个请求就可以使用这个 token 进行动态关联。

通过这种方式，可以在 Postman 中实现请求的动态关联，使测试更具灵活性。

问题 14（知识拓展）： 依赖第三方数据的接口如何进行测试?

参考回答：

考虑使用 Mock 数据或服务来模拟第三方接口的响应。可以使用工具（如 Postman）的 Mock 功能来创建模拟接口。

问题 15： 接口测试与功能测试的区别是什么?

参考回答：请直接参考 12.2 节的内容。

二 | 面试技巧

当面试官问及你是否熟悉某个特定的接口测试知识点时，如果你没有学习过，不要尝试去编造或夸大自己的经验。诚实地告诉面试官你目前学到的内容，以及你为了扩大知识面所做的努力。重点强调你做过的软件交付平台系统，你是如何分析接口业务，如何进行用例设计来展示你的用例设计能力以及项目实战能力。即使没有直接面对过复杂的问题，你也可以通过描述在学习过程中遇到的挑战以及你是如何克服它们的来展示你解决问题的能力。例如，你可以谈论在模拟 HTTP 请求时遇到的困难，以及你如何通过查阅文档、寻求社区帮助或调整测试策略来解决这些问题。最后，你可以强调你对新知识的渴望和学习能力。你可以提及自己计划在未来学习哪些额外的接口测试知识点（比如授权机制、更多的接口测试工具等），并且说明你已经开始为此做准备，比如参加在线课程、阅读相关技术文档、参与测试社区交流等。

第13章 Charles 抓包工具的基本使用

在进行功能测试和接口测试时，抓包工具是测试人员不可或缺的辅助工具。本章将引导测试人员了解并掌握抓包工具的使用，解释抓包必要性以及安装配置方法，并演示如何捕获并分析 HTTP/HTTPS 包以解决前后端通信问题，助力初级软件测试人员快速上手抓包测试。

考虑到本章内容涉及的实操环节比较多，如果仅通过文字描述，可能难以让初学者完全理解，我们特别为本章内容配备了全程视频讲解，以便你更直观地了解整个操作过程。

扫码看视频：Charles 抓包工具的基本使用

13.1 什么是抓包

当我们在浏览器上单击一个网页请求时，该请求会直接发送到服务器，而服务器也会直接将响应内容返回给浏览器，如图 13-1 所示。

在这个请求过程中，我们并不清楚浏览器到底携带了哪些数据给服务器，以及发送的数据是什么格式等。同样地，服务器在响应时也无法确定具体的响应内容和格式等。

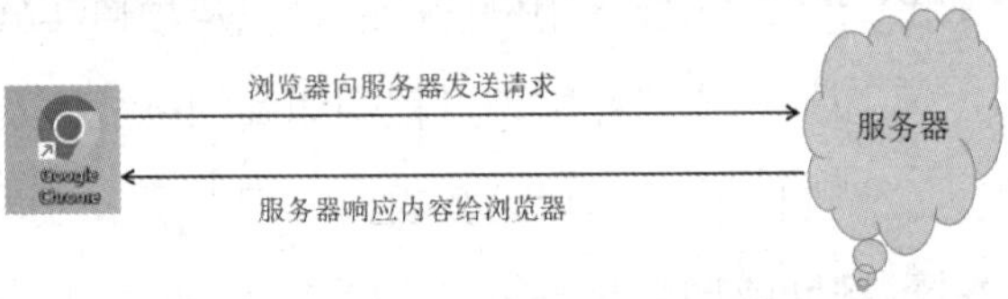

图 13-1 请求及响应过程

然而，如果我们在浏览器和服务器之间安装一个代理服务器，那么这个代理服务器就充当了一个监听者的角色，它能够监听浏览器发送的所有内容以及服务器响应的所有内容。简单来说，代理服务器就像一个中间人，浏览器首先将请求发送给代理服务器，代理服务器再代替浏览器将请求转发给服务器，并将服务器响应的内容转发给浏览器。因此，代理服务器在这里起到了两个作用：第一是捕获内容，它可以捕获请求和响应的内容；第二是转发，代理服务器将请求代为转发给服务器，并将服务器响应的内容代为转发给浏览器。整个流程如图 13-2 所示。

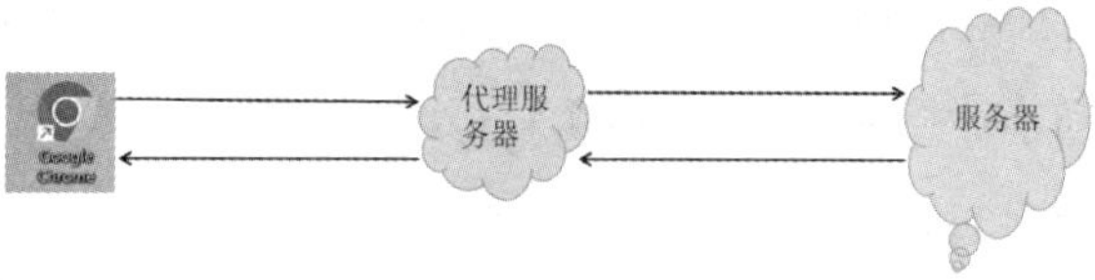

图 13-2 代理服务器

在测试领域，代理服务器被称为抓包工具，常用的抓包工具有 Charles、Fiddler、Wireshark 和 Tcpdump。

Charles：这是一款跨平台的 HTTP 抓包工具，可以捕获 HTTP/HTTPS 请求和响应，并提供丰富的调试和分析功能。

Fiddler：这是一款基于 Windows 平台的 HTTP 抓包工具，可以捕获 HTTP/HTTPS 请求和响应，并提供多种调试和分析功能。

Wireshark：这是一款免费、开源的网络协议分析工具，支持多种协议解析和过滤器设置，适用于各种操作系统。它是世界上使用最广泛的网络协议分析器，功能强大且通用。

Tcpdump：这是一款命令行工具，可以捕获网络数据包并输出到终端或文件中，支持多种过滤器设置，也适用于各种操作系统。

在实际的测试工作中，初级软件测试人员通常会优先选择 Charles 或 Fiddler 这两款抓包工具，因为它们不仅功能强大，而且相对容易上手。掌握其中任意一款工具，都能够有效地辅助测试人员进行网络请求的捕获和分析。本书将以 Charles 工具为例，讲解它的安装和基本使用方法，帮助读者快速掌握这款实用的抓包工具。

13.2 为什么要抓包

13.1 节提到，抓包工具可以捕获请求和响应的内容。为什么我们需要捕获这些内容呢？也就是为什么要进行抓包呢？这里以 ZrLog 博客系统登录请求为例来说明。图 13-3 展示了 ZrLog 博客系统登录请求过程中，使用抓包工具捕获的请求和响应内容。

图 13-3 登录请求

当用户单击登录按钮时，前端页面会将用户名（如 admin）和密码（如 123456）作为请求参数发送给 ZrLog 博客系统的服务器进行验证，此时前端页面就像 Postman 工具一样，能够将请求参数发送给服务器。然而，由于前端页面是通过代码编写的，如果前端页面的代码写得有问题或是存在缺陷，那么就有可能导致发送给服务器的请求参数是错误的。所以我们不能仅凭前端页面输入了 admin 和 123456 就断定发送给服务器的参数一定是 admin 和 123456。

同时，使用前端页面发送登录请求时，测试人员无法直接看到该请求所使用的请求方式（POST 或 GET），也无法查看请求中携带的请求头等信息。

为了验证前端页面是否正确地发送了请求数据，同时查看请求头、请求方式等信息，测试人员就可以使用抓包工具来捕获前端页面发送的请求，如图 13-4 所示。

图 13-4 就是抓包工具捕获到的前端页面发送给 ZrLog 博客系统服务器的所有请求内容。其中第一个方框展示了 HTTP 请求的方式，第二个方框则呈现了请求头的信息，第三个方框则详细列出了请求参数。通过以上三个方框的内容，我们可以清楚地看到前端页面发送给服务器的所有真实数据。通过分析这些数据，测试人员可以确认实际发送的请求参数是否与预期一致，从而确保前端页面与服务器之间的交互是正确的（对于初学者来说，这些内容可能有些复杂，但目前仅需理解抓包工具的基本作用即可，至于工具的用法以及上述方框中的具体内容，我们将在后续的学习中逐步探讨）。

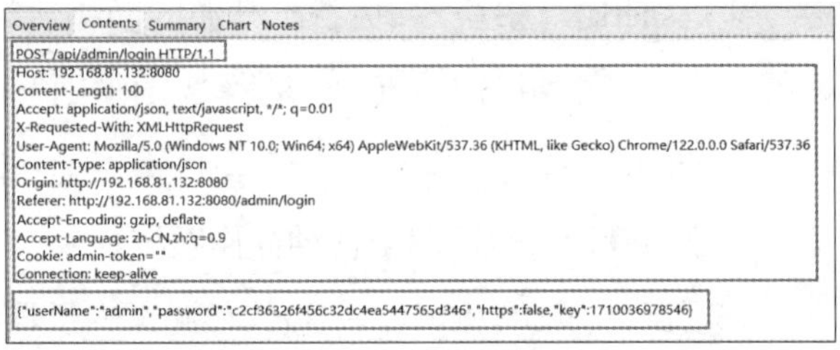

图 13-4 抓包工具捕获到的请求内容

因此，抓包工具在这方面具有明显的优势。它提供了对于前端页面难以获得的请求细节的可视化和分析能力。通过检查抓包数据，我们可以验证请求是否按照预期进行，并确保与服务器之间的交互正确无误。

以上是使用抓包工具的一个原因，当然，还有其他很多使用抓包工具的原因。然而，对于初级软件测试人员来说，目前接触到的知识范围较窄，可能没有涉及抓包工具的其他用途。随着基础知识的积累和深入学习，我们将逐渐了解更多使用抓包工具的原因。

13.3 抓包工具的安装

Charles 抓包工具的安装非常简单。首先，你需要从 Charles 的官方网站或其他可信赖的软件下载平台下载最新版本的 Charles 安装包。然后找到下载的安装包并双击运行。在安装向导中，阅读并同意软件许可协议，然后选择安装路径，通常建议保留默认设置以简化安装过程，接着按照提示执行下一步操作即可完成安装。为了方便大家安装和使用，本章视频包含了 Charles 抓包工具的下载和安装教程。

13.4 HTTP 包

在本节中，我们将探讨 HTTP 包的奥秘。首先，我们会解释什么是 HTTP 包。接着，我们将学习如何抓取这些 HTTP 包，从而能够分析它们。在此过程中，判定登录的主请求是一项关键技能，我们将阐述如何进行这一判断。当然，仅仅抓取到包还不够，我们将分别探讨请求内容和响应内容的解读方法。通过本节的学习，你将更加深入地理解 HTTP 包的工作原理，掌握抓取、分析和解读 HTTP 包的实际操作技巧。

13.4.1 什么是 HTTP 包

什么是 HTTP 包？

从图 13-5 中可以明显看到，该网址使用的是 HTTP 协议，而非 HTTPS 协议。因此，当我们需要捕获这个请求的数据包时，实际上捕获的是 HTTP 包。

■ 图 13-5 HTTP 协议的网址

13.4.2 抓取 HTTP 包

使用 Charles 抓包工具捕获 HTTP 请求的数据包时，通常情况下无须进行复杂的设置即可直接抓取。这里以 ZrLog 博客系统登录请求为例来演示抓包过程，具体步骤如下。

（1）打开 Charles 工具，并进入 Sequence 选项，如图 13-6 所示。

Charles 抓包工具中的 Sequence 选项是一种查看封包的视图方式。在这种方式下，网络请求会按照访问的时间顺序进行排序。最新的请求会显示在最下面，因此用户可以方便地查看和分析按时间顺序排列的所有请求。这对于需要追踪和调试网络请求顺序的场景非常有用。

（2）在 Filter 输入框中设置要抓包的 IP 地址（这里设置的是 ZrLog 博客系统服务器的 IP 地址），这样设置的目的是，可以精确地捕获你所期望的 HTTP 包，而不会获取其他任何 HTTP 包，如图 13-7 所示。

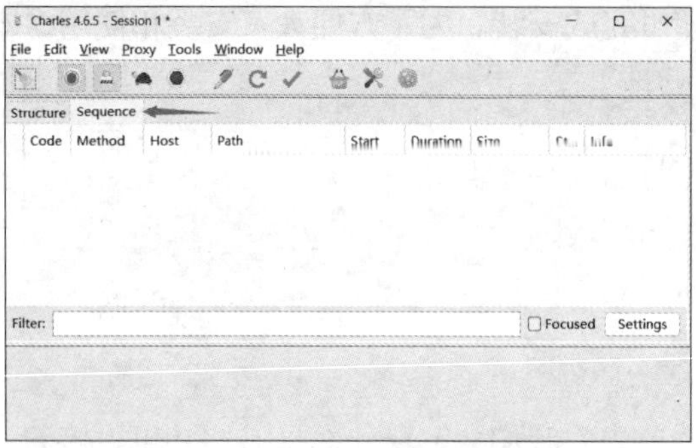

■ 图 13-6　进入 Sequence 选项

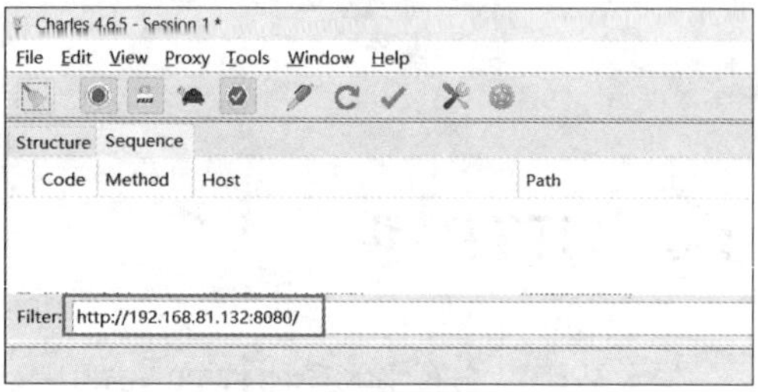

■ 图 13-7　设置 IP 过滤

（3）接下来打开 ZrLog 博客系统的登录页面，并输入用户名（admin）和密码（123456）进行登录，如图 13-8、图 13-9 所示。

■ 图 13-8　打开登录页面

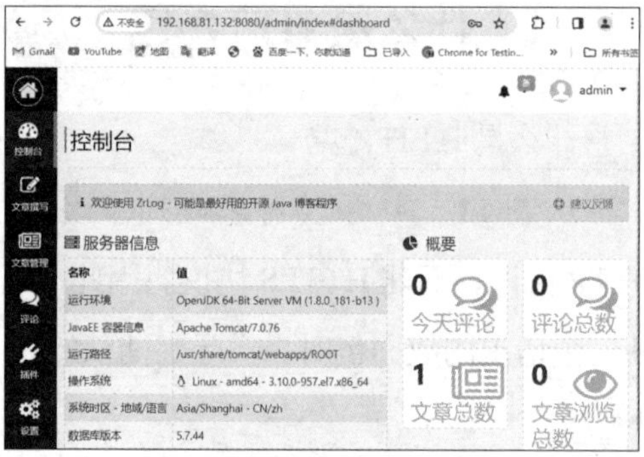

■ 图 13-9　登录成功页面

（4）登录成功之后，就可以看到 Charles 工具会自动抓取登录请求的所有 HTTP 包，如图 13-10 所示。

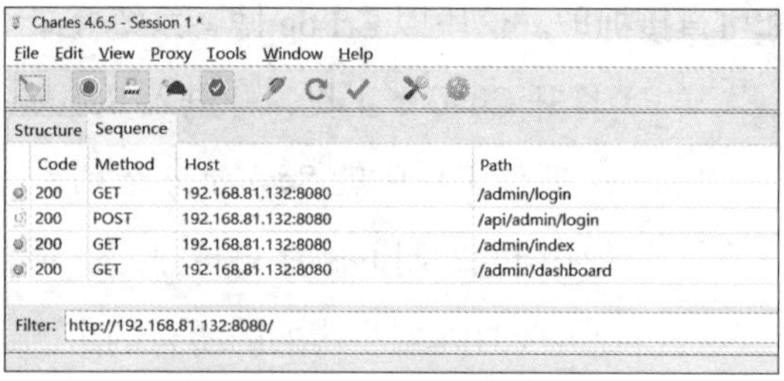

■ 图 13-10　登录请求的 HTTP 包

抓包成功后，在 Charles 工具中的 Sequence 选项下，每个网络请求都会显示一些关键字段，这些字段对于理解和分析请求非常有帮助，以下是这些关键字段的含义。

Code：HTTP 响应状态码。这是由服务器返回的，用于表示请求的处理结果。例如，200 表示请求成功，404 表示找不到请求的资源，500 表示服务器内部错误等。

Method：HTTP 请求方式（请求方法）。这描述了请求的动作类型，常见的有 GET（获取资源）、POST（提交数据）等。

Host：请求的主机名。这通常是服务器的域名或 IP 地址，表示请求发送到的目标服务器。

Path：请求的路径。这是 URL 中主机名之后的部分，用于指定服务器上的资源位置。

这些字段提供了关于每个 HTTP 请求的基本信息，对于测试人员来说，它们是理解和调试网络请求行为的关键。通过查看这些字段，可以了解请求的目标、方式，以及服务器的响应状态等信息。

从图 13-10 中可以看到，Charles 工具已经捕获到了四条 HTTP 请求的数据包。

13.4.3 如何判定登录的主请求

要确定图 13-10 中显示的四条请求中哪一条是登录的主请求，我们可以采用一个简单的判定方法：检查每条请求的参数是否包含用户名和密码。因为在登录过程中，用户在前端页面输入的用户名和密码会被提交给 ZrLog 博客系统服务器进行验证。所以，包含了这两个参数的请求就是登录的主请求。通过这种方式，我们可以轻松地从多条请求中识别出登录请求。

具体判定步骤如下。

首先，在图 13-10 所示的四条请求中，选择任意一条请求进行分析。接着，单击该请求下的“Contents”（内容）选项，并进一步选择第一个“Raw”（原始数据）选项。在“Raw”选项视图中，你将能够查看该请求的所有详细信息，包括请求方式、请求头以及请求参数等。通过仔细分析这些信息，你可以判断该请求是否为登录的主请求，如图 13-11 所示。

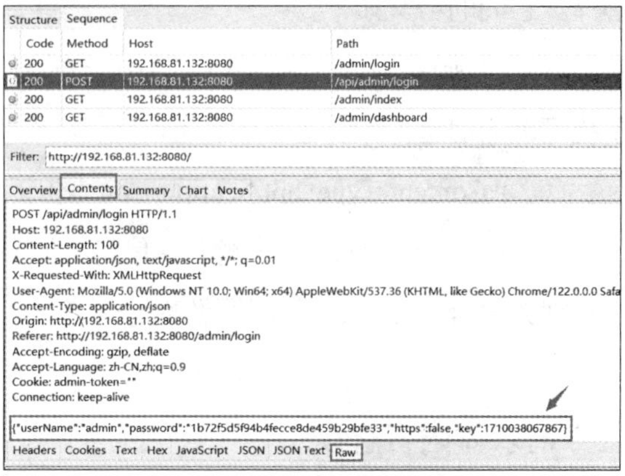

图 13-11 请求数据包解析

在第二个长方框的展示内容中，我们可以清晰地观察到，该请求的参数列表中不仅包含了用户名和密码，其中密码部分还经过了加密处理。由此可见，此请求就是登录的主请求。值得一提的是，除了这些明显的登录凭据，此请求还附带了 https 和 key

这两个重要参数。如果不借助抓包工具的力量，这两个参数对用户来说是无法直接可见的。抓包工具在这里扮演了关键角色，使得我们能够洞察到这些隐藏在网络请求背后的详细信息。

13.4.4 请求内容的解读

一｜请求行内容解读

在图 13-11 的 Contents 选项中的 Raw 选项视图中，第 1 行内容（POST /api/admin/login HTTP/1.1）被称为请求行，它们的含义如下。

（1）POST：这是一个 HTTP 请求方法，表示你要向服务器提交数据。在这里，你正在提交登录信息。

（2）/api/admin/login：这是请求的资源路径，告诉服务器你想要访问的是哪个具体的功能或服务，这里是管理员登录接口。

（3）HTTP/1.1：表示 HTTP 协议的版本。

二｜请求头内容解读

在图 13-11 的 Contents 选项中的 Raw 选项视图中，第 2 行到第 12 行的内容被称为请求头。由于内容过多，在这里我们选取了初级软件测试人员应该了解的三个重要字段进行解释。它们的含义如下。

（1）User-Agent：告诉服务器关于发送请求的客户端（如浏览器类型、版本、操作系统等）的信息。

（2）Content-Type: application/json：告诉服务器请求体中的数据是 JSON 格式的。

（3）Cookie：存储了一些会话信息，如身份验证令牌。在这里，admin-token 是空的。本章视频包含了 Cookie 说明的教程。

三｜请求体内容解读

在图 13-11 的 Contents 选项中的 Raw 选项视图中，第 14 行的内容被称为请求体（也就是请求参数），具体内容如下。

```
{"userName":"admin","password":"1b72f5d5f94b4fecce8de459b29bfe33",
"https":false,"key":1710038067867}
```

它们的含义如下。

（1）这是一个 JSON 格式的数据，包含了登录所需的用户名、密码以及其他参数。

（2）userName：用户名，这里是“admin”。

（3）password：密码，这里是一个加密的字符串，不是明文密码，会动态变化。

（4）https：一个布尔值，表示是否使用 HTTPS 协议。在这里是 false，意味着不使用 HTTPS。

（5）key：一个额外的参数，可能是用于验证或加密的密钥，同样会动态变化。

总的来说，这个请求是向服务器的 /api/admin/login 接口发送登录信息，包括用户名、密码和其他参数，以 JSON 格式提交。服务器会根据这些信息来验证用户的身份并返回相应的响应。

13.4.5 响应内容的解读

通过 Charles 抓包工具的 Contents 选项中的第二个 Raw 选项，用户可以直观地查看到登录请求的完整响应内容，如图 13-12 所示。

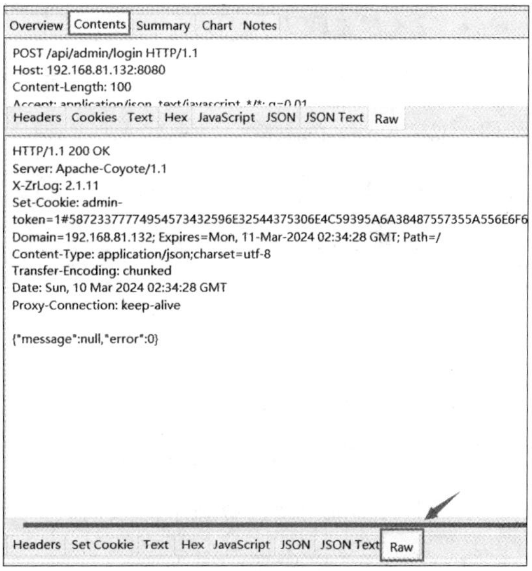

图 13-12 响应数据包解析

一 | HTTP 响应行内容解读

在图 13-12 的 Contents 选项中的第二个 Raw 选项视图中，首行内容被标记为响应行，具体呈现为“HTTP/1.1 200 OK”。这里，“HTTP/1.1”清晰表明了所使用的 HTTP 协议版本为 1.1。紧接着的“200”是服务器返回的协议状态码，它扮演了至关重要的角色，直接传达了请求的处理状态。当状态码为“200”时，意味着客户端的请求已被服务器成功接收并处理。无论是进行功能测试还是接口测试，协议状态码都是测试人员必须密切关注的关键信息，它为我们提供了请求处理结果的直接反馈。

下面是一些常见的 HTTP 协议状态码，以及它们的详细说明。

（1）HTTP 协议状态码（HTTP Status Code）是服务器在响应客户端请求时返回的一个三位数字代码，它为客户端（这里的客户端可以是浏览器，也可以是 Postman 等发送请求的工具）提供了关于请求结果的简明信息。HTTP 协议状态码对测试人员来说十分重要，因为它指出了请求是否成功、需要采取什么后续操作或者发生了何种错误。

（2）HTTP 协议状态码的主要作用。

通信状态反馈：帮助客户端理解服务器处理请求的结果，如请求是否成功完成。

问题诊断：当请求失败时，状态码可以帮助开发者快速定位问题所在，比如是客户端错误还是服务器端错误。

重定向指示：某些状态码会告诉客户端需要发起新的请求以获取资源或完成任务。

（3）常见的 HTTP 协议状态码分类及含义。

- 1××（临时响应）

100 Continue：表示客户端应当继续其请求，这个临时响应是用来通知客户端其部分请求已经被服务器接收，等待剩余部分。

其他 1×× 状态码并不常见，主要用于实验性扩展。

- 2××（成功）

200 OK：最常见的状态码，表示请求已成功被服务器接收、理解和接受，并且服务器已经成功处理了请求。

201 Created：用于创建操作成功，新资源已经生成。

204 No Content：请求已成功处理，但响应报文不含实体的主体部分，即没有资源内容返回。

- 3××（重定向）

301 Moved Permanently：永久重定向，请求的资源已被分配到新的 URI。

302 Found 或 307 Temporary Redirect：临时重定向，请求的资源临时移动到了新的 URI。

304 Not Modified：资源未修改，客户端可继续使用缓存的版本。

- 4××（客户端错误）

400 Bad Request：请求语法错误，服务器无法理解请求的原因而未能处理。

401 Unauthorized：未授权，需要通过 HTTP 认证。

403 Forbidden：服务器理解请求，但是拒绝执行此请求。

404 Not Found：请求的资源（网页等）未找到。

- 5××（服务器错误）

500 Internal Server Error：服务器遇到了一个未曾预料的状况，发生了内部错误，导致它无法完成对请求的处理。

503 Service Unavailable：服务器当前无法处理请求，可能是由于超载或停机维护等。

总结来说，以 2 开头的 HTTP 协议状态码通常表示服务器已成功处理了请求。以 3 开头的状态码意味着请求的 URL 需要重定向。而以 4 开头的状态码通常指示客户端发送的请求存在问题，而不是服务器的问题。最后，以 5 开头的状态码则通常表明是服务器出现了问题，而非客户端的问题。这些状态码为开发人员和测试人员提供了关于请求处理结果的重要信息，有助于诊断问题和确保系统的正常运行。

二｜HTTP 响应头内容解读

在图 13-12 的 Contents 选项中的第二个 Raw 选项视图中，第 2 行到第 9 行的内容被称为响应头。由于内容过多，在这里我们选取了初级软件测试人员应该了解的两个重要字段进行解释。它们的含义如下。

（1）Set-Cookie: admin-token=...：服务器设置了一个名为 admin-token 的 Cookie。Cookie 的值是一长串看似随机生成的字符。这个 Cookie 用于后续的请求认证。本章视频包含了 Set-Cookie 的说明。

（2）Content-Type: application/json;charset=utf-8：响应的内容是 JSON 格式的，并使用 UTF-8 字符集编码。

三｜HTTP 响应体内容解读

在图 13-12 的 Contents 选项中的第二个 Raw 选项视图中，第 12 行的内容被称为响应体，也就是响应正文。响应正文是以 JSON 格式呈现的，内容为“{"message":null,"error":0}”，包含两个字段：message 和 error。

（1）message: null：消息字段为空。如果请求成功且没有额外的信息要返回，这通常是符合预期的。但如果请求失败或需要提供更多信息，消息字段可能会包含有用的错误消息或描述。

（2）error: 0：可能表示请求处理没有错误。具体的解释取决于后端应用的逻辑。

从这个正文信息中，我们可以解读出登录操作后，服务器并没有返回任何错误信息，这表明登录已经成功完成。关于响应中各个参数的具体含义和用途，需要参考开发人员提供的接口文档进行深入了解，这里不再展开详细讨论。

13.5 HTTPS 包

13.5.1 什么是 HTTPS 包

什么是 HTTPS 包?

从图 13-13 请求中可以明显看到，该网址使用的是 HTTPS 协议，而非 HTTP 协议。因此，当我们需要捕获这个请求的数据包时，实际上捕获的是 HTTPS 包。

https://www.ptpress.com.cn

■ 图 13-13 HTTPS 协议的网址

13.5.2 证书安装

与抓取 HTTP 包不同，Charles 工具在抓取 HTTPS 包时需要安装证书，主要是因为 HTTPS 协议是加密的。这种加密确保了数据在传输过程中的安全性和私密性，使得第三方软件（如 Charles）无法轻易窥探或篡改信息。但是，这也给开发者或测试人员分析、调试 HTTPS 请求带来了困难。为了解决这个问题，Charles 工具提供了一种方法：通过安装一个它自己生成的证书到客户端（如浏览器或操作系统），让客户端信任 Charles 作为一个“中间人”。这样，当客户端与服务器进行 HTTPS 通信时，Charles 就可以“插手”其中，简单来说，安装 Charles 的证书就是为了让客户端把 Charles 当成一个可信任的“中间翻译官”，这样 Charles 才能在不影响数据安全性和完整性的前提下，帮助开发者或测试人员查看和分析 HTTPS 通信的内容。本章视频包含了证书安装过程的教程。

13.5.3 解决乱码问题

在安装证书后，若使用 Charles 打开某些页面出现乱码，通常是由 HTTPS 网页的请求默认未被解析所致。不过，你可以通过简单设置，轻松让 Charles 对 HTTPS 网页进行解析，从而正常显示页面内容。设置步骤如下。

（1）在 Charles 的主菜单中，选择“Proxy”（代理）选项，然后单击“SSL Proxying

Settings”（SSL 代理设置）进入相关设置界面。在这个界面中，找到并选中“Enable SSL Proxying”（启用 SSL 代理）复选框，以启用 HTTPS 代理功能，如图 13-14 所示。

（2）单击“Add”按钮，在设置窗口的“Host”字段中填入“*”，这表示 Charles 将代理所有后续的 HTTPS 请求；在“Port”字段中设置“443”，这表示 Charles 将代理所有通过 443 端口的 HTTPS 请求，如图 13-15 所示。

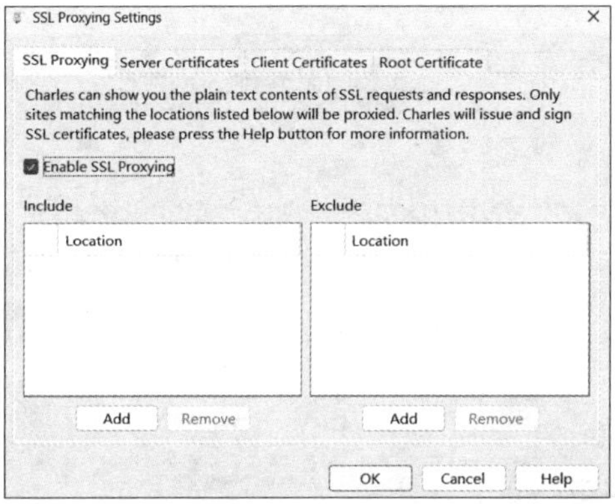

■ 图 13-14　SSL Proxying Settings 设置界面

■ 图 13-15　设置主机地址和端口

需要说明的是，443 端口是计算机网络中的一个“通道”，它专门用来传输 HTTPS 协议的数据。HTTPS 是一种加密的网页浏览协议，可以保证我们在互联网上传输的信息（如信用卡号、密码等）是安全的，不会被别人偷看或篡改。所以，当我们访问一个使用 HTTPS 的网站时，我们的计算机就会通过这个 443 端口和网站服务器进行通信，确保我们的信息安全地到达目的地。

（3）完成上述设置后，记得重启 Charles 软件以使设置生效。重启后，你就可以正常抓取并解析 HTTPS 包，查看 HTTPS 网页的内容而不会再出现乱码问题了。

13.5.4　抓取 HTTPS 包

抓取 HTTPS 包的过程与抓取 HTTP 包的过程一样，打开 Charles 工具就能抓，以下抓取的是人邮网首页请求包，如图 13-16 所示。

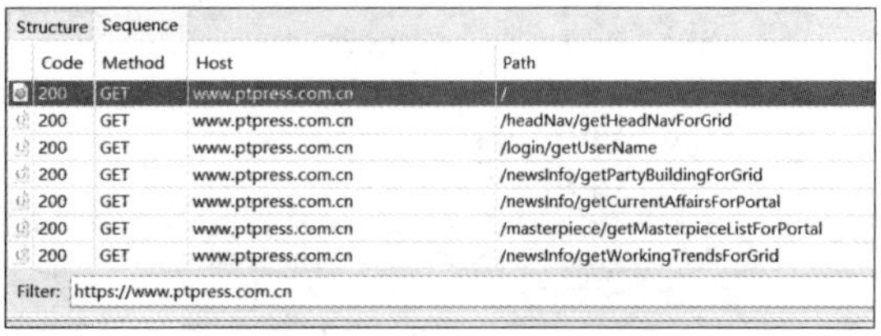

■ 图 13-16　HTTPS 包

抓取 HTTPS 包的过程与抓取 HTTP 包类似，只需打开 Charles 工具即可开始捕获网络请求。对于初级软件测试人员来说，目前主要关注“Contents”选项卡下的两个“Raw”选项中的数据就足够了，如图 13-17 所示。

第一个 Raw 选项展示了请求的全部内容，包括发送给服务器的数据，这可以帮助我们了解客户端与服务器之间的通信细节。而第二个 Raw 选项则显示了服务器响应的全部内容，即服务器返回给客户端的数据，这对于验证服务器的响应和处理逻辑至关重要。

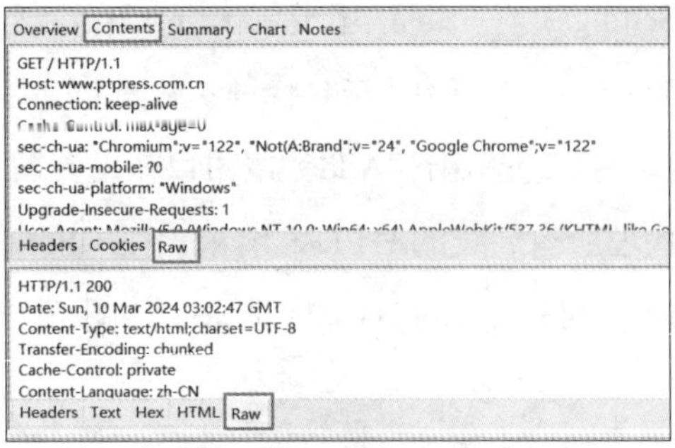

■ 图 13-17 Raw 选项

通过查看这两个 Raw 选项中的数据，初级软件测试人员可以初步了解网络请求和响应的基本结构和内容，为后续的网络测试和分析打下基础。

13.6　通过抓包工具定位前后端问题

通过抓包工具定位前后端问题，这里举例说明。例如有一个登录请求，如图 13-18 所示。

原本需要使用编号“600352”，用户名“andy001”和密码“test1234”才能成功登录。然而，在实际测试中，错误地使用了包含非法字符和冗长字符串的编号：“600352 sdk sdklskjdkjdkj,,@!#@dfkjdfkjdfkj 右左左”。按常理，这样的错误编号应该导致登录失败。

■ 图 13-18　登录请求

然而，出乎意料的是，登录竟然成功了。为了深入调查这个问题，进行抓包分析，了解是前端页面出了问题还是后台服务器在处理登录请求时出现了问题。以下是抓包的内容，如图 13-19 所示。

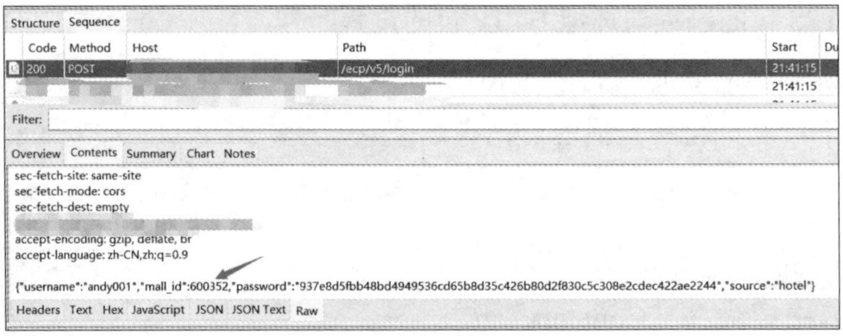

■ 图 13-19　抓包内容

从抓包的内容中，我们观察到参数 mail_id，即编号的值是“600352”，而并非前端页面上输入的“600352 sdk sdklskjdkjdkj,,@!#@dfkjdfkjdfkj 右左左”。这表明前端页面在处理用户输入时，并没有将完整的输入字符串发送给服务器，而是仅发送了编号“600352”。

这种情况明显指向前端页面存在一个问题：它在传输数据之前私自截取了用户输入的原始字符串。这种做法不仅可能导致用户的输入被意外修改，还可能引发安全隐患，因为用户可能无法意识到他们的输入已被更改。

相比之下，后台服务器的行为符合预期，它接收到了正确的编号“600352”，以及与之匹配的用户名“andy001”和密码“test1234”，并因此允许了登录请求。登录成功正是因为这些数据是有效的登录凭证。

综上所述，问题出在前端页面的数据处理上，它不应该在用户不知情的情况下修改或截取输入数据。为了解决这个问题，前端页面需要修复其数据处理逻辑，确保用户的原始输入能够完整、准确地发送到服务器。

如果抓包分析显示请求参数与用户在前端页面输入的完全一致，即编号为冗长且包含非法字符的“600352 sdk sdklskjdkjdkj,,@!#@dfkjdfkjdfkj 右左左”，用户名为“andy001”，密码为“test1234”，并且这些参数都成功发送到了服务器，最终还导致了登录成功，那么这就明确指向了后台服务器存在问题，而前端并没有问题，前端页面只是正常地发送了用户输入的数据。

在这种情况下，后台服务器应该对用户输入进行严格的验证和过滤，特别是编号这样的关键字段，应该确保其符合预期的格式和长度。然而，从当前的结果来看，服务器并没有正确地执行这些验证步骤，而是错误地接受了不合规的输入，并允许了登录请求。

这种行为不仅可能导致未经授权的用户访问系统，还可能暴露系统的安全漏洞。因此，后台服务器需要立即修复其验证逻辑，确保只有符合要求的输入才能被接受和处理。

13.7 本章小结

13.7.1 学习提醒

对于初级软件测试人员来说，熟练掌握 Charles 或 Fiddler 等重要的抓包工具是提升技能的关键。这些工具在功能测试和接口测试中发挥着不可或缺的作用，能够帮助测试人员精准捕获并分析网络请求，从而更深入地洞察系统行为。为了在网络测试领域更进一步，建议除了掌握本章所介绍的基础知识，还应深入学习抓包工具的高级功能，如弱网模拟、移动应用（App）抓包、数据篡改技巧、精准过滤器的设置、数据包的详尽解析以及对 HTTP 协议的深入理解等。这些进阶技能将让你在面对更复杂的网络测试挑战时游刃有余，成为团队中不可或缺的技术能手。

13.7.2 求职指导

一 | 本章面试常见问题

问题 1： 抓包工具（Fiddler 或者 Charles）的原理是什么？

参考回答： 简单来说，抓包工具就像是在网络通信的“电话线”上安装了一个“窃听器”，能够让我们听到设备和服务器之间的“对话”。通过这些“对话”，我们就可以了解到它们之间到底发生了什么，比如哪个请求出现了问题，哪个响应返回了错误等。这对于测试人员来说非常有用，可以帮助他们快速定位和解决网络相关的问题。

问题 2： 抓包工具怎么抓取 HTTPS 包？

参考回答： 为了抓取 HTTPS 包，我们需要在抓包工具中安装并信任一个根证书。这个根证书就像是抓包工具的“身份证”，让我们的设备认为抓包工具是一个可信任的“中间人”。当设备与服务器进行 HTTPS 通信时，抓包工具会使用这个根证书对传输的数据进行解密和重新加密，这样我们就可以在抓包工具中看到明文的数据内容了。

问题 3： 如何判断前后端的问题？

参考回答： 使用抓包工具截获网络通信的数据包，将前端发送的请求参数与抓包截获的参数进行比对。如果参数不一致，则前端可能存在问题。如果参数一致，但服务端返回了错误信息，那可能就是后端的问题。另外，可以通过返回的协议状态码和日志进行协助判断。

问题 4： 常见的 HTTP 协议状态码有哪些？

参考回答： 请直接参考 13.4.5 节的内容。

问题 5： 你在工作中都用到了抓包工具的什么功能，分别是在什么场景下使用的？

参考回答： 主要用于分析前后端 Bug、设置断点、模拟弱网测试、进行接口测试等。

问题 6（知识拓展）： TCP 与 UPD 协议的区别是什么？

参考回答：

UDP 与 TCP 协议的主要区别如下。

连接性：TCP 是面向连接的协议，而 UDP 是无连接的协议。这意味着 TCP 在传输数据前需要建立连接，而 UDP 则无须建立连接。

可靠性：TCP 是一个可靠的传输协议，它保证数据传输的正确性，确保数据不丢包、不重复，且按顺序到达。而 UDP 是一个不可靠的协议，它不保证数据能够可靠完整地到达，只是尽最大努力去完成交付。

传输效率：由于 TCP 需要建立连接并保证传输的可靠性，因此其传输效率相对较低。而 UDP 由于没有建立连接的过程和复杂的确认机制，其传输效率较高。

应用场景：TCP 适用于需要可靠传输的场景，如文件传输、网页浏览等。而 UDP 适用于对实时性要求较高或可以容忍一定丢包率的场景，如视频流、实时游戏等。

问题 7（知识拓展）： 什么是 TCP 协议中的三次握手和四次挥手？

参考回答：

三次握手用于建立 TCP 连接的过程。在这个过程中，客户端和服务器通过交换三个数据包来确认双方的接收和发送能力。具体步骤如下。

（1）客户端发送一个 SYN 报文给服务器，询问服务器是否打开并准备好接收数据。

（2）服务器收到 SYN 报文后，发送一个 ACK 报文确认收到 SYN，并同时发送一个 SYN 报文给客户端。

（3）客户端收到服务器的 SYN+ACK 报文后，发送一个 ACK 报文确认收到服务器的 SYN。至此，TCP 连接建立成功。

四次挥手用于终止 TCP 连接的过程。在这个过程中，双方通过交换四个数据包来确保连接的可靠关闭。具体步骤如下。

（1）当一方（如客户端）决定关闭连接时，它发送一个 FIN 报文给另一方（如服务器），表示不再发送数据。

（2）另一方收到 FIN 报文后，发送一个 ACK 报文确认收到 FIN，然后也发送一个 FIN 报文给对方，表示自己也准备关闭连接。

（3）当一方收到对方的 FIN 报文并发送 ACK 报文确认后，进入等待状态，等待一段时间以确保对方收到 ACK。

（4）最后，当等待时间过后，一方（如客户端）关闭连接，而另一方（如服务器）

在收到 ACK 报文后也立即关闭连接。

通过三次握手和四次挥手的过程，TCP 协议确保了数据的可靠传输和连接的可靠关闭。这些过程在计算机网络中非常重要，并被广泛应用于各种网络通信场景。

问题 8（知识拓展）： OSI 互联参考模型有几层？ TCP/IP 协议有哪几层？

参考回答：OSI 互联参考模型共有七层，从低到高分别是：物理层、数据链路层、网络层、传输层、会话层、表示层、应用层。

问题 9（知识拓展）： 怎么打断点?

问题 10（知识拓展）： 抓包工具如何抓 App 的包?

问题 11（知识拓展）： 抓包工具如何模拟弱网操作?

说明：本书并未涵盖问题 9、10、11 所涉及的知识点，由于这三个问题涉及的知识点具有很强的实操性，本章视频包含了这三个问题的讲解与操作，请大家自行总结答案。

二 | 面试技巧

当被问及抓包工具的高级功能时，即使没有直接操作过这些功能，也要从问题解决的角度出发，给出思考和应对策略。可参考以下回答。

首先，我会认真查阅官方文档或社区论坛，深入了解这些高级功能的具体用法和注意事项；其次，我会在测试环境中进行尝试和操作，以确保我能够正确地使用这些功能；最后，我也非常愿意在业余时间进一步学习和探索这些高级功能，不断提升自己的技能水平和解决问题的能力。我相信，通过不断学习和实践，我能够熟练掌握这些抓包工具的高级功能，并在未来的工作中发挥出更大的价值。

第14章 使用 Python 进行接口自动化测试

在本书第 12 章中，我们探讨了接口测试的基础概念，并通过生动的实际案例，帮助读者巩固了相关知识。不过，当时的讨论主要集中在手动测试方法上，尚未涉及接口自动化测试。随后，在第 13 章中，我们学习了如何利用抓包工具来捕捉和分析 HTTP 请求与响应的内容，为读者揭示了网络通信背后的细节。通过对第 11 章的学习，我们已经掌握了 Python 面向对象编程以及 pytest 测试框架。本章将以此为起点，引导读者逐步拓展技能边界，学习如何利用 Python 语言和 pytest 测试框架，实现高效、可靠的接口自动化测试。

考虑到本章内容涉及抓包、编写代码、运行和调试等多个环节，如果仅通过文字描述，可能难以让初学者完全理解。因此，我们特别为本章内容配备了全程视频讲解，以便你更直观地了解整个操作过程。希望这些视频能帮助你更好地掌握使用 Python 进行接口自动化测试的技巧。

扫码看视频：使用 Python 进行接口自动化测试

14.1 访问 Python 字典

在进行接口测试时，我们请求的数据格式的和响应的数据大部分是 JSON 格式的数据，如果用 Python 来做接口自动化测试，就需要发送这些 JSON 格式的数据，而这些 JSON 格式的数据在 Python 中被称为字典类型的数据。本节将讲解字典的一些基本用法，以配合后面接口自动化测试脚本的完成。

一｜什么叫字典?

字典（Dictionary）是 Python 中的一种内置数据类型，用于存储可变数量的项，每个项由一个键（Key）和一个值（Value）组成。键和值之间用冒号分隔，每个键值对之间用逗号分隔，整个字典由大括号包围，它的数据格式与 JSON 的数据格式一样。

字典的格式如下：

```
{key1: value1, key2: value2, ...}
```

示例 1：一个简单的字典，其中包含学生的姓名和年龄。

```
student = {'name': 'Kitty', 'age': 20}
```

示例 2：一个包含多个键值对的字典，展示不同水果的颜色。

```
fruits = {'apple': 'red', 'banana': 'yellow', 'grape': 'purple'}
```

二 | 怎么样访问字典？

字典中的元素可以通过键来访问。使用方括号 [] 并将键作为索引来检索对应的值。如果键不存在于字典中，将会引发 KeyError 异常。

示例 1：使用键来访问字典中的值。

```
student = {'name': 'Kitty', 'age': 20}
print(student['name'])  # 输出 : Kitty
print(student['age'])   # 输出 : 20
```

注意：如果尝试访问不存在的键，如 student['grade']，将会引发 KeyError。

示例 2：使用 get() 方法访问字典中的值，并提供默认值。

```
fruits = {'apple': 'red', 'banana': 'yellow', 'grape': 'purple'}
print(fruits.get('apple'))                # 输出 : red
print(fruits.get('orange', '键不存在'))  # 输出 : 键不存在
```

在这个示例中，尝试访问不存在的键 orange 时，get() 方法返回了提供的默认值字符串，而不是引发异常。

14.2 安装 Requests 库

一 | Requests 简要介绍

Requests 是一个用 Python 编写的 HTTP 客户端库，它以简洁和人性化的方式发送 HTTP 请求。使用 Requests，你可以轻松地发送 GET、POST 等 HTTP 请求，并获取响应内容。它还支持添加请求头、发送表单数据、上传文件、处理 cookies 和会话等高级功能。

二 | Requests 工具的安装

Requests 也是 Python 的第三方应用工具，所以需要额外安装，在 PyCharm 集成开发环境中，你可以通过其“终端”选项来轻松安装 Requests。只需输入命令“pip3 install requests”，即可开始安装，如图 14-1 所示。

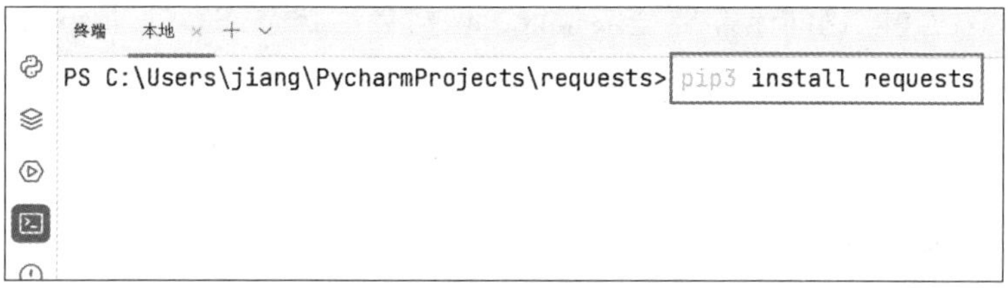

图 14-1　安装命令

安装完成后，当底行出现“Successfully installed requests-2.31.0”时，则代表 Requests 安装成功（通过此方式安装的任何 Requests 版本都可以使用），其他提示可以忽略。

14.3　创建 session 实例并发送请求

一 | 新建 session 实例

session 实例是什么？为什么要新建实例？请大家先看一段代码，具体代码如下所示。

```
1 import requests
2 session = requests.Session()
```

【代码分析】

- 第 1 行代码的含义：导入 requests 这个库。
- 第 2 行代码的含义：在这个 requests 库的 Session 这个类中新建一个 session 实例。
- 在 Session 这个类中新建一个 session 实例有什么作用呢？通俗地说，这就像是你打开了一个新的网页浏览器窗口或标签页，准备开始一系列的网页浏览活动。在这个“窗口”或“会话”（session）中，你可以进行多次的网络请求，比如打开多个网页、登录某个网站、提交表单等。而这个 session 实例就像是你手中的那个浏览器窗口的控制器，通过它你可以告诉 Python 去进行哪些网络请求操作（类似于 Web 自动化的 driver 控制器一样）。

- 当你使用这个 session 实例发送网络请求时，它会自动处理一些必要的事情，比如保持某些状态信息，使得在多次请求之间可以共享 cookie，从而保持会话的一致性。想象一下，你打开一个浏览器，登录了一个网站，然后浏览了一些页面，你的登录状态会被浏览器记住，你不需要在每次访问新页面时都重新登录。requests.Session 类的作用与此类似，它允许你在发起多次请求时，保留某些重要的信息，如 cookie，这样就不用在每个请求中都重新提供这些信息。这对于需要登录验证、保持会话状态或者处理 cookies 的网站来说特别有用。

二｜使用 session 实例发送 GET 请求

session 实例新建完成后，就可以通过它来发送 GET 请求，具体代码如下所示。

```
1 import requests
2 session = requests.Session()
3 res = session.request(method = 'get',
4                               url = 'http://192.168.81.132:8080/admin/login')
5 print(res.status_code)
6 print(res.text)
```

【代码分析】

- 第 1 行代码的含义：这行代码导入了 Python 的 requests 库。requests 是一个常用的 HTTP 客户端库，用于发送所有类型的 HTTP 请求。
- 第 2 行代码的含义：这行代码创建了一个新的 session 实例，session 实例发送 HTTP 请求时可以保持 cookies 的连续性。
- 第 3 行和第 4 行代码的含义：这行代码使用前面创建的 session 实例调用了 Session 类中 request() 方法来发送一个 HTTP 请求。method='get'：指定请求的方法为 GET。HTTP 请求有多种方法，其中 GET 是最常用的一种，用于从指定的资源请求数据。url='http://192.168.81.132:8080/admin/login'：指定请求的 URL，这个 URL 是 ZrLog 博客系统的登录页。最后请求的结果（即 HTTP 响应）被赋值给变量 res。
- 第 5 行代码的含义：这行代码打印 HTTP 响应的协议状态码。状态码是一个三位数字，表示请求的处理结果。例如，200 表示请求成功，404 表示未找到资源。
- 第 6 行代码的含义：这行代码打印 HTTP 响应的内容，并且以文本（text）形式显示。如果响应内容不是 JSON 格式的数据，就可以使用 res.text 来获取它。

【代码运行结果】

运行结果如图 14-2 所示。

从运行的结果可以看到，它打印出了协议状态码和登录页面的源码信息。

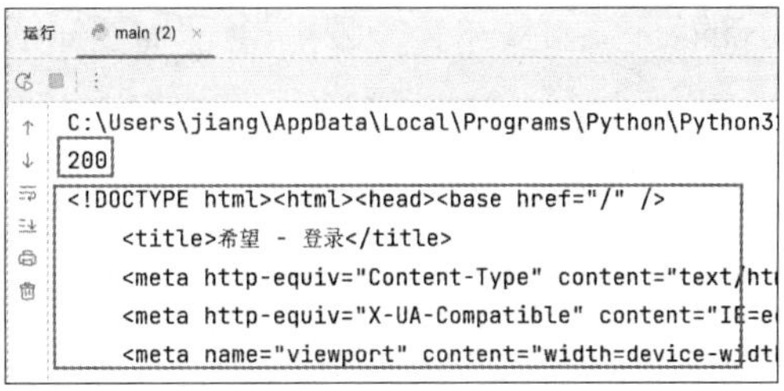

■ 图 14-2　运行结果

三 | 使用 session 实例发送 POST 请求

具体代码如下所示。

```
 1 import requests
 2 session = requests.Session()
 3 res = session.request(
 4         method = 'post',
 5         url = 'http://192.168.81.132:8080/api/admin/login',
 6         json = {"userName": "admin",
 7                 "password":"592a994bb8e7164471c7b86059838bc0",
 8                 "https": False,
 9                 "key": 1710061459081},
10         headers = {"Content-Type": "application/json"})
11
12 print(res.status_code)
13 print(res.json())
```

【代码分析】

- 第 3 行代码的含义：这行代码使用前面创建的 session 实例调用 request() 方法发送一个 HTTP 请求，并将返回的响应赋值给变量 res。
- 第 4 行代码的含义：method='post'，指定 HTTP 请求方法为 POST。POST 请求通常用于提交表单数据或上传文件到服务器。
- 第 5 行代码的含义：url='http://192.168.81.132:8080/api/admin/login'，定义了请求的 URL，其中包含了 IP 地址、端口号和路径。这个 URL 指向了 ZrLog 博客系统的登录接口地址。
- 第 6 行到第 9 行代码的含义：json={...}，定义了要发送到服务器的 JSON 格式的数据。这里的 JSON 数据包含了四个字段：userName（用户名）、password（密码，密码是加密过的）、https（一个布尔值，指示是否使用 HTTPS）、key（一个可能是 API 密钥或类似的东西的标识符）。
- 第 10 行代码的含义：headers={"Content-Type": "application/json"}，定义了 HTTP 请求头，这里设置了 Content-Type 为 application/json，告诉服务器发送的数据是 JSON 格

式的。这是必要的，因为服务器需要知道如何解析请求体中的数据。

- 第 12 行代码的含义：这行代码打印 HTTP 响应的协议状态码。
- 第 13 行代码的含义：尝试将 HTTP 响应的内容解析为 JSON 格式，并打印结果。如果响应的内容是 JSON 格式的，那么这行代码将输出解析后的 JSON 对象（通常是一个 Python 字典）。如果响应的内容不是 JSON 格式的，这行代码可能会引发一个异常。

【代码运行结果】

运行结果如图 14-3 所示。

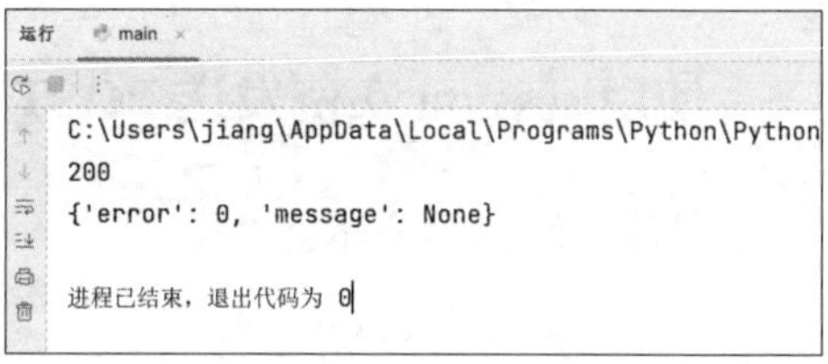

图 14-3　运行结果

14.4　使用 session 实例保持登录状态

请大家先看一段代码，具体代码如下所示。

```
1 import requests
2 session = requests.Session()
3 res = session.request(
4         method = "post",
5         url = "http://192.168.81.132:8080/api/admin/login",
6         json = {"userName": "admin",
7                 "password":"592a994bb8e7164471c7b86059838bc0",
8                 "https": False,
9                 "key": 1710061459081},
10        headers = {"Content-Type": "application/json"})
11 res_01 = session.request(
12                method = "get",
13                url = "http://192.168.81.132:8080/admin/index")
14 print(res_01.text)
```

【代码分析】

- 这段代码使用了 Python 的 requests 库来发送 HTTP 请求。具体来说，它首先创建了一个 session 对象，然后使用该对象发送了两个请求：一个 POST 请求用于登录，另一个 GET 请求用于获取后台首页的内容。
- 第 11 行到第 14 行代码的含义：这部分代码使用相同的 session 实例发送了一个 GET 请求到后台首页的 URL。由于使用了 session 实例，这个请求会自动带上之前登录时服务器返回的 cookies，从而保持登录状态。然后，它打印出响应的内容（即后台首页的

HTML 代码）。需要注意的是，虽然代码中没有显式地处理 cookies，但使用 session 实例时，requests 库会自动处理 cookies 的发送和接收。这就是发送 GET 请求时能够保持登录状态的原因。

【代码运行结果】

运行结果如图 14-4 所示。

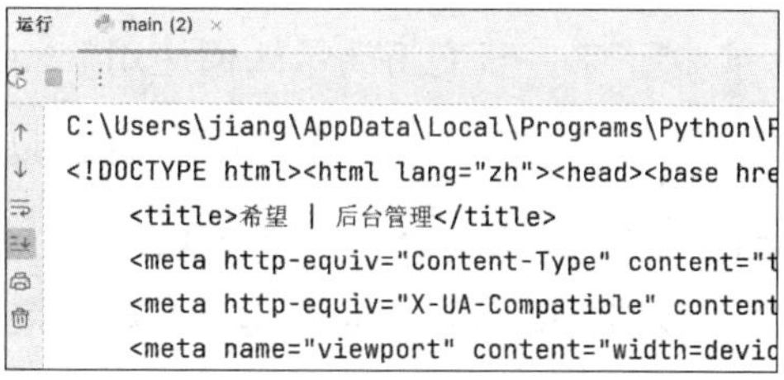

■ 图 14-4 运行结果

14.5 记录日志

一 | 安装日志记录工具

Python 自带了日志记录工具（logger），但在实际使用中，其配置过程可能相对复杂，对于新手来说可能不太友好。因此，在这里我们推荐大家使用更为简便的第三方插件——loguru，来进行日志记录。

loguru 是一个功能强大且易于使用的日志管理模块。它能够极大地简化日志的配置过程，让用户能够更快速地开始记录日志。

要使用 loguru 记录日志，你首先需要安装这个模块。在 PyCharm 集成开发环境中，你只需打开“终端”选项，然后输入命令“pip3 install loguru”，即可开始安装，如图 14-5 所示。

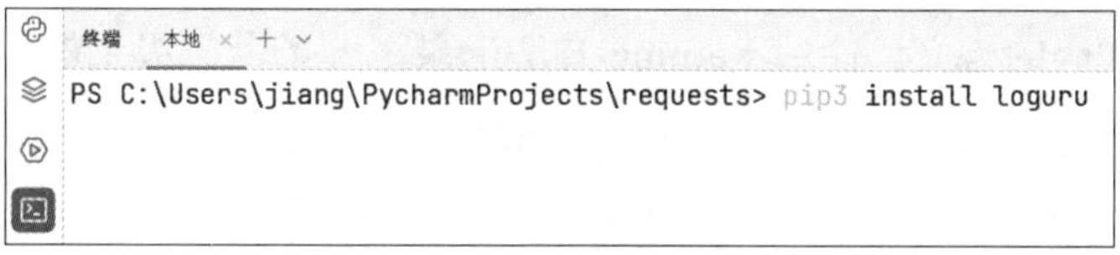

■ 图 14-5 安装 loguru

安装完成后，当底行出现“Successfully installed loguru-0.7.2”时，则代表 loguru 安装成功（通过此方式安装的任何 loguru 版本都可以使用），其他提示可以忽略。

安装完成后，你就可以在测试代码中导入并使用 loguru 了。总的来说，loguru 是一个强大且易用的日志记录工具，它能够帮助你更高效地管理和查看日志信息。如果你正在寻找一个简单易用的日志管理方案，那么 loguru 绝对是一个值得考虑的选择。

二 | 将不同级别的日志输出到控制台

接下来，我们将演示如何使用 loguru 将不同级别的日志信息输出到控制台。通过控制台输出日志信息是一种常见且方便的方式，它允许开发者在开发过程中实时查看日志信息，了解程序的运行状态和潜在问题。

我们将使用 loguru 的 logger 对象来记录不同级别的日志信息，并通过调用相应的方法（如 debug、info、warning、error 和 critical）来指定日志的级别。每个级别的日志信息都将在控制台上以不同的格式和颜色显示，以便更好地区分和识别。

具体代码如下。

```
1 from loguru import logger
2
3 logger.debug('这是一条调试信息')
4 logger.info('这是一条普通信息')
5 logger.warning('这是一条警告信息')
6 logger.error('这是一条错误信息')
7 logger.critical('这是一条严重错误信息')
```

【代码分析】

- 第 1 行代码的含义：这行代码从 loguru 库中导入了 logger 对象。这个对象用于记录日志。
- 第 3 行代码的含义：使用 debug 方法记录了一条调试级别的日志。通常，调试级别的日志用于开发过程中，帮助开发者了解程序的内部状态。
- 第 4 行代码的含义：使用 info 方法记录了一条信息级别的日志。这是最常见的日志级别，用于记录程序运行时的常规信息。
- 第 5 行代码的含义：使用 warning 方法记录了一条警告级别的日志。警告级别的日志用于指示程序中可能发生的问题，但这些问题并不一定会导致程序失败或停止。它们通常用于提醒开发者或运维人员注意某些可能的风险或异常情况。
- 第 6 行代码的含义：使用 error 方法记录了一条错误级别的日志。错误级别的日志用于记录导致程序运行失败或产生不正确结果的问题。
- 第 7 行代码的含义：使用 critical 方法记录了一条严重错误级别的日志。这是最高级别的日志，用于记录可能导致程序崩溃或造成重大损失的严重问题。

【代码运行结果】

代码运行结果如图 14-6 所示。

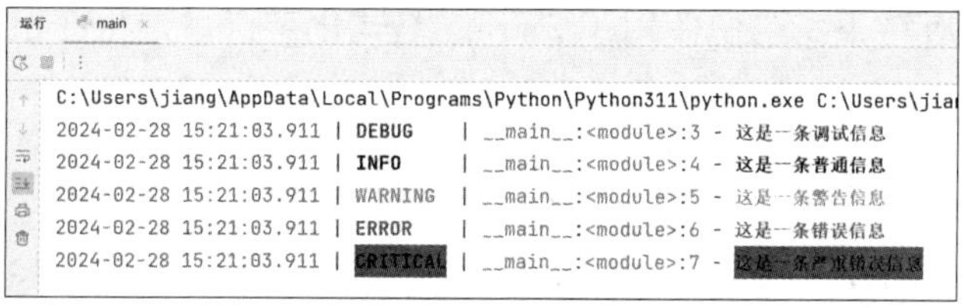

图 14-6 运行结果

三｜将日志输出到文件

在自动化测试过程中，将日志信息输出到文件是一种常见且重要的做法。通过将日志写入文件，我们可以持久化地保存日志信息，方便后续的查看、分析和问题追踪。接下来，我们将演示如何使用 loguru 库将日志信息输出到文件。具体代码如下所示。

```
 1 from loguru import logger
 2 logger.add("login.log", level = "INFO")
 3 import requests
 4 session = requests.Session()
 5 res = session.request(
 6         method = "post",
 7         url = "http://192.168.81.139:8080/api/admin/login",
 8         json = {"userName": "admin",
 9                 "password":"592a994bb8e7164471c7b86059838bc0",
10                 "https": False,
11                 "key": 1710061459081},
12         headers = {"Content-Type": "application/json"})
13 logger.info(f"登录请求发送之后的响应结果为{res.text}")
14 res_01 = session.request(
15                 method = "get",
16                 url = "http://192.168.81.139:8080/admin/index")
17 print(res_01.text)
18 logger.info(f"登录成功后首页的源码信息为{res_01.text}")
```

【代码分析】

- 第 1 行代码的含义：这行代码从 loguru 库中导入了 logger 对象。这个对象用于记录日志。
- 第 2 行代码的含义：这行代码配置了 logger 对象，指定了日志文件的输出位置和日志级别。具体来说，它将日志记录到名为 login.log 的文件中，该日志文件会自动生成。level="INFO" 表示只记录级别为 INFO 及以上的日志，即 INFO、WARNING、ERROR 和 CRITICAL 级别的日志都会被记录，而 DEBUG 级别的日志则会被忽略。
- 第 13 行代码的含义：使用 logger 对象的 info 方法记录一条日志，内容有关登录请求发送之后的响应结果。这里使用了 f-string 格式化字符串，将变量 res.text（即响应的文本内容）嵌入日志消息中。

- 第 18 行代码的含义：使用 logger 对象的 info 方法记录一条日志，内容有关登录成功后首页的源码。同样使用了 f-string 格式化字符串，将变量 res_01.text（即响应的文本内容，通常是网页的 HTML 源码）嵌入日志消息中。

【代码运行结果】

代码运行结果如图 14-7 所示。

从运行结果可以看到，在 requests 项目下自动生成了名为 login.log 的日志文件，其中记录了请求的响应内容。

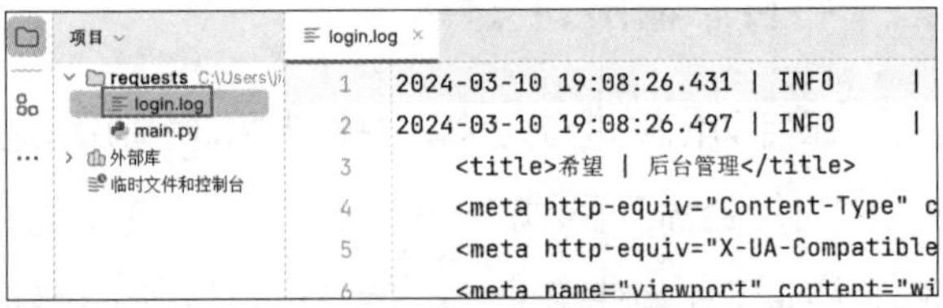

图 14-7 运行结果

14.6 使用 fixture 处理动态参数

使用 fixture 处理接口测试中的动态参数是一种有效的测试策略，它允许测试人员在不同测试之间共享预配置的数据或状态。在接口测试中，这尤其有用。通过定义一个 fixture，我们可以创建一个可重用的函数，该函数负责生成或获取这些动态参数，并在需要时将它们提供给测试函数。接下来，我们将演示一个使用 fixture 处理动态参数的实例，具体代码如下所示。

```
1 import pytest
2 import random
3 @pytest.fixture(scope = 'module')
4 def number():
5     return random.randint(1,19)
6
7 def test_01(number):
8     assert number > 0
9
10 def test_02(number):
11     assert number < 20
```

【代码分析】

- 第 1 行和第 2 行代码的含义：导入了 pytest 和 random 两个模块。pytest 是 Python 的一个测试框架，用于编写和运行测试。random 模块是 Python 的内置模块，提供了生成随机数的功能。

- 第 3 行和第 4 行代码的含义：简单来说，fixture 可以理解为共享，就是说被 fixture 装饰的函数，其函数的返回值可以被以 test 开头的测试函数所共享。而 scope='module' 说明被 fixture 装饰的函数在该 Python 文件中只运行一次（在 Python 中，module，即模块，指的就是一个 Python 文件）。
- 第 5 行代码的含义：在 number() 函数中，使用 random.randint(1, 19) 生成了一个 1 ～ 19 的随机整数，并将其作为返回值。
- 第 7 行和第 8 行代码的含义：定义了测试函数 test_01()。这个函数接受 number 作为参数，这意味着当运行到 test_01() 函数时会首先自动执行被 fixture 装饰的 number() 函数，并将 number() 函数的返回值传递给 test_01() 函数，然后使用 assert 语句来断言 number 的值大于 0。由于 number 的值是在 1 ～ 19 中随机生成的，所以这个断言总是会通过。
- 第 10 行和第 11 行代码的含义：定义了测试函数 test_02()。这个函数也接受 number 作为参数，而 number() 函数在运行 test_01() 函数时已经运行过一次，所以此次不会再运行，那么程序在运行 test_02() 函数时，会直接共享 number() 函数第一次运行时的返回值。之后使用 assert 语句来断言 number 的值小于 20。由于 number 的值也是在 1 ～ 19 中随机生成的，所以这个断言同样总是会通过。
- 需要注意的是，由于此 fixture 的 scope 被设置为 'module'，因此该 Python 文件中的所有测试函数都会共享同一个随机数，因为被 fixture 装饰的函数只运行一次。这意味着 test_01 和 test_02 将会对同一个随机数进行断言。如果你希望每个测试函数都使用不同的随机数，你可以将 scope 设置为 'function'。

【代码运行结果】

运行结果如图 14-8 所示。

```
✓ 测试 已通过: 2共 2 个测试 – 0毫秒
============================ test session starts ============================
collecting ... collected 2 items

main.py::test_01 PASSED                                                 [ 50%]
main.py::test_02 PASSED                                                 [100%]

============================= 2 passed in 0.03s =============================
```

图 14-8 运行结果

在 14.8 节的脚本示例中，我们将展示如何巧妙地利用 fixture 来处理接口测试中的动态参数。

14.7 ZrLog 博客系统的接口抓包

一 | 登录接口抓包

抓包信息如图 14-9 所示。

图 14-9 中的抓包信息包括登录接口的请求的内容和响应的内容。

二 | 创建文章接口抓包

抓包信息如图 14-10 所示。

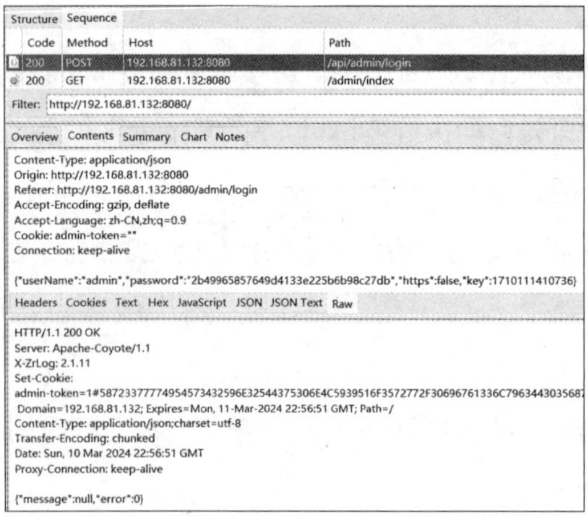

■ 图 14-9　登录接口的抓包信息

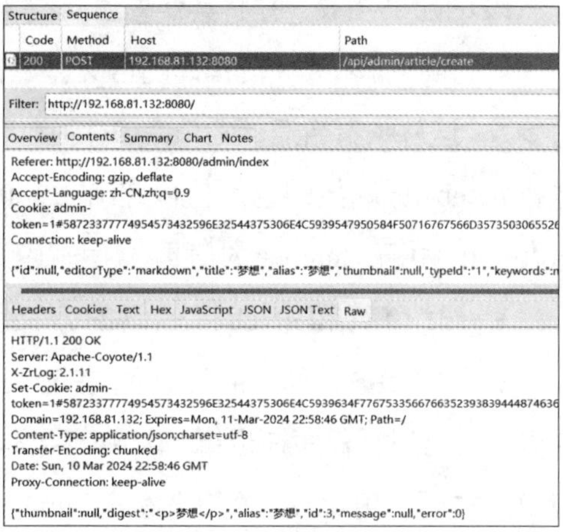

■ 图 14-10　创建文章接口的抓包信息

图 14-10 中的抓包信息包括创建文章接口的请求的内容和响应的内容。

三 | 更新文章接口抓包

抓包信息如图 14-11 所示。

图 14-11 中的抓包信息包括更新文章接口的请求的内容和响应的内容。

四 | 删除文章接口抓包

抓包信息如图 14-12 所示。

图 14-12 中的抓包信息包括删除文章接口的请求的内容和响应的内容。

本章的视频包含抓包操作的每一个步骤。通过这一过程，我们将获取到关键的抓包信息，这些信息详尽地描述了四个接口的请求和响应细节，等于形成了一份实用的接口文档。这份文档将为 14.8 节的脚本设计提供依据，确保自动化测试能够精准、高效地进行。

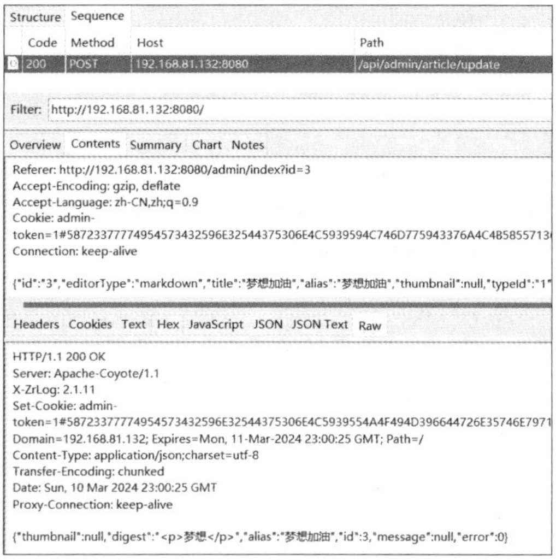

图 14-11 更新文章接口的抓包信息

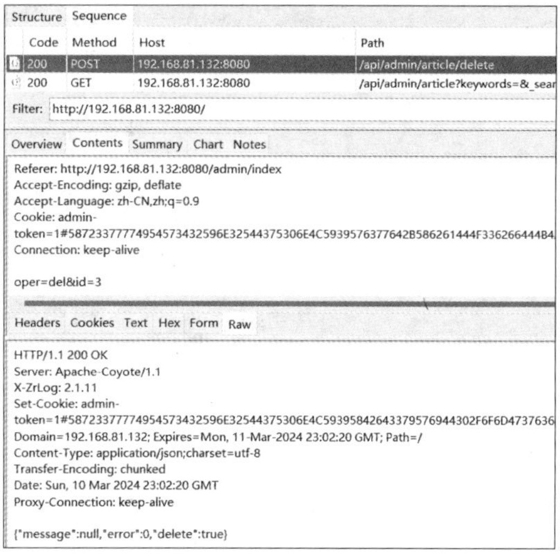

图 14-12 删除文章接口的抓包信息

14.8 使用 pytest 框架设计自动化脚本

接下来，我们将使用 pytest 测试框架来构建以 test 开头的测试用例、使用 session 实例来发送请求、使用 loguru 来记录日志、使用 fixture 来处理接口中产生的动态参数。整个脚本将按照以下流程设计：首先进行用户登录，随后创建新文章，紧接着更新该文章的内容，最终删除这篇文章。

这里需要新建一个以 test 开头的测试用例文件（如 test_zrlog.py 文件），以下是该文件的具体代码实现。

```
import pytest
from loguru import logger
logger.add("zrlog.log", level = "INFO")
import requests
session = requests.Session()
url = 'http://192.168.81.132:8080'

@pytest.fixture(scope = 'module')
def login():
    try:
        res = session.request(
            method = 'post',
            url = url + "/api/admin/login",
```

```
            json = {"userName": "admin",
                  "password": "b93d703c4baed5aa39548ba8d2b78aaa",
                  "https": False,
                  "key": 1708691432033},
            headers = {"Content-Type": "application/json"})
        logger.info(f"登录成功之后的响应结果为{res.json()}")
        logger.info(f"响应的协议状态码{res.status_code}")
        assert res.status_code == 200
        assert res.json() == {"error": 0, "message": None}
    except Exception as e:
        logger.error(f'登录请求发生了错误，错误的原因是{e}')
        pytest.fail('此用例执行失败了')

@pytest.fixture(scope = 'module')
def create(login):
    try:
        res = session.request(
                    method = 'post',
                    url = url + "/api/admin/article/create",
                    json = {"id": None,
                          "editorType": "markdown",
                          "title": "梦想",
                          "alias": "梦想",
                          "thumbnail": None,
                          "typeId": "1",
                          "keywords": None,
                          "digest": None,
                          "canComment": False,
                          "recommended": False,
                          "privacy": False,
                          "content": "<p>梦想</p>\n",
                          "markdown": "梦想",
                          "rubbish": False},
                    headers = {"Content-Type": "application/json"})
        logger.info(f"创建文章后的响应结果为{res.json()}")
        logger.info(f"创建文章后的协议状态码为{res.status_code}")
        logger.info(f"创建文章后生成的文章ID为{res.json()['id']}")
        assert res.status_code == 200
        assert res.json()['error'] == 0
        return res.json()['id']
    except Exception as e:
        logger.error(f'创建文章请求发生了错误，错误的原因是{e}')
        pytest.fail('此用例执行失败了')

def test_update(create):
    try:
```

```
60          res = session.request(
61                    method = 'post',
62                    url = url + "/api/admin/article/update",
63                    json = {"id": create,
64                          "editorType": "markdown",
65                          "title": "梦想努力",
66                          "alias": "梦想努力",
67                          "thumbnail": None,
68                          "typeId": "1",
69                          "keywords": None,
70                          "digest": "<p>梦想</p>",
71                          "canComment": False,
72                          "recommended": False,
73                          "privacy": False,
74                          "content": "<p>梦想努力</p>\n",
75                          "markdown": "梦想努力",
76                          "rubbish": False},
77                    headers = {"Content-Type": "application/json"})
78          logger.info(f"更新文章后的响应结果为{res.json()}")
79          logger.info(f"更新文章后的协议状态码为{res.status_code}")
80          logger.info(f"文章的ID号为{create}")
81          assert res.status_code == 200
82          assert res.json()['error'] == 0
83      except Exception as e:
84          logger.error(f'更新文章请求发生了错误，错误的原因是{e}')
85          pytest.fail('此用例执行失败了')
86
87  def test_delete(create):
88      try:
89          res = session.request(
90              method = 'post',
91              url = url + "/api/admin/article/delete",
92              data = {"oper": "del","id":create},
93              headers = {"Content-Type":"application/x-www-form-urlencoded"})
94          logger.info(f"删除文章后的响应结果为{res.json()}")
95          logger.info(f"删除文章后的协议状态码为{res.status_code}")
96          logger.info(f"文章的ID号为{create}")
97          assert res.status_code == 200
98          assert res.json()['error'] == 0
99      except Exception as e:
100         logger.error(f'删除文章请求发生了错误，错误的原因是{e}')
101         pytest.fail('此用例执行失败了')
```

【代码分析】

- 第 1 行代码的含义：导入 pytest 测试框架，用于编写和运行测试。

- 第 2 行代码的含义：导入 loguru 日志库，用于记录日志。
- 第 3 行代码的含义：使用 loguru 设置一个日志记录器，将日志输出到名为“zrlog.log”的文件中，并设置日志级别为“INFO”。
- 第 4 行代码的含义：导入 requests 工具，用于发送 HTTP 请求。
- 第 5 行代码的含义：使用 requests.Session() 创建一个 session 实例，用于发送 HTTP 请求。会话对象可以跨多个请求保持某些参数，如 cookies。
- 第 6 行代码的含义：定义 URL，设置一个变量 url，存储要测试的服务器的基础 URL。
- 第 8 行到第 25 行代码的含义：登录功能测试，使用 pytest.fixture 装饰器定义一个名为 login 的函数。该函数的作用是在执行测试函数之前执行登录操作。这里使用 scope='module' 表示该函数只在模块级别执行一次。在 login() 函数中，发送一个 POST 请求到服务器的登录 API，并传入用户名、密码等参数。然后断言响应的状态码为 200，且响应的 JSON 内容符合预期。如果发生异常，则记录错误日志并使测试失败。
- 第 27 行到第 56 行代码的含义：创建文章功能测试，使用 pytest.fixture 装饰器定义一个名为 create 的函数。该函数依赖于 login() 函数，表示在执行该函数之前需要先执行 login() 函数。在 create() 函数中，发送一个 POST 请求到服务器，并传入创建文章的各个参数。然后断言响应的状态码为 200，且响应的 JSON 内容中的 error 字段为 0。如果发生异常，则记录错误日志并使测试失败。最后返回新创建的文章的 ID。
- 第 58 行到第 85 行代码的含义：更新文章功能测试，定义一个名为 test_update 的测试函数，该函数依赖于 create() 函数，表示在执行该函数之前需要先执行 create() 函数并获取新创建的文章的 ID。在 test_update() 函数中，发送一个 POST 请求到服务器，并传入要更新的文章的 ID 和其他参数。然后断言响应的状态码为 200，且响应的 JSON 内容中的 error 字段为 0。如果发生异常，则记录错误日志并使测试失败。
- 第 87 行到第 101 行代码的含义：删除文章功能测试，定义一个名为 test_delete 的测试函数，该函数同样依赖于 create() 函数，但此时不会执行 create() 函数，而是直接共享 create() 函数在上一次执行时的返回值。在 test_delete() 函数中，发送一个 POST 请求到服务器，并传入要删除的文章的 ID。注意这里使用了“application/x-www-form-urlencoded”作为请求头的内容类型，并将数据作为表单数据发送。然后断言响应的状态码为 200，且响应的 JSON 内容中的 error 字段为 0。如果发生异常，则记录错误日志并使测试失败。

总结起来，这段代码是一个针对 ZrLog 博客系统或文章管理的接口自动化测试脚本，通过发送 HTTP 请求并断言响应结果来验证 API 的功能是否正常。但是请注意，在实际使用中可能需要对代码进行一些修改和优化，以提高其可靠性和可维护性。

14.9 生成 HTML 测试报告

要想生成 HTML 测试报告，还需要额外安装 pytest 的插件 pytest-html，其安装过程很简单，在 PyCharm 集成开发环境中，你可以通过“终端”选项来轻松安装 pytest-html。只需输入命令“pip3 install pytest-html”，即可开始安装过程，如图 14-13 所示。

图 14-13 安装 pytest-html 插件

安装完成后，当底行出现“Successfully installed MarkupSafe-2.1.5 jinja2-3.1.3 pytest-html-4.1.1 pytest-metadata-3.1.1”时，则代表 pytest-html 安装成功（通过此方式的安装的任何 pytest-html 版本都可以使用），其他提示可以忽略。

接下来，你只需在 PyCharm 的“终端”中输入“pytest --html=report.html”命令，然后按下回车键。这将触发测试脚本的运行，并在完成后自动生成一份详尽的测试报告，保存在名为“report.html”的文件中。你可以随时打开这个文件，查看和分析测试结果，如图 14-14、图 14-15 所示。

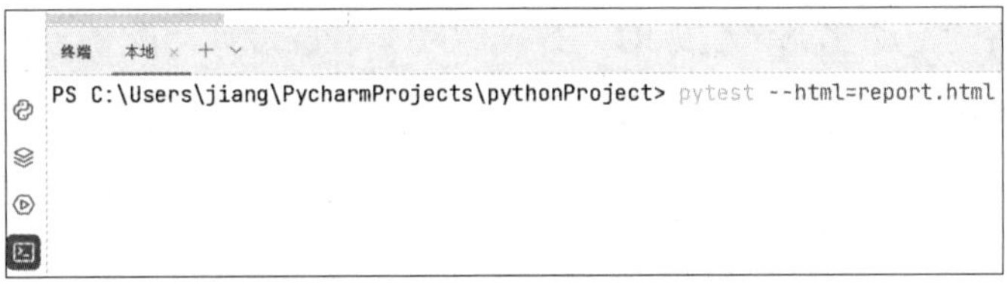

图 14-14 运行测试脚本并生成报告

测试报告结果显示，所有以“test”开头的测试用例均成功执行通过。这里需要特别注意的是，当通过终端命令行执行脚本文件时，该脚本的文件名也必须以“test”为开头（本示例的文件名为 test_zrlog.py），因为 pytest 会自动搜索以“test”开头的文件进行执行。如果脚本文件名不以“test”开头，即使文件内包含了以“test”开头的函数，pytest 也不会执行这些测试用例，这是 pytest 默认的运行规则。因此，在命名测试脚本文件时，请确保以“test”作为文件名的开头，以确保测试用例能够被正确识别和执行。

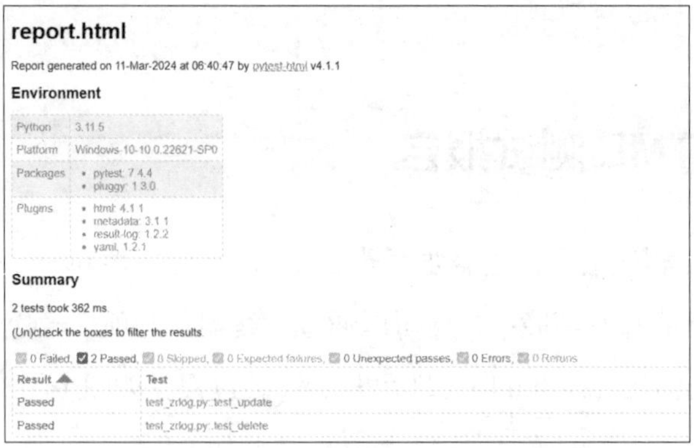

■ 图 14-15　生成 HMTL 测试报告

14.10　本章小结

14.10.1　学习提醒

本章涉及的代码内容、接口测试的基础、抓包的使用大多已在第 11 章、第 12 章以及第 13 章的内容中有所讲解，本章内容并没有形成一个完整的框架，只是讲解了接口测试的几个核心知识点，例如保持 cookies 连续性、处理动态参数、进行断言、记录日志、捕获异常以及生成报告等。这些内容更像是接口自动化测试的入门引子，旨在引导读者初步了解接口自动化测试运作过程。

实际上，接口自动化测试与 Web 自动化测试在多个方面有着异曲同工之妙。当我们迈向构建更为完善的自动化测试框架时，数据驱动、分层设计、配置管理以及持续集成等关键功能将成为不可或缺的支柱。这些要素不仅构成了自动化测试的基石，也是测试工程师在职业发展中需要不断深化和精进的核心能力。它们都是大家日后需要深入学习和掌握的重点内容。

14.10.2　求职指导

一｜本章面试常见问题

问题 1： 接口自动化测试与 Web 自动化测试有什么区别？

参考回答：

接口自动化测试和 Web 自动化测试是两种不同的自动化测试方法，它们之间存在一些明显的区别。

（1）测试对象不同：接口自动化测试主要针对应用程序的接口进行测试，通过模拟请求来验证接口的响应是否符合预期。而 Web 自动化测试则主要针对应用程序的用户界面进行测试，通过模拟用户的操作来验证应用程序的响应是否符合预期。

（2）测试方法不同：接口自动化测试通常使用接口自动化测试框架和工具来模拟请求和响应，进行接口的测试。而 Web 自动化测试则使用 Web 自动化测试框架和工具来模拟用户的操作，如单击、输入等，进行用户界面的测试。

（3）测试效率和稳定性不同：由于接口自动化测试不涉及用户界面的渲染和交互，因此其测试效率和稳定性通常比 Web 自动化测试更高。同时，接口的调整相对较少，因此接口自动化用例的维护成本也相对较低。

总的来说，接口自动化测试和 Web 自动化测试各有其优点和适用场景。

问题 2：你是如何处理动态参数的？你是如何处理依赖接口的？

参考回答：在实际的自动化测试中，通常可以采用 fixture 的方式来管理测试状态和传递动态参数。

问题 3：你熟悉哪些编程语言？（如 Python、Java、JavaScript 等）

参考回答：最熟悉的是 Python 语言，其他语言也正在了解中，如 Java。

问题 4：请写一个简单的 Python 脚本，用于发送 HTTP 请求。

参考回答：请直接参照本书的脚本。

问题 5：你是如何对测试结果进行断言的？

参考回答：一般情况下，我会断言服务器返回的协议状态码、业务状态码以及具体的业务数据。

问题 6：你有使用过任何 CI/CD 工具吗？（如 Jenkins、GitLab CI/CD 等）

参考回答：目前，我没有直接使用过 CI/CD 工具，如 Jenkins 或 GitLab CI/CD。但我对 CI/CD 的概念和它在现代软件开发中的作用非常感兴趣，并且我了解它对于自动化测试和持续集成 / 持续部署的重要性。我熟悉基本的软件测试流程，并且我有学习新技术的积极性和能力。如果有机会，我愿意投入时间和精力去学习和掌握 Jenkins 或 GitLab CI/CD 等工具，以便能够更好地融入团队并提高我们的测试流程效率。

问题 7（知识拓展）：自动化测试框架中是如何实现分层设计的？在你的自动化测试

项目中，你都分了哪些层？每层的作用是什么？

参考回答：

通过分层设计，我们的自动化测试框架变得更加清晰和模块化，提高了代码的可读性和可维护性。常用的分层如下所示。

（1）common 层：用于存放测试程序所共用的方法，也是接口自动化测试框架中的核心层级。

（2）config 层：用于读取测试程序的各项配置信息和文件路径，是接口自动化测试框架的基础层级。

（3）log 层：用于存放测试程序在执行过程中所产生的日志信息，是接口自动化测试框架的基础层级。

（4）report 层：用于存放接口自动化测试报告，是接口自动化测试框架的基础层级。

（5）testcase 层：用于编写接口自动化测试用例脚本及测试执行，是项目接口自动化测试框架的核心层级。

（6）utils 层：用于存放测试程序所用到的工具类，是接口自动化测试框架的基础层级。

另外，pytest.ini 文件是 pytest 测试框架的配置文件，其作用是制定 pytest 框架的运行规则。

二 | 面试技巧

针对基础知识和技能问题，如接口自动化测试与 Web 自动化测试的区别、所使用的测试框架等，要能准确阐述，并展示自己不仅掌握基础的接口测试方法（如保持 cookies 连续性、处理动态参数、异常捕获以及断言等），还了解构建完整自动化测试框架所需的其他关键组成部分，如日志、报告生成等。

在回答问题时，准备或现场编写一个简短的 Python 脚本以演示发送 HTTP 请求，展示编程能力。

虽然可能尚未直接使用过某些工具（如 CI/CD 工具）和架构（如分层设计），但要表现出强烈的求知欲和快速学习新技术的能力，强调自己了解并认同这些工具在提升测试流程效率中的价值。强调熟悉和擅长的编程语言，如 Python，并表达对它的兴趣和探索意向。此外，在面试过程中，保持自信和专业是非常重要的。即使遇到不熟悉的问题，也要尽力回答，展示出自己分析和解决问题的能力。同时，注意倾听面试官的问题，确保自己的回答切题。

第15章 AI 在软件测试中的应用

随着人工智能（Artificial Intelligence，AI）技术的不断发展，自然语言处理（Natural Language Processing，NLP）作为其核心组成部分，在软件测试领域中的应用日益凸显。本章将深入探讨测试人员为何需要掌握 NLP 相关知识，介绍 NLP 的基础原理，并详细阐述 NLP 在测试活动中的实际应用。此外，我们还将讨论如何使用 NLP 工具（如文心一言）来辅助测试工作，并探讨 AI 是否会替代软件测试人员的问题。最后，本章将强调持续学习与职业发展在适应这一技术变革中的重要性。

15.1 测试人员需要掌握 NLP 相关知识的原因

自然语言处理技术，简而言之，就是赋予计算机理解和运用人类语言的能力，使其能够像与朋友对话一样与我们顺畅交流。NLP 如同神奇的钥匙，为计算机解锁了理解日常文字信息的门户，并使其能够作出恰当且智能的回应。对于测试人员而言，NLP 技术无疑是一大革命性的助力。它不仅极大地提升了测试工作的智能化水平，更在多个方面为测试工作带来了前所未有的便捷和高效。

（1）产品理解和验证：随着AI技术的发展，许多软件和应用程序都嵌入了NLP功能，比如智能客服、语音助手、搜索引擎优化工具等。初级软件测试人员如果对NLP有所了解，就能更好地理解产品的核心功能和预期行为，从而更准确地设计和执行测试用例。

（2）有效测试复杂交互：在涉及文本输入、语义理解、机器翻译或聊天机器人等功能的系统中，NLP 是关键组成部分。测试人员需确保这些功能能正确解析用户指令、识别意图并作出恰当响应，这要求他们能评估模型的性能，并熟悉常见的 NLP 错误类型。

（3）边界条件判断：NLP 系统的稳健性往往取决于其处理边缘案例的能力，如多语种环境、口音差异、俚语俗语等。测试人员要能够发现和模拟这类边界条件来考验系统的健壮性。

（4）自动化测试脚本编写：对于重复性和复杂度高的 NLP 测试任务，使用 NLP 相关的 API 或工具进行自动化测试可以提高效率。了解 NLP 有助于测试人员编写有效的自动化测试脚本。

（5）问题定位与缺陷报告：当 NLP 模块出现故障时，具备 NLP 知识的测试人员能够更快地定位问题所在，提供详细准确的缺陷报告，协助开发团队迅速修复 Bug。

总之，在当前人工智能广泛应用的背景下，初级软件测试人员学习 NLP 知识，就如同学会了如何检测“会说话”的软件是否真的“听得懂”“说得清”，这对于提升产品质量具有不可忽视的价值。

15.2 自然语言处理基础

15.2.1 NLP 的基本概念

NLP 涵盖众多基本概念，其中尤为核心的三个概念分别是语法分析、语义理解以及情感分析，接下来分别阐述它们的概念。

一｜语法分析

好比你是一位语文老师批改作文。语法分析是检查句子是否符合语法规则的过程，就像判断学生写的句子是不是结构正确、词性搭配恰当。比如，“我昨天去了图书馆看书”是一个正确的句子，因为它遵循了汉语的语法规则；但如果写成“昨天我图书馆去”，虽然每个字都对，但顺序不对就不符合语法规则了。在计算机中，语法分析器会识别出句子的各个组成部分——主语、谓语、宾语等，并构建出一个叫作“句法树”的结构。

二｜语义理解

想象你正在和朋友聊天，你说：“我想吃肉夹馍。”你的朋友立刻明白你饿了并且想吃某种食物——肉夹馍。这就是语义理解，即理解词语和句子的实际含义以及上下文关联。在 NLP 中，机器需要通过算法理解文本背后的意思，如识别实体关系、推理隐含信息等。例如，当机器读到“请帮我预订明天早上 9 点的火车票”，它需要理解这句话涉及的动作（预订）、对象（火车票）、时间（明天早上 9 点）。

三 | 情感分析

假设你在看网上的一条商品评价：“这个手机真是太棒了，爱不释手！”作为一名读者，你能感受到评论者对这款手机非常满意且充满喜爱之情。情感分析正是让计算机具备这样的能力，识别并量化文本中的情绪色彩或主观观点。它可以用来判断一条微博、一条电影评论或者一封邮件究竟持正面评价、负面评价还是中立态度。这对于企业了解消费者反馈、品牌监测等领域尤其重要。

所以，在 NLP 的世界里，语法分析就像是教机器人学会人类的语言规则，语义理解是让它真正领会我们在说什么，而情感分析则是帮助它感知我们说话时的情感温度。

15.2.2 AI 与 NLP 的关系

AI 与 NLP 的关系，可以这样理解：

想象一下，AI 是一位魔法师，他致力于学习和模仿人类的各种智能行为。而 NLP 就像是这位魔法师掌握的一种特殊魔法技巧，专门用来理解和生成人类使用的自然语言。

具体来说，AI 是一个宽泛的领域，它涵盖了机器学习、深度学习等多种技术，目标是让计算机具备模拟、延伸和扩展人的智能的能力。而 NLP 作为 AI 的一个重要分支，专注于研究如何让计算机能够识别人类自然语言（如英语、中文等），理解其背后的含义，并能以自然语言进行有效沟通。

换言之，在 AI 这个大家族中，NLP 就是解决人与机器之间通过语言交流的那个部分。比如，当我们向智能助手提问、用手机输入法打字，或是在社交媒体上看到自动推荐的文章摘要时，背后都有 NLP 技术在发挥作用：从简单的文本分类、关键词提取，到复杂的语义理解、对话生成等任务。因此，可以说 NLP 是连接 AI 世界与人类日常交流的关键桥梁之一。

15.2.3 常见的 NLP 工具和技术栈简介

以下是对一些常见的 NLP 工具和技术栈的通俗介绍。

一 | 文心一言

文心一言是由百度公司研发的一款大型语言模型，类似于通义千问和 GPT-3/4。它基于深度学习技术，能够理解并生成高质量的中文文本内容。用户可以向文心一言提出问题、与它讨论话题或用它创作文章，模型会根据上下文智能生成连贯且信息丰富的文字段落。

二 | 通义千问

由阿里云开发的大规模预训练语言模型。通义千问通过学习海量互联网文本数据，具备了理解和生成自然语言的能力，可以完成多轮对话、解答问题、创作文字等多种任务，帮助用户获取信息、解决问题。

三 | GPT-3/4

GPT-3（Generative Pretrained Transformer 3）和更新的 GPT-4 是由 OpenAI 开发的先进人工智能模型。它们是迄今为止规模最大、能力最强的语言模型之一。GPT 模型可以基于先前训练所获得的知识，在各种场景下生成非常逼真且有逻辑的文本，从写故事、写代码到答疑解惑无所不能，其技术突破在于大规模无监督预训练与微调相结合的方式。

四 | 讯飞星火

讯飞星火是中国科大讯飞推出的一系列 NLP 技术和产品中的一个代表，该系列可能包括语音识别、机器翻译以及文本生成等先进技术。讯飞星火功能强大，可能应用在智能客服、文档处理、知识问答等领域中，利用先进的自然语言处理技术来提高人机交互体验及文本自动化处理的效率。

五 | 智谱清言

智谱清言是一款先进的 NLP 工具，由中国智谱 AI 公司研发，与文心一言、通义千问和 GPT-3/4 等模型相似。基于深度学习技术，智谱清言能够理解和生成高质量的中文文本内容。用户可以向智谱清言提出问题、与它讨论话题或用它创作文章，模型会根据上下文智能生成连贯且信息丰富的文字段落。

六 | 腾讯混元助手

腾讯混元助手是一款由腾讯公司研发的先进的人工智能助手，它具有强大的 NLP 能力，能够理解和生成高质量的中文文本内容。类似于智谱清言、文心一言、通义千问以及 GPT-3/4 等模型，混元助手基于深度学习技术，能够根据用户的输入进行智能分析和推理，生成连贯且信息丰富的回答或者建议。

总之，这些 NLP 工具和技术栈都是基于最新的深度学习框架构建的强大模型，通过模拟人类大脑处理语言的方式来解析、理解和生成自然语言，从而广泛应用于诸多领域，极大地提升了人机交互的智能化水平和信息处理的效率。

15.3 自然语言处理在测试活动中的应用

自然语言处理在测试活动中的作用相当广泛，它可以帮助提升测试的效率和质量，并使得非技术人员能够更方便地参与到测试过程中。例如，NLP 工具可以协助完成测试用例的生成、自动化脚本的生成、日志分析与故障预测、文本内容测试、聊天机器人辅助测试等任务。下面将通过实例说明 NLP 工具在测试用例生成、自动化脚本生成方面的应用。

15.3.1 测试用例的自动生成

自然语言处理在软件开发领域中，可以用来解析需求文档以生成测试用例。这个过程就像一位精通业务和技术的助手，读取并理解人类用自然语言写的需求说明书，然后将其转化为计算机可执行的具体测试步骤和预期结果。

一 | 需求文档

假设需求文档的需求规格如下，现对某 NLP 工具进行提问。

【提问】

（1）有一个复选框（checkbox）：有 A、B、C、D、E 五个选项。

（2）有一个单选框（radio）：有 F、G 两个选项。当复选框选择 B 选项，且单选框选择 G 选项时，系统将会新增一个输入框 B1；当用户选择 F 选项时，则不会出现 B1 输入框。

（3）当复选框选择 C 选项，且单选框选择 G 选项时，系统将会新增一个输入框 C1；当用户选择 F 选项时，则不会出现 C1 输入框。

（4）当复选框选择 D 选项，且单选框选择 G 选项时，系统将会新增一个输入框 D1；当用户选择 F 选项时，则不会出现 D1 输入框。

（5）当复选框选择 B、C、D 中的任意两个，且单选框选择 G 选项时，系统会新增 B1、C1、D1 这三个输入框中的任意两个输入框。

（6）当复选框选择B、C、D三个选项，且单选框选择G选项时，系统会新增三个输入框B1、C1、D1。最后只要新增了输入框都需要输入内容。

请结合以上需求，设计出不少于20个功能测试用例。

二 | 某NLP工具针对以上需求输出测试用例

【回答】

功能测试用例设计：

（1）测试目标

验证复选框与单选框的交互逻辑，确保在特定条件下能正确新增对应的输入框，并验证新增输入框的输入功能。

（2）测试范围

复选框选项：A、B、C、D、E；

单选框选项：F、G；

新增输入框：B1、C1、D1。

（3）测试环境与数据

测试环境：浏览器（确保兼容主流浏览器）；

测试数据：无须特定数据，以用户界面操作为主。

（4）测试用例

测试选择B与G。

步骤：

选择复选框中的B选项；

选择单选框中的G选项。

预期结果：

新增B1输入框，且要求输入内容。

验证点：

检查B1输入框是否出现；

尝试输入内容到B1，验证输入功能是否正常。

…………

NLP 工具将会给出不少于 20 个测试用例，通过这样的方式，NLP 技术能够自动捕获需求文档中的重要细节，并确保每个功能点都能得到相应的测试覆盖，从而提高测试效率和质量。当然，当前实际应用中完全自动化生成完美测试用例还有一定挑战，但随着 NLP 技术的进步，这一方向的应用将越来越广泛和成熟。

15.3.2 自动化测试脚本的生成

自然语言处理在自动化测试脚本生成中的应用，是将人类日常使用的自然语言转换为机器可执行的代码指令。这意味着开发人员或测试人员可以使用日常对话或者文本描述的方式来表达测试用例，然后通过 NLP 技术解析这些描述，并自动生成相应的自动化测试脚本。

一 | 自动化测试需求文档

假设需求文档的需求规格如下，现对某 NLP 工具进行提问。

【提问】

（1）必选项如下。

账号输入框：需求规格为 6 ～ 16 位字符。

商户名称输入框：需求规格为 6 ～ 16 位字符。

密码输入框：需求规格为密码只能由 8 ～ 16 位字母、数字、标点符号组成。

优惠券权限：是一个复选框，可以选择的选项有时间段券、小时券、金额券、次数券、折扣券；需求规格为可单选、可多选、可全选。

（2）可选项如下。

用户类型：是一个单选框，它的选项有预付费、后付费，只能二选一。

电话输入框：需求规格为 11 位整数。

地址输入框：需求规格为不超过 30 个字符。

备注信息：需求规格为不超过 50 个字符。

（3）输入完以上信息后有一个提交按钮，单击这个按钮，添加用户成功后，系统会进入该用户的详细页面。

请使用 Python、Selenium、pytest、POM、数据驱动模型进行自动化测试框架的设计及详细代码的设计，设计页面类以及测试类就可以，不用考虑新建驱动及登录相关操作。

二 | 某 NLP 工具针对以上需求输出的自动化测试脚本

【回答】

为了使用 Python、Selenium、pytest、POM（Page Object Model）和数据驱动模型进行自动化测试框架的设计，我们需要首先定义页面类（Page Class）和测试类（Test Class）。以下是一个简化的示例，展示了如何根据提供的需求文档设计这些类。

首先，我们创建一个页面类来表示添加商户的页面，并定义相关元素和操作方法。

```
# page_objects/add_merchant_page.py
from selenium.webdriver.common.by import By
from selenium.webdriver.support.ui import Select
from pom_base import PageBase
class AddMerchantPage(PageBase):
    # 定位器
    account_input = (By.ID, 'accountInput')
    merchant_name_input = (By.ID, 'merchantNameInput')
    password_input = (By.ID, 'passwordInput')
…………
```

NLP 工具将会根据要求给出框架的设计以及详细的代码，但需要注意，上述代码示例仅为说明概念而设计，实际自动化脚本需要根据具体应用的 UI 元素、API 接口以及预期行为进行调整。同时，目前完全自动化的从自然语言直接生成完整可执行脚本的技术还在不断发展中，许多情况下仍需人工校验或辅助编辑。

15.4 NLP 工具（文心一言）

随着人工智能技术的不断发展，自然语言处理工具在我们的日常生活和工作中扮演着越来越重要的角色。文心一言作为其中的一员，凭借其强大的功能和简单易用的操作界面，受到了广大用户的喜爱。本节将为大家介绍文心一言的基本使用方法以及提问的技巧。

15.4.1 文心一言的基本使用

一 | 注册页面

文心一言使用的是百度的账号，所以注册页面就是百度的注册页面，如图 15-1 所示。

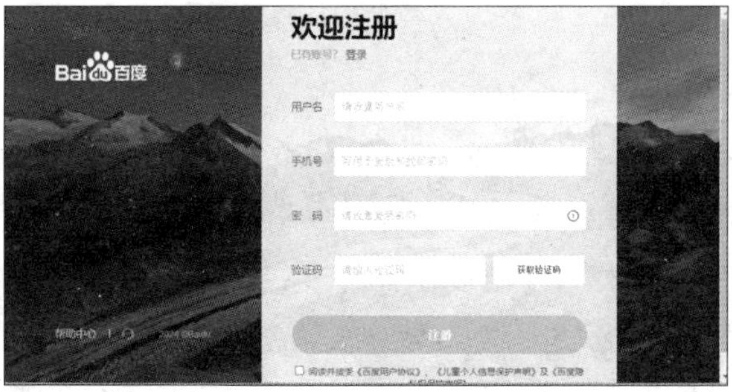

图 15-1 文心一言的注册页面

二 | 登录页面

文心一言的登录页面如图 15-2 所示。

文心一言提供了多种登录方式以适应不同用户的需求，包括但不限于以下几种。

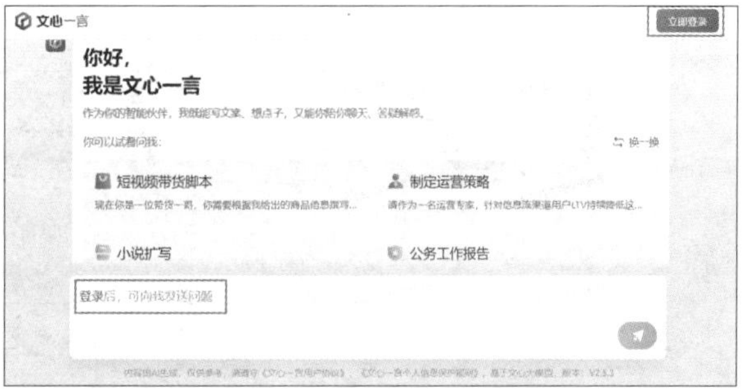

图 15-2 文心一言的登录页面

（1）百度账号登录：用户可以使用已有的百度账号直接登录文心一言，这是最常用的登录方式之一。百度账号体系完善、安全性高，用户可以放心使用。

（2）手机号登录：用户也可以选择使用手机号进行登录，这种方式便于记忆和操作。在登录过程中，系统会向用户手机发送验证码以确保账号安全。

（3）第三方账号登录：为了方便用户快速接入，文心一言还支持通过第三方账号（如微信、QQ 等）进行登录。用户只需授权并绑定相关账号，即可实现快速登录。

需要注意的是，为了保护用户隐私和账号安全，建议用户在登录时选择官方推荐的登录方式，并确保在安全的网络环境下进行操作。同时，用户应妥善保管自己的账号信息，避免泄露给他人。

三 | 新建对话

登录成功后，将会出现新建对话的选项，可以直接在新建对话框中输入你想要交流的问题，然后按回车键就能很快得到系统的反馈，如图 15-3、图 15-4 所示。

■ 图 15-3　在新建对话框中提出问题

■ 图 15-4　文心一言回复问题

新建对话的功能主要是为用户提供创建全新对话的能力，满足用户开启新话题或进行新聊天的需求。通过新建对话，用户可以更好地管理自己的交流内容，保持对话的清晰和有序。同时，新建对话功能也是许多即时通讯和社交应用中的基础功能之一，它提供了用户之间沟通交流的起点。

四｜文心大模型的版本

文心大模型的版本选择如图 15-5 所示。

文心大模型 3.5 是免费的，而文心大模型 4.0 是收费的，它们的主要区别在于模型的规模、性能和应用能力。具体来说，文心大模型 4.0 相对于 3.5 版本，在模型的参数量、训练数据量以及算法优化方面都有所增加和改进，从而使得模型的语义理解和生成能力更加强大和精准，可以应用于更多复杂和高级的自然语言处理任务。

■ 图 15-5　文心大模型的版本选择

五｜一言百宝箱

文心一言的百宝箱页面如图 15-6 所示。

■ 图 15-6　文心一言的百宝箱

一言百宝箱是百度文心一言中的一个功能板块，它集中了各种主题的提示或提醒（Prompt），包括创意写作、商业分析、数据分析等，方便用户快速掌握实用技巧。

六｜文心一言的使用指南

文心一言的使用指南如图 15-7、图 15-8 所示。

■ 图 15-7 文心一言的使用指南选项

“一言使用指南”在文心一言（或其他类似的语言模型）中起到了关键的指导和帮助作用。具体来说，它的作用主要包括以下几个方面。

（1）提供使用说明：对于初次使用或不熟悉文心一言的用户，指南可以提供基础的使用方法和操作步骤，使用户能够更快地掌握如何使用这个工具。

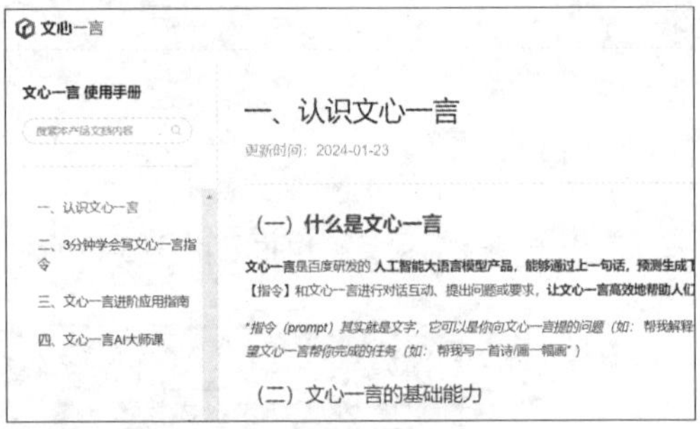

■ 图 15-8 文心一言的使用手册

（2）明确功能范围：通过指南，用户可以了解文心一言能够做什么、擅长处理哪些问题，以及它的局限性和不足之处。这有助于用户设置合理的期望，避免在不适当的场景下使用。

（3）促进有效交流：指南可能会包含如何提问、如何表述问题以获得最心仪答案的建议，这能够提升用户与文心一言之间的交流效率。

（4）确保使用安全：指南通常会强调隐私和安全问题，提醒用户不要分享敏感信息，从而在使用语言模型的过程中保护自己的隐私和安全。

（5）提供问题解决方案：如果用户在使用过程中遇到问题或困惑，指南可能会提供常见的故障排除步骤或解决方案。

（6）鼓励反馈与参与：通过指南，用户可以了解如何提供反馈、参与改进或获取支持，这对于语言模型的持续优化和改进非常重要。

总的来说，“一言使用指南”旨在帮助用户更好地理解和使用文心一言，从而充分发挥其潜力并提升用户体验。

15.4.2 文心一言的提问技巧

在使用文心一言的过程中，有时其回复会包含较专业的术语，初级软件测试人员可能不太易于理解。接下来通过实际的例子给大家演示提问的技巧。

【提问】请解释一下 Web 自动化测试中的 POM 设计思想。

【回答】POM（Page Object Model）是页面对象模型的简称，它是一种在 Web 自动化测试中广泛采用的设计模式。POM 模型的核心思想是将 Web 项目的每个页面当作一个对象，通过分层实现管理架构的优化，以提高代码的复用性、可读性、可扩展性以及可维护性。

在 POM 模型中，每个页面都被定义为一个单独的类，这个类中包含了该页面上的页面元素对象和处理这些元素对象所需要的方法。业务流程通过调用不同页面的方法来实现，这样就将页面元素操作和业务流程相分离，使得测试代码结构更加清晰，可读性更强。

POM 模型的优势如下。

（1）提高了代码的可维护性：由于每个页面都被封装成一个单独的类，当 UI 发生变化时，只需要修改对应的页面类即可，而不需要修改整个测试代码。

（2）提高了代码的复用性：公共的方法可以被抽取出来放到一个公共类中，这样其他页面在需要时就可以调用这些方法，避免了代码的重复编写。

（3）提高了测试覆盖率：通过对每个页面进行详细的封装操作，可以更容易地实现全面的测试覆盖。

（4）降低了代码之间的耦合度：各个页面之间通过方法进行调用，而不是直接操作页面元素，这样降低了代码之间的耦合度，提高了代码的可扩展性。

总的来说，POM 模型是一种非常有效的 Web 自动化测试设计模式，它可以大大提高测试的效率和质量。

以上的回答虽然详尽，但对初学者而言可能还是显得有些难以消化。现在换个更易懂的方式来提问和解析。

【提问】请用通俗易懂的语言来解释一下 Web 自动化测试中的 POM 设计思想。

【回答】POM 模型，即页面对象模型（Page Object Model），在 Web 自动化测试中是个非常实用的设计理念。通俗来说，我们可以把它想象成一个“剧本”与“演员”的关系。

在这个模型中：

（1）页面对象（Page Objects）：这些就像是剧本里的角色或演员。每个 Web 页面都被看作一个独立的“演员”，它有自己特定的属性和行为。比如，一个登录页面就有用户名输入框、密码输入框和登录按钮等“属性”，以及输入用户名和密码后单击登录的“行为”。

（2）测试脚本（Test Scripts）：这些就像是剧本的导演。导演不需要关心演员具体是怎么演的（也就是页面上的元素是怎么实现的），只需要告诉演员在什么时候做什么动作（调用页面对象的方法）。

POM 模型的好处如下。

（1）易于维护：如果演员（页面）换了，或者演员的表现方式（页面元素）变了，导演（测试脚本）不需要大改剧本，只需要告诉新演员怎么演就行。

（2）代码复用：如果多个剧本（测试脚本）都需要用到同一个演员（页面对象），那么这个演员就可以在不同的剧本中重复使用，而不需要为每个剧本都重新写一个演员。

（3）清晰的结构：剧本、演员和演员的行为都分得很清楚，这样整个项目看起来就很有条理，也更容易理解和修改。

总的来说，POM 模型就是让我们把 Web 页面看作一个个独立的对象，然后通过调用这些对象的方法来编写测试脚本，从而让自动化测试变得更加简单、高效和易于维护。

在上面的提问中，强调了需要用“通俗易懂的语言”来解释 POM 模型，文心一言的回答因此变得更加易于理解，并且通过比喻的方式加深了大家对 POM 模型的认知。然而，为了更简洁明了，能否用几句话精练地概述一下 POM 模型的概念呢？现在尝试换种方式再次提问。

【提问】请用比喻的方式来解释一下 Web 自动化测试中的 POM 模型，只需要两三句话就可以。

【回答】在 Web 自动化测试中，POM（页面对象模型）就像一本字典，它为每个网页创建了一个“词条”，这个“词条”就是 Page 类。每个 Page 类中包含了该页面上所有元素的定位信息和操作方法，就好比字典里记录了单词及其含义和用法。当我们需要与页面交互时，只需查阅对应的“词条”（调用 Page 类的方法），而不是每次直接查找和拼写单词（直接定位元素并操作），从而使得代码更易读、易维护且可复用。

这个简洁的回答使得 POM 模型的概念更加易于理解了。

文心一言的提问技巧其实挺简单的，就是提问题的时候要明确、简练，还要有逻辑。

你要先想清楚想问什么，然后用简单的话说出来，让对方一听就明白。另外，提问的时候还要注重逻辑，这样才能更好地引导对方回答你的问题，把问题聊得更深入。在提问时，不妨多运用“麻烦你”“可不可以”“谢谢你”等礼貌用语，因为当你与文心一言交流时，仿佛是在和一位智者对话。你展现出的尊重不仅能够提升对话的氛围，更能激发对方的智慧，从而得到更优质、更深入的回答。记住，礼貌是心灵的交流桥梁，它能让你的每一次提问都得到更好的回应。

15.5 AI 会替代软件测试人员吗

人工智能在软件测试领域的应用正在不断增加，但它不太可能完全替代软件测试人员。尽管 AI 可以提供许多优势，如自动化测试、提高测试效率、减少人为错误等，但软件测试仍然需要人类测试人员的专业知识、技能和经验。

以下是 AI 不能完全替代软件测试人员的一些原因。

（1）复杂性和多样性：软件系统通常非常复杂，具有各种功能和交互，测试场景也非常多样化。AI 在处理某些复杂和非标准的测试情况时可能会受到限制，而测试人员可以运用他们的专业知识和经验来处理这些情况。

（2）创造性思维和直觉：测试工程师在测试过程中需要运用创造性思维和直觉来设计测试用例、发现隐藏的缺陷，并理解用户需求。这种创造性思维和直觉是 AI 目前难以模拟的。

（3）伦理和社会因素：软件测试涉及一些伦理和社会因素，如隐私问题、数据保护、用户权益等。测试工程师需要运用道德判断和人类智慧来解决这些问题，确保软件的质量和合规性。

（4）人际交往和沟通：软件测试人员需要与多个团队成员进行沟通和协作，包括开发人员、产品经理、项目经理等。有效的人际交往和沟通能力对于解释测试结果、提出改进建议以及推动问题解决至关重要。

（5）持续学习和适应性：软件测试领域的技术和工具不断发展变化，测试工程师需要持续学习和适应新的技术和环境。虽然 AI 可以处理大量数据并提供信息，但测试工程师的学习能力和适应能力对于应对不断变化的测试需求至关重要。

因此，尽管 AI 在软件测试中发挥着重要作用，但在可预见的将来，软件测试人员仍然是不可或缺的。他们与 AI 协同工作，各自发挥优势，以实现更高效、准确和全面的软件测试过程。

15.6 持续学习与职业发展

2024 年 2 月，OpenAI 公司再次引领了 AI 创新浪潮，推出了名为 Sora 的先进文本到视频转换模型。Sora 不仅能够通过解析用户提供的复杂文本提示，创造出流畅连贯、长达一分钟的一镜到底视频内容，还展示了 AI 在理解和生成多媒体信息方面取得的重大突破。这一技术革新不仅预示着内容创作行业的深刻变革，也揭示出 AI 在未来将如何进一步渗透并提升包括软件测试在内的各个专业技术领域。随着 OpenAI Sora 这类先进技术的迅速崛起，显而易见的是，AI 与 NLP 的结合正在以前所未有的速度推动测试行业智能化的发展。

对于初级软件测试人员来说，随着 AI 和 NLP 技术在软件测试领域的广泛应用，持续学习并深化对这些技术的理解是至关重要的。

随着 AI 和 NLP 技术的发展，在测试行业将出现以下几个显著趋势。

（1）自动化测试的智能化提升：AI 和 NLP 结合可以实现更智能的自动化测试，比如自动生成测试用例、识别潜在缺陷、预测系统行为等，极大地提高测试效率和覆盖度。

（2）智能回归测试：利用 AI 模型来决定哪些代码变更需要重新测试，以及如何优化测试集以减少冗余和最大化覆盖率。

（3）基于 NLP 的文档驱动测试：直接从需求规格说明书或其他业务文档中自动提取测试点，降低人为疏漏和提高测试精确性。

（4）智能故障诊断与修复建议：通过 AI 分析日志数据和错误报告，快速定位问题，并可能提出修复建议。

因此，未来的测试工程师不仅需要传统的编程和测试理论知识，还需要掌握 AI 算法原理、NLP 技术和相关的数据分析能力，以便更好地适应这一领域不断发展的需求和挑战。同时，还需要具备运用 AI 工具和框架实施自动化测试策略的能力。

第16章 求职简历制作与面试模拟考场问答

本章将全面探讨求职者在准备简历和面试过程中所需关注的各个方面，分为七节进行详细阐述。

16.1 节将提供一份实用的简历模板，旨在帮助求职者根据职位需求定制简历。

16.2 节聚焦公共性面试题，如自我介绍、职业规划等，为求职者提供回答策略和框架。

16.3 节的面试题将关注功能和理论知识的考查。

16.4 节侧重巩固求职者对专业技能的掌握程度。

16.5 节通过提供询问项目经历的面试题，教求职者如何结合实际工作经验作答。

16.6 节将列举一系列发散性问题，以检验求职者的思维、创新和应变能力。

16.7 节将介绍克服面试紧张情绪的有效技巧。

通过本章的学习，求职者将能够更加自信地面对求职过程，从简历制作到面试应答都能游刃有余。鉴于求职的重要性，本章所有内容都会提供视频讲解。

扫码看视频：求职简历制作与面试模拟考场问答

16.1 求职简历的制作

一 | 求职简历制作

对于初涉职场的求职者而言，精心制作一份求职简历至关重要。简历往往是面试官了解你的第一步，也是他们后续提问的重要依据。因此，简历中的每一句话、每一个项目经历、每一个技术细节，都需要你深入了解并能够自如应对。为了帮助大家更好地掌握简历制作的要领，本章将展示一份具有两年多工作经验的软件测试工程师的求职简历，并对其进行详细分析。希望这份简历能为大家提供有益的参考和启示，使你在求职过程中更加自信从容。

具体简历如下所示。

个人简历

个人简介

姓名：陈 ××

年龄：25 岁　　性别：男

邮箱：×××××××@qq.com　　电话：183××××××××

求职意向：系统测试、自动化测试　　到岗时间：一周以内

期望工资：面议　　期望工作地区：不限

教育经历

2017.09—2021.06　××××学院　学历：本科　专业：×××信息管理　英语：四级

专业技能：

1．熟悉软件测试流程，根据需求文档，设计测试用例、测试计划及测试报告。

2．熟悉 Python 语言，并使用 Python+Selenium+pytest+POM+ 数据驱动测试框架实现 Web 自动化测试。

3．熟悉 Postman、Charles 等接口测试工具，熟悉接口文档评审及分析，并使用 Python+Requests+pytest 来完成接口自动化测试脚本的设计。

4．熟悉 Navicat /Xshell 客户端的使用，熟练掌握 SQL 语句和 Linux 命令进行数据分析和日志分析等。

5．能够使用禅道测试管理工具，进行 Bug 管理，追踪 Bug 以及协助开发人员修复 Bug。

6．会使用常见的 AI 软件，并用其解决测试的难题。

工作经验

2023 年 4 月—2024 年 5 月　系统测试工程师　深圳 B 有限公司

项目名称：×××银行 RLMS 系统

项目描述：是×××银行内部信贷管理平台，分为核心系统和外围系统。系统中机构、柜员不同，权限也不同，主要模块有系统管理、新增贷款、贷后管理、参数维护、综合查询、额度管理、追加放款、综合统计、档案管理，测试范围有功能测试、兼容性测试、接口测试、自动化测试。

负责模块：账户查询模块、账户管理模块、银行转账模块、预约转账模块、贷款申请模块、贷款还款模块。

主要职责：

1．参加需求澄清会，与产品及开发人员交流。

2．参与测试计划编写和评审，提出建议。

3．根据自己负责的模块分析测试点，编写测试用例，参加组内用例评审。

4．根据用例评审会上的建议，修改所负责模块的测试用例，然后将测试用例归档到 GIT。

5．使用 Postman 对档案管理等模块进行接口测试。

6．使用 Selenium+Python+pytest+POM 进行自动化测试框架设计，并进行回归测试。

7．开发人员修正代码后，重新对其进行测试。

8．版本稳定后，进行兼容性测试。

9．版本稳定后，对脚本进行更新和维护。

2022 年 3 月—2023 年 4 月　高级软件测试工程师　深圳 B 有限公司
项目名称：××× 智能储物管理中心
项目描述：××× 智能储物管理中心是一款新型、方便、快捷的智能储物管理系统。该系统是将公司人员管理，和储物内部 VIP 商户、内部员工、普通商户、临时用户等的存储信息通过平台进行数字化、电子化。可自动根据不同的储物类别进行分类，从而采取不同的收费方式。
负责模块：系统登录模块、商户管理模块、VIP 优惠模块、内部员工储物管理模块。
主要职责：
1. 参与项目业务需求流程评审会，听取并讨论需求规格设计方案。
2. 分析接口文档及业务逻辑等，同时编写接口测试用例。
3. 开发提测后，执行接口测试用例，使用禅道对 Bug 进行提交、跟踪和维护。
4. 对数据库进行增删改查等操作，确保写入数据库的信息准确无误且入库成功。
5. 使用 Selenium 自动化测试框架进行页面回归测试。
6. 执行完成所有的用例，关闭所有问题单，确保封版前功能无异常。
7. 输出测试报告，对测试的过程进行分析和总结。
8. 后期参与上线后的功能验证，如有生产问题，开会确认是否安排紧急版本。

2021 年 9 月—2022 年 3 月　功能测试工程师　深圳 A 有限公司
项目名称：××× 智能运动手表（App）
项目描述：这是一款可以随时随地检测用户身体指数且为用户提供客观建议的手机平台，它颠覆了传统手表的弊端，通过使用互联网技术进行功能创新，成为最受用户喜欢的平台。
主要职责：
1. 负责 App 端测试工作，分析测试需求，编写测试用例。
2. App 功能测试、业务逻辑测试、测试执行工作、系统缺陷汇总分析。
3. 针对不同版本、手环分辨率、网络环境进行兼容性测试，以及对系统升级后 App 的兼容情况，对 App 升级安装、卸载、跨版本安装进行测试。
4. 使用 Charles 模拟弱网，对 App 接口抓包。
5. 进行测试用例复现、回归测试，撰写和提交测试报告。

二｜制作简历时的建议

（1）软件测试的简历模板并没有统一规定，大家可以上网搜索相应的简历模板。

（2）个人基本信息要简洁明了，不要长篇大论，把关键点写清楚就好，比如姓名、专业、联系方式、工作年限等。

（3）求职意向、目前状态、到岗时间以及期望的工作地区要明确，期望薪资写面议。

（4）很多初级软件测试人员在“自我评价”部分写很多内容，这个地方建议少写或不写，写多了都是空话，因为你的一言一行在面试的时候往往都能体现出来。

（5）因为面试官在面试的时候是根据简历提问的，所以简历上陈述的东西一定要非常清楚。

（6）注意项目中的时间点要连贯。例如你第一个项目结束的时间是 2023 年 4 月，那么第二个项目开始的时间就不要写成 2023 年 7 月，因为这期间有三个月的空档期。

（7）在准备简历时，可以根据自己的实际工作年限、项目经历、经验积累以及技术专长进行灵活调整和优化。例如，如果你对某个项目业务有深入了解，并提出过宝贵的建议或成功策划过某个项目，都可以将其融入简历中，从而使简历内容更加充实和具有说服力。这样的调整能够凸显你的个人能力和价值，提升你在求职过程中的竞争力。

16.2 简历中必问的公共性面试题

问题 1： 请作一下自我介绍。

参考回答：面试官你好，我叫陈 ××，今年 25 岁，毕业于 ×××× 学院 ××× 信息管理专业。在过去两年多的时间里，我分别在深圳 A 公司和深圳 B 公司工作过，参与了多个项目并积累了宝贵的实战经验。

在第一家公司，我负责了一个短期 App 项目的测试工作，历时大约六个月。而在第二家公司，我投入了近两年的时间，深入参与了两个项目的全流程测试，从而对我的专业技能有了更深入的锻炼和提升。

我熟悉软件测试的完整生命周期，从需求文档分析、测试计划制订，到测试用例编写与执行，再到缺陷跟踪和报告整理。在技能方面，我熟悉 Python 编程语言，并能够运用 Selenium、pytest 等自动化测试工具，实现 Web 自动化测试。同时，我也会使用 Postman 进行接口测试，包括接口文档解析、用例设计以及通过 Requests 库编写接口自动化脚本。此外，我还熟练掌握抓包技术、常用 SQL 语句以及 Linux 命令行操作。

在过去的项目经历中，我参与了三个核心项目的测试工作。首先是 ××× 银行的 RLMS 系统测试，这是一个业务逻辑复杂、模块众多的项目。我成功负责了多个核心模块的测试任务，确保系统按时上线并稳定运行。其次，我参与了 ××× 智能储物管理中心的测试工作，同样表现出色，确保了项目的质量。最后，我还负责了一个智能运动手表 App 的功能测试。

我性格开朗、善于沟通，能够快速适应新环境。平时我热爱阅读，喜欢参加爬山等户外活动。

非常感谢你给我这次面试的机会，我期待能够在贵公司发挥自己的优势，为公司的发展贡献自己的力量！

问题2：你如何看待加班现象？

*参考回答：*对于加班，我认为它是一种工作态度的体现。在我们软件测试行业，项目的进度和质量往往需要我们投入额外的时间和精力来保障。在我的工作经历中，无论是参与×××银行的RLMS系统测试，还是×××智能储物管理中心的测试项目，我都遇到过需要加班的情况。在这些时候，我始终保持积极的心态，将加班看作提升自己专业技能和对项目负责的机会。

问题3：你期望的薪资是多少钱？

*参考回答：*对于薪资期望，我认为它应该与我的专业技能、工作经验相匹配。我也了解到行业内的薪资水平。具体的数字我们可以在面试完成后详细讨论，我相信贵公司会给我一个公平合理的薪资。

或者直接说：我期望的薪资是××，具体可以看我的表现。

一般工作两年以上的测试工程师薪资可超过1万元。

问题4：你为什么会离开上一家公司？

*参考回答：*我离开上一家公司主要是出于对个人职业发展的考虑。在过去的两年里，我在那里获得了宝贵的软件测试经验和技能，参与了多个重要项目并取得了良好的成果。然而，我认为自己已经到达了一个需要新挑战和机遇的阶段。同时，我也对贵公司的企业文化和发展前景非常感兴趣。因此，我决定离开上一家公司，加入贵公司，希望能够在这里实现自己的职业目标。

问题5：你的优缺点是什么？

参考回答：

优点：

我拥有两年的软件测试经验，熟练掌握软件测试流程，包括需求分析、测试设计、执行和缺陷跟踪。此外，我还精通Python编程和自动化测试工具（如Selenium），能够高效地进行自动化测试。我认为我的专业技能扎实，能够快速适应不同的测试任务。

缺点：

有时我过于追求完美，对工作的要求非常高，这可能导致花费过多的时间在细节上，从而影响整体进度。但我也在努力学会在追求完美和提高效率之间找到平衡，以更好地满足项目需求。

问题 6： 你的职业规划是什么？

参考回答：我的职业规划是围绕软件测试和技术提升展开的。在短期内，我计划继续深化在软件测试领域的专业技能，特别是在自动化测试和性能测试方面。我希望通过不断学习和实践，掌握更多的测试工具和技术，提高测试效率和质量。同时，我也对测试团队的管理和领导感兴趣。在未来几年内，我期望能够逐步向测试团队的管理层发展，通过带领团队完成更多、更复杂的测试项目，来提升自己的管理能力和团队协作能力。

问题 7： 你有什么问题要问我的吗？

参考回答：

"能否介绍一下我将要加入的测试团队的规模和构成？比如有多少位测试工程师、是否有专门的测试经理或测试领导？"

"在贵公司，进行软件测试通常使用哪些工具和框架？"

"对于这个职位，你有什么具体的期望或希望我在头几个月达到的目标？"

"贵公司对于自动化测试有何期望或标准？是否有现有的自动化测试框架或库供我们使用？"

"在这个岗位上，最常见的挑战是什么？你认为成功应对这些挑战需要具备哪些关键能力？"

问题 8： 你有拿过其他公司的 offer 吗？

参考回答：如果你确实已经收到了其他公司的 offer，可以诚实地说明这一点。例如："是的，我在面试过程中已经收到了几家公司的 offer，但目前我还在认真考虑哪个机会最适合我的职业发展。"无论你是否拿到了其他 offer，都要强调你对当前面试公司的兴趣和重视。例如："虽然我有其他选择，但我对贵公司的项目和技术非常感兴趣，我认为这里能为我提供更好的发展机会。"如果你没有拿到其他公司的 offer，也可以诚实地说："目前我还在面试过程中，尚未收到其他公司的 offer。但我对贵公司的机会非常感兴趣，并认为这里是一个很好的发展平台。"总之，真诚、积极地回答 HR 的问题，并强调你对当前公司的兴趣和价值，将有助于你在面试中留下良好的印象。

问题 9： 你在上一家公司的薪资是多少钱？

参考回答：你可以表达你对职位的兴趣和价值，并说明薪资只是你考虑的一个方面。例如："在评估职位时，我更注重的是工作内容、发展机会和公司文化。当然，薪资也是一个重要的考虑因素，但我相信贵公司会根据我的能力和市场标准给予合理的薪资。"如果 HR 坚持询问薪资情况，你可以给出一个大致的薪资范围而不是具体数额。例如："在上一份工作中，我的薪资处于行业内的合理水平。对于这个职位，我期望的薪资范围是与市场标准相符的。”

16.3 简历中必问的功能兼理论面试题

功能测试作为软件测试的核心组成部分，是评估软件产品是否满足预定功能要求的关键环节。在面试过程中，初级软件测试工程师的候选人通常都会被问到与功能测试相关的理论和实践问题。这些问题旨在考查候选人对功能测试的理解、应用能力以及问题解决技巧。以下列举的一些典型面试题，旨在帮助应聘者全面理解功能测试的内涵和外延。掌握了这些问题后，应聘者将能够触类旁通，灵活应对其他相关的面试问题。这些问题都是在面试中经常出现，需要应聘者重点准备的内容。

问题 1： 如何进行需求评审？

参考回答：在进行需求评审时，首先需要确定参与评审的人员，通常包括产品人员、开发人员和测试人员。提前将需求文档发放给相关人员，确保他们有足够的时间来准备。在评审过程中，需要熟悉业务流程，并对需求细节进行分解。这包括与同类产品进行对比分析，找出优势和劣势，以及从个人经验出发，站在用户角度评判需求的合理性。此外，明确输入 / 输出的长度与类型也是非常重要的，以避免在后期测试中出现模糊的问题。

问题 2： 你参与过测试计划的制订吗？

参考回答：是的，我参与过测试计划的制订。在制订测试计划时，我们主要关注人员的角色与定位、进度安排与任务分配，以及系统的风险与控制。

问题 3： 测试计划包括哪些内容？

参考回答：测试计划包括测试范围、测试环境、测试策略、测试管理和测试风险等内容。测试范围明确了测试的对象和范围；测试环境描述了测试所需的软硬件环境；测试策略包括测试的依据、准入标准、工具选择、重点和方法等；测试管理涉及任务分配、时间进度安排和沟通方式等；测试风险则指明了测试中存在的各种风险及应对措施。

问题 4： 测试用例是根据什么来编写的？

参考回答：测试用例是根据需求文档来编写的。测试人员通过分析和理解需求文档，将需求转化为可执行的测试用例，以验证软件是否满足需求。

问题 5： 功能测试用例包括哪些元素或字段？

参考回答：功能测试用例通常包括测试项目、用例级别、测试编号、用例名称、前提条件、执行步骤、预期结果、测试结果、编写人、执行人和备注等字段。

问题6：测试用例设计的方法有哪些？

参考回答：测试用例设计的方法包括等价类划分法、边界值分析法、错误推测法、正交表分析法、因果判定法等（这些方法的概念都要清楚，并且每个概念都能举出一个例子）。

问题7：如果进入项目组时没有需求文档及相关文档怎么办？

参考回答：在没有需求文档及相关文档的情况下，我会首先通过与业务人员、开发人员沟通以及实际操作来了解业务需求。然后，我会根据经验尽可能地设计出一些测试用例。同时，我会要求开发人员提供相应的文档，或者参考他们之前设计的用例和Bug库中的Bug来完善测试用例。在这个过程中，我会保持与开发人员的紧密沟通，以确保对需求的准确理解。

问题8：如何进行用例的评审？

参考回答：用例评审是一个非常重要的过程，通常从以下几个方面进行。首先，确认测试用例是否依据需求文档编写；其次，检查测试用例中的执行步骤、输入数据是否清晰、简洁、正确，并对重复度高的执行步骤进行简化；再次，验证每个测试用例是否都有明确的预期结果；从次，还需检查测试用例中是否存在多余的用例；最后，确认测试用例是否覆盖了需求文档中所有的功能点，是否存在遗漏。

问题9：一个完整的Bug包括哪些内容？

参考回答：一个完整的Bug通常包括Bug序号、Bug摘要、Bug详细描述、Bug的严重程度、Bug优先级、指派给的人员、Bug状态以及必要的附件（如图片或日志）等其他信息点。

问题10：Bug常用的状态有哪些？

参考回答：Bug常用的状态包括激活、已解决和关闭等。这些状态反映了Bug的处理过程和结果，有助于对Bug进行跟踪和管理。

问题11：Bug的处理流程是怎样的？

参考回答：Bug的处理流程通常包括以下几个步骤。首先，测试人员发现Bug并激活；其次，开发人员确认Bug并进行修改；修改完成后，将Bug状态更改为已解决；最后，由测试人员进行回归测试，如果没有问题则关闭Bug。在这个过程中，可能会遇到一些争议或问题，需要通过沟通和协商来解决。

问题12：当开发与测试人员对Bug存在争议时如何处理？

参考回答：当开发与测试人员对Bug存在争议时，首先需要保持冷静和客观，对事不对人。双方应该充分沟通，明确 Bug 的定义和判断标准。如果争议无法解决，可以寻求上级或相关负责人的帮助，进行进一步讨论和决策。在处理争议的过程中，需要坚持原则，同时保持灵活性和开放性，以达成最有利于项目的决策。

问题 13：如果你发现了一个 Bug，但之后再也无法重现怎么办？

参考回答：如果我发现了一个 Bug，但之后再也无法重现，我会首先尝试搜集相关的日志和信息，以保留好测试现场。然后，我会尝试分析可能导致 Bug 出现的原因和条件，并尝试在不同的环境和条件下重现 Bug。如果仍然无法重现，我会与开发人员进行沟通，将搜集到的信息和分析结果提供给他们，以便他们进行分析和定位。同时，我会在后续的测试过程中继续关注该问题，看能否再次发现该 Bug。

问题 14：产品上线后出现 Bug 怎么办？

参考回答：如果产品上线后出现 Bug，我会首先根据 Bug 的严重程度和影响范围，制订相应的解决方案。如果 Bug 严重影响用户体验或系统稳定性，我会立即与开发人员沟通，协调资源进行紧急修复。如果 Bug 影响较小，可以安排在后续的版本中进行修复。同时，我会对 Bug 进行分析和总结，找出原因和教训，以避免类似问题再次发生。

问题 15：你们使用什么来管理 Bug？你用过什么测试管理工具？

参考回答：在之前的项目中，我用过禅道、JIRA 等测试管理工具。

问题 16：回归测试的策略有哪些？

参考回答：回归测试的策略包括全面回归测试、部分回归测试和选择性回归测试等。全面回归测试是对所有功能点进行重新测试，以确保修复 Bug 后系统仍然稳定；部分回归测试是针对修复 Bug 涉及的功能点进行测试；选择性回归测试是根据风险评估和优先级选择部分功能点进行测试。在制订回归测试策略时，需要综合考虑时间、资源和风险等因素。

问题 17：你有没有写过测试报告？测试报告包括哪些内容？

参考回答：是的，我写过测试报告。测试报告通常包括以下几个部分：首先是测试概述，介绍测试的目的、范围和方法等；随后是测试环境描述等；然后是测试结果汇总和分析，包括测试用例执行情况、Bug 分布和修复情况等；接着是系统风险评估和建议，对系统中存在的风险进行分析和评估，并提出相应的建议；最后是测试结论和总结，对整个测试过程和结果进行总结和归纳。

问题 18：软件测试能否发现所有的 Bug？

参考回答：软件测试无法发现所有的 Bug。由于测试资源和时间的限制，以及软件本身的复杂性和不确定性，总会有一些 Bug 被遗漏或无法发现。因此，软件测试的目标是在有限的时间和资源内，尽可能多地发现和修复 Bug，提高软件的质量和稳定性。

问题 19：软件测试的流程是什么？

*参考回答：*软件测试的流程通常包括以下几个阶段。首先是需求分析和评审阶段，对需求进行理解和分析，并编写测试计划；其次是测试用例设计阶段，根据需求编写相应的测试用例；然后是测试执行阶段，按照测试用例进行测试并记录测试结果；接着是缺陷管理阶段，对发现的 Bug 进行跟踪和管理；最后是测试报告和总结阶段，对整个测试过程和结果进行总结和汇报。

问题 20：项目上线的标准是什么？

*参考回答：*项目上线的标准通常包括以下几个方面。首先，软件需求分析说明书中定义的所有功能必须已全部实现；其次，在验收测试中发现的错误必须已经得到修改并且各级缺陷修复率达到标准；再次，所有测试项没有残余的紧急、严重级别错误；最后，验收测试工件必须齐全，包括测试计划、测试用例、测试日志、测试通知单、测试分析报告以及待验收的软件安装程序等。只有满足这些标准，才能确保项目顺利上线并稳定运行。

问题 21：如何保证测试用例的覆盖率？

*参考回答：*要保证测试用例的覆盖率，首先，需要对需求进行细致的分析和分解，确保每个功能点都有相应的测试用例覆盖。其次，可以采用多种测试方法和技巧来设计测试用例，如等价类划分、边界值分析、场景法等，以尽可能覆盖更多的情况和场景。此外，还可以使用测试工具和技术来提高测试效率和覆盖率，如自动化测试工具等。最后，在测试执行过程中要不断补充和完善测试用例，以确保测试覆盖率的持续提高。

问题 22：如果让你独立负责一个系统的测试，你会怎么做？或给你一个项目，你如何开展测试？

*参考回答：*如果让我独立负责一个系统的测试，我会首先进行需求理解和分析，明确测试目标和范围。然后，我会制订详细的测试计划和方案，包括测试用例设计、测试数据准备等。在测试执行过程中，我会按照测试用例进行测试并记录测试结果，同时关注 Bug 的跟踪和管理。如果遇到问题或技术难题，我会及时寻求帮助并与相关人员沟通。在测试结束后，我会编写测试报告并总结归纳经验教训，以便后续改进。在整个过程中，我会注重质量和进度的平衡，把控好上线标准，并及时反馈进展情况和问题。

问题 23：Web 网页的兼容性测试你是怎么做的？

*参考回答：*在进行 Web 网页的兼容性测试时，我通常会采取以下步骤。首先，确定需要测试的浏览器和操作系统组合，确保覆盖主要用户群体。其次，使用自动化测试工具

或手动测试方法，对网页在不同浏览器和操作系统下的显示效果、功能实现以及交互体验进行测试。在测试过程中，我会特别关注页面布局、样式、JavaScript 功能以及表单提交等方面的兼容性。最后，记录并跟踪测试中发现的问题，与开发团队协作解决兼容性问题，确保网页在各种环境下都能为用户提供良好的使用体验。

在面试前，应聘者应当对以上列举的面试题进行充分的准备。尽管问题的提问方式可能有所变化，但其核心答案是一致的。因此，建议应聘者不仅要熟记这些题目和答案，更要学会灵活运用，以确保在面试中能够游刃有余地应对各种相关问题。

16.4 简历中必问的专业技能面试题

本简历中的专业技能主要涉及六大方面，分别是第 9 章的 Linux 命令行与被测系统搭建、第 10 章的 SQL 基础语句与高级查询、第 11 章的 Web 自动化测试框架基础与实战、第 12 章的 HTTP 接口测试基础与案例分析、第 13 章的 Charles 抓包工具的基本使用以及第 14 章的使用 Python 进行接口自动化测试。具体的面试题请直接参考这六章中的求职指导中的面试题便可，这六章的面试题非常重要，请务必重视。

16.5 简历中必问的项目经历面试题

这份简历涵盖了三个重要项目：××× 银行 RLMS 系统、××× 智能储物管理中心以及 ××× 智能运动手表（App）项目。接下来以“××× 银行 RLMS 系统”为例，来展示在面试过程中对于该项目会问到的一些问题。

问题 1： 请介绍一下你最熟悉（最近参与）的一个项目。

*参考回答：*我最近参与的项目是 ××× 银行的 RLMS 系统，这是一个综合性的内部信贷管理平台。该平台旨在为银行提供一套高效、可靠的贷款管理流程，包括贷款申请、审批、放款、还款和查询等功能。系统采用模块化设计，具有良好的扩展性和可维护性。

问题 2： 你负责测试哪些模块，这些模块是怎么测试的？

*参考回答：*在该项目中，我主要负责账户查询、账户管理和银行转账等模块的测试工作。这些模块都是系统中非常核心的部分，涉及用户的资金安全和业务流程的顺畅。对于账户查询模块，我首先验证了用户登录后的账户信息展示功能，确保用户能够正确地查看

到自己的账户余额、交易记录等信息。同时，我还测试了不同用户角色对账户信息的访问权限，确保系统的权限控制功能正常。对于账户管理模块，我测试了用户修改个人信息、修改密码、绑定 / 解绑银行卡等功能。在测试过程中，我特别关注用户输入的数据验证和错误处理机制，确保系统能够正确地处理各种异常情况，并给出友好的提示信息。对于银行转账模块，我进行了详细的转账流程测试，包括验证转账金额、收款人账户信息的正确性，测试转账过程中的各种异常情况（如余额不足、收款人账户不存在等），并验证转账成功后的资金变动和通知功能。

在测试过程中，我使用了多种测试方法，包括等价类划分、边界值分析、因果图等测试用例设计方法；同时，我还与开发团队和产品经理保持了紧密的沟通和协作。在测试过程中发现的缺陷和问题，我会及时与开发人员进行反馈和讨论，并协助他们进行缺陷的定位和修复。通过与团队的紧密合作，我们成功地保证了项目的质量和进度。

问题 3： 项目后台的开发语言是什么？

参考回答： 该项目的后台开发语言为 Java。

问题 4： 项目使用的数据库是什么？

参考回答： 该项目使用的数据库是 Oracle。Oracle 具有高度的可靠性和扩展性，适用于大型金融类项目。

问题 5： 你们的项目团队有多少人？测试人员有几个，是如何分工的？

参考回答： 我们的项目团队总共有 20 人，其中测试人员有 5 人。测试团队根据模块和功能进行了分工，每人负责不同的模块测试。我们之间保持紧密的沟通和协作，确保测试工作的顺利进行。

问题 6： 测试任务如何分配？

参考回答： 测试任务的分配是由测试团队负责人根据模块的重要性、复杂性和测试人员的技能进行的。每个测试人员会收到明确的任务指派，包括要测试的模块、测试用例的执行和缺陷的跟踪等。我们会在测试开始前召开任务分配会议，确保每个人都清楚自己的责任和工作内容。

问题 7： 测试用例的编写思路是怎样的？

参考回答： 测试用例的编写思路主要是基于需求文档和设计文档。我会先分析模块的功能点和业务流程，然后结合等价类划分、边界值分析等方法，设计出覆盖所有正常场景和异常场景的测试用例。同时，我会注重测试用例的可读性和可维护性，以便团队成员理解和执行。

问题8：这个项目大概写了多少条测试用例？

参考回答：在这个项目中，我们总共编写了约800条测试用例。这些测试用例覆盖了项目的各个模块和功能点，确保了系统的全面测试。

问题9：编写测试用例耗费了多长时间？

参考回答：编写测试用例的过程耗费了我们大约2个月的时间。我们在这个阶段投入了大量的精力，与产品经理和开发人员紧密合作，确保测试用例的准确性和完整性。

问题10：你一天大概能写多少条测试用例？

参考回答：在编写测试用例的高峰期，我一天大概能编写20条测试用例。当然，这个数字会根据测试用例的复杂性和项目的需求而有所变化。

问题11：在你的项目中编写了多少条测试用例？发现了多少缺陷？

参考回答：在我负责测试的模块中，我编写了约150条测试用例，并发现了30个缺陷。这些缺陷包括功能逻辑错误、界面显示问题、数据一致性问题等。通过与开发团队的紧密合作，我们及时修复了这些缺陷，提高了系统的质量。

问题12：多久做一次版本迭代？你们项目的迭代周期一般是多长时间？

参考回答：我们的项目通常每两周进行一次版本迭代。迭代周期包括需求收集、开发、测试和修复缺陷等阶段。通过快速的迭代，我们能够及时响应业务需求，并持续改进系统的功能和性能。

问题13：测试过程中使用到的工具有哪些？

参考回答：在测试过程中，我使用了多种工具来提高测试效率和准确性。其中包括使用Postman进行接口测试，使用Selenium进行自动化测试，以及使用禅道进行缺陷跟踪和管理。这些工具帮助我有效地管理了测试过程和缺陷修复。

问题14：发现的缺陷主要有哪些？

参考回答：在我们项目中发现的缺陷主要包括以下几类。功能逻辑错误，如计算结果不准确、业务流程中断等；界面显示问题，如布局错乱、字体大小不一致等；数据一致性问题，如数据丢失、数据不同步等；性能问题，如响应时间过长、系统崩溃等；安全问题，如权限控制不严、敏感信息泄露等。我们针对这些缺陷进行了及时的修复和验证，确保了系统的稳定性和安全性。

问题15：描述一个令你印象深刻的Bug。

参考回答：在测试×××银行RLMS系统的贷款申请模块时，我发现了一个非常隐蔽但影响重大的Bug。这个Bug出现在贷款计算逻辑中，具体涉及系统如何处理用户的贷款期限选择、利率应用和还款方式。这个 Bug 的触发条件相当具体：当用户选择了一个非标准的贷款期限（比如不是常见的 12 个月、24 个月等整数期限，而是一个带有小数点的期限值），并且选择了等额本息还款方式时，系统的贷款计算结果就会出现偏差。例如，用户可能申请了一个期限为“18.5 个月”的贷款，这在系统中是允许的，但在这种情况下，利息和每月还款额的计算就会出现细微但累积起来很显著的错误。

这个问题之所以令人印象深刻，有几个原因。首先，它涉及系统的核心业务逻辑——贷款计算，这是银行信贷管理系统的核心功能之一。其次，这个 Bug 虽然不易被普通用户察觉（因为大多数用户可能会选择标准的贷款期限），但一旦被发现，可能会对银行的声誉和客户的信任造成重大影响。我们最终定位了问题所在，具体来说，系统在将用户输入的贷款期限（可能包含小数）转换为用于计算的整数月数时，没有进行正确的四舍五入或向上 / 向下取整操作。这导致在计算等额本息还款额时，使用了不准确的贷款月数，从而产生了计算错误。

问题 16：你参与过这个项目的性能测试吗？

参考回答：到目前为止，我在项目中主要负责的是功能测试、接口测试及自动化测试方面的工作，因此还没有直接参与过性能测试。不过，我知道性能测试通常关注系统的响应时间、吞吐量、资源利用率等指标，并且在高负载情况下验证系统的稳定性和可靠性。虽然没有实践经验，但我在学习和准备过程中阅读了一些关于性能测试的书和在线资源，以便为将来的工作做好准备。如果公司有性能测试的相关培训或者导师制度，我会非常珍惜这样的学习机会，并且努力提升自己的能力，以便更好地为项目作出贡献。

问题 17：你有做过安全性测试吗？

参考回答：到目前为止，我在项目中主要负责的是功能测试、接口测试及自动化测试方面的工作，因此还没有直接参与过安全性测试。不过，我深知安全性测试在软件开发中的重要性，它关乎系统的数据保密性、完整性和可用性。

如果未来有机会参与安全性测试工作，我会积极学习并应用相关的安全性测试工具和技术，努力提升自己的能力。同时，我也会与团队成员紧密合作，共同确保软件系统的安全性。如果公司有相关的安全性测试培训或者导师制度，我会非常珍惜这样的学习机会，并尽快将所学应用于实际工作中，为项目的安全性作出贡献。

问题 18：项目快要上线了，突然发现了新的 Bug，你会怎么处理？

参考回答：首先，我会立即确认并复现这个 Bug，确保它确实存在并且了解其具体表现和影响范围。接着，我会评估这个 Bug 的严重性和优先级，以确定它是否会影响项目的正常上线。

如果 Bug 严重且必须立即解决，我会立即通知项目团队，并与开发人员协作，尽快找到解决方案并修复 Bug。在这个过程中，我会持续跟踪 Bug 的状态，确保它得到及时解决，并且不会影响项目的上线时间。

如果 Bug 不是非常严重，或者可以在上线后进行修复，我会将其记录下来，并在项目上线后安排修复工作。同时，我也会考虑是否有临时解决方案可以在上线前缓解 Bug 的影响。

总之，当在项目即将上线时发现新 Bug，我会根据 Bug 的严重性和优先级，采取合适的措施进行处理，确保项目的顺利进行和高质量上线。

至于"××× 智能储物管理中心"这个项目，其分析过程类似于第一个项目，这里不再重复。第三个项目，即"××× 智能运动手表（App）"项目，其面试题可参考 16.6 节中的第 31 ～ 40 题。请大家在面试准备中，对这三个项目的相关问题都做好充分准备，以确保能够全面、准确地回答面试官的提问。

16.6 简历中必问的发散性面试题

在面试环节中，面试官经常采用发散性问题来深入评估应聘者的思维灵活性与测试能力。以下列出的问题是在面试中经常被提及的，希望大家能够事先做好充分准备，以便能够全面、自信地展现自己的实力。

问题 1：支付功能怎么测试?

问题 2：微信朋友圈点赞、评论怎么测试?

问题 3：抖音评论与点赞怎么测试?

问题 4：购物车、购物车下单、订单取消、退款的测试点都有什么?

问题 5：地图导航怎么测试?

问题 6：抖音直播、刷礼物怎么测试?

问题 7：请设计电梯的测试用例。

问题 8：微信发红包、微信转账怎么测试？

问题 9：QQ 系统的 PC 端登录、QQ 聊天框怎么测试?

问题 10：什么是数据埋点测试?

问题 11：我要回家，让你帮我买一张回家的车票，请设计测试用例。

问题 12：请使用 Python 统计字符串中各个字符的个数。

问题 13：请使用 Python 编写冒泡排序程序。

问题 14： SQL 中数据库的四大特性是什么？

问题 15： 请设计圆珠笔的测试用例。

问题 16： 智能对话系统怎么测试？

问题 17： 测试方案包含哪些内容？

问题 18： 报表数据怎么测试？

问题 19： 微信发送语音功能怎么测试？

问题 20： 更换头像的测试点有哪些？

问题 21： 优惠券的测试点有哪些？

问题 22： 什么是开发环境、测试环境、预发布环境、生产环境？

问题 23： 音视频测试的重点有哪些？

问题 24： 怎么进行流量回放测试？

问题 25： 有了解过敏捷测试吗？

问题 26： 有做过车载测试吗？

问题 27： 有做过 H5 测试吗？有做过小程序的测试吗？

问题 28： 有做过用户体验测试吗？有做过易用性测试吗？

问题 29： 你们用的版本控制管理工具是 GIT 还是 SVN？使用过 GIT 命令吗？

问题 30： 性能测试一般会关注哪些指标？

问题 31： App 测试与 Web 测试的区别是什么？

问题 32： App 如何做兼容性测试？

问题 33： App 如何做安装、卸载、中断、推送等测试？

问题 34： App 冷启动和热启动的区别是什么？

问题 35： App 出现响应延迟和异常退出的原因是什么？

问题 36： 常见的 adb 命令有哪些？

问题 37： 常见的 monkey 命令有哪些？

问题 38： 有做过 App 的性能测试吗（如内存使用、CPU 占用、流量消耗、电量消耗、启动速度等）？

问题 39： 能描述一下 App 在 Android 和 iOS 平台的测试差异吗？

问题 40： 有使用过云测试平台吗？

在面试准备阶段，强烈建议你对上述问题予以充分重视。为了获取更精准的答案，你可以考虑利用 AI 工具进行深入学习和实践。这些问题涵盖多个层面，实际面试中极有可能遇到。即使你对某些问题不太理解，也请勇敢尝试回答，因为回答的过程本身就是一种学习和提升。记住，面试不仅是展示自己的机会，更是一次学习和成长的契机。

其中，第 31 ～ 40 题涉及 App 测试领域的问题，而本书简历中第三个项目写的就是 App 项目，但请大家放心，在全面掌握本书涵盖的基础内容之后，转向 App 测试技术的学习将变得轻松许多。这是因为无论哪种测试领域，其本质方法和逻辑是相通的。如其中提到的 adb 和 monkey 命令在本书中并没有提到，但底层原理和操作思路类似于执行 Linux 命令行。因此，具备扎实的 Linux 命令基础后，进一步理解和掌握这类工具将变得更加容易。建议大家先系统学习书本知识，再拓展到 App 测试的具体技能，以此优化学习路径和效率。

尽管本书已经列出了相当多的面试题，但仍然难以覆盖所有可能在面试中出现的问题。毕竟，每个项目的需求各异，每位面试官的关注点也不尽相同。然而，正是面试的这种多样性和变化性，为我们提供了汲取更丰富经验和知识的宝贵机会。我们应该将这一过程视为一个促进自我成长和提升的重要阶段。

16.7 面试中如何克服紧张情绪

应试者在面试的时候之所以紧张，主要原因是担心对即将要被问到的问题不熟悉，因此在面试前，应试者应该熟知以上提到的几类问题。在进行正式面试前，建议找同学、老师、朋友进行多次模拟面试，以找到自身的不足或需要改进的地方。尤其是自我介绍部分，相当于自己的“门面”，如果自我介绍都说不清楚的话，就很难再继续下面的问题了，所以应试者应当事先把要自我介绍的内容写清楚，然后不断训练自己。

在初次面试的时候，应试者紧张是很难避免的，但紧张分为两种，第一种是漫无目的的紧张，第二种是真诚的紧张，而面试官看得出来你是没有准备的紧张还是因为你准备了而自然流露出来的紧张。

关于气场的问题，很多应试者在面试之前，能量很强，有 100 分的能量，但一看到面试官后心里就紧张，觉得面试官是主宰自己的人，心里不免高度紧张，从而导致自身的能量急剧减少，减少到五六十分。五六十分是不及格的能量，但你要想面试成功，至少要有 80 分甚至更高的分数。在这里我想说的是，在事先准备时，你至少要让自己拥有 150 分的能量，即便面试官有气场，你的能量可能会减少到 100 分，但 100 分就够了，至少你已经有了同别人竞争的机会。

寄语　如何通过试用期

如果你已经深入理解并实践了本书的知识和技能，相信这将极大地助力你成功通过面试并获得心仪的岗位。面试可能是你踏入职场的第一道关卡，在这个过程中，你可能会遇到困难和挫折，但请记住，失败并不是终点，而是通向成功的必经之路。每次的失败都是积累经验、提升自己的机会。不要因为一次、两次的失败就灰心丧气，要有屡败屡战的勇气和决心。

当你成功通过面试，进入实际工作阶段时，可能会有新的担忧和挑战出现。你可能会担心自己能否胜任新的工作，能否融入新的团队，能否处理好各种工作任务。但我要告诉你，这些都是很正常的疑虑和挑战，每个人在新的工作环境中都会有所适应和学习。真实的工作环境，往往比你想象中的更有序、更具指导性。公司会有明确的分工和管理制度，你只需要按照自己的职责去做好每一件事。同时，你也会发现，团队协作的力量是巨大的，每个人都在为实现共同的目标而努力。即使你是一位经验丰富的专业人士，进入一家新的公司，也需要一些时间去熟悉和掌握公司的内部流程和业务知识。这是一个必要的过程，也是你成长和提升的机会。在这个阶段，你会得到同事的帮助和引导，你会发现自己并不孤单。

关于如何顺利通过试用期，本书为你准备了一些实用的策略，详情请观看第 16 章视频的最后一部分。

最后，我要向你表示最诚挚的祝福。祝愿你在职业道路上取得理想的成绩，找到满意的工作，顺利通过试用期，成为职场中的佼佼者。你的努力和付出，一定会得到应有的回报。

勇往直前，未来可期！